U0603941

# 非饱和土水热传输机理及其工程问题分析

王铁行　罗　扬　王娟娟　著

科学出版社

北　京

# 内 容 简 介

受到气候因素及其他水源、热源的影响,非饱和土体中的温度场和水分场是变化的。这种变化对工程的稳定性有重要影响,但因其复杂性尚存在诸多疑难问题,受到研究人员和工程技术人员高度重视。本书介绍了作者在非饱和土体水热随气候等的动态变化及由此引起的土体变形和强度破坏等方面的研究成果,包含非饱和土体温度场、水分场、应力场和位移场的机理性研究和工程问题分析,以期对读者深刻认识和分析非饱和土体水热问题有所裨益。

本书适合于高等院校土木工程、水利工程、环境工程等专业高年级本科生和研究生阅读,也可供岩土工程、建筑工程、道路工程、水利工程等行业从事土体水热病害处治的研究人员和工程技术人员阅读参考。

**图书在版编目(CIP)数据**

非饱和土水热传输机理及其工程问题分析/王铁行,罗扬,王娟娟著. —北京:科学出版社,2018.8
ISBN 978-7-03-058827-2

Ⅰ.①非… Ⅱ.①王…②罗…③王… Ⅲ.①饱和土-热传导-研究
Ⅳ.①TU44

中国版本图书馆 CIP 数据核字(2018)第 210302 号

责任编辑:姚庆爽 / 责任校对:何艳萍
责任印制:张 伟 / 封面设计:蓝正设计

**科 学 出 版 社** 出版
北京东黄城根北街 16 号
邮政编码:100717
http://www.sciencep.com

**北京中石油彩色印刷有限责任公司** 印刷
科学出版社发行 各地新华书店经销
*
2018 年 8 月第 一 版 开本:720×1000 B5
2018 年 8 月第一次印刷 印张:17 1/2
字数:346 000
**定价:110.00 元**
(如有印装质量问题,我社负责调换)

# 前　言

我国北方地区的地表浅层土体基本上是非饱和土,是承载工程活动的主要土层。受到气候及其他水源、热源的影响,土体中的温度场和水分场是变化的。这种变化对工程的稳定性有重要影响,常常导致一系列病害的发生。含水量和温度的变化引起土体强度和变形指标以及冻融状态发生变化,可导致的病害有:路基工程沉陷、波浪、纵裂、水沟失稳等,水利工程冻胀、塌岸、砌体开裂等,市政工程冻胀、沉陷、网裂等,建筑工程地基沉降、结构开裂、管网断裂、地面隆起及沉陷等。大气温度降低使土体冻结时,土体体积增大,产生冻胀病害。大气温度升高使冻土消融,产生融沉病害。降水使边坡体的水量分布发生变化并导致坡体滑动的现象时有发生。土体水热病害给国民经济造成很大损失,严重影响了工程效能的发挥。

上述病害产生的原因是多方面的,主要有非饱和土体温度场因外界因素影响发生变化,温度变化引起水分迁移使含水量重分布,土体因含水量增大产生变形,含水量增大使土体强度降低,冻融使土体自身体积发生变化,阴阳坡面水热差异引起变形差异等。可见,影响非饱和土体工程稳定性的主要原因是土的含水量和温度随气候等的动态变化及由此引起的土体变形和强度破坏。因此,为了保证工程安全,有必要对非饱和土体水热随外界因素的变化过程及由此导致的土体强度和变形问题进行研究。

作者多年来一直从事非饱和土体水热问题的研究工作,深刻认识到这一问题的复杂性。土体中的温度变化会引起水分场变化,含水量的变化又会引起土的导热系数、比热容发生变化,从而影响传热过程及温度分布。温度引起土体冻融相变还会使水分向冻融界面运移,水分运移过程中会携带热量使温度分布发生变化。应力场和位移场的变化可使土体冻融温度、孔隙比、孔隙水压力发生变化,从而影响温度场和水分场分布。同样,温度场和水分场的变化导致的土体冻融状态、含水量的变化又对应力场和位移场产生影响。考虑这些复杂过程,作者进行了相关研究,也取得了部分研究成果,并将研究成果汇集成本书。

限于作者水平,书中难免存在不妥之处,敬请读者不吝指正。

作　者
2018 年 3 月

# 目　　录

# 第1章　土体非稳态相变温度场的有限元法

本章在推导非稳态温度场有限元方程的基础上,结合土体工程的特点,综合考虑辐射、蒸发、风、气温等各类边界条件及土的冻融相变过程,建立适用于土体非稳态相变温度场的有限元方程,并对计算过程的有关问题进行探讨。

## 1.1　非稳态相变温度场的有限元方程

岩土工程热问题类型多样,此处主要针对冻土路基和地下管线等线型构筑物,可当成平面问题处理,平面问题非稳态温度场的导热微分方程如下:

$$\frac{\partial T}{\partial t} = \frac{k}{\rho C_{\mathrm{p}}}\left(\frac{\partial^2 T}{\partial x^2} + \frac{\partial^2 T}{\partial y^2} + \frac{q_{\mathrm{v}}}{k}\right) \tag{1-1}$$

式中,$T$ 为物体的瞬态温度,℃;$t$ 为过程进行的时间,s;$k$ 为材料的导热系数;$\rho$ 为材料的密度;$C_{\mathrm{p}}$ 为材料的定压比热容;$q_{\mathrm{v}}$ 为材料的内热源强度;$x$、$y$ 为直角坐标。

采用泛函分析法和加权余量法均可求解此偏微分方程。由于加权余量法不需要寻找泛函,所以适用范围广,数理分析过程也较简单,其实用意义已超过泛函分析法,因此,采用加权余量法求解偏微分方程(1-1)。根据加权余量法的基本思想,将方程(1-1)写成

$$D[T(x,y,t)] = \lambda\left(\frac{\partial^2 T}{\partial x^2} + \frac{\partial^2 T}{\partial y^2}\right) + q_{\mathrm{v}} - \rho C_{\mathrm{p}}\frac{\partial T}{\partial t} = 0 \tag{1-2}$$

取试探函数

$$T(x,y,t) = T(x,y,t,T_1,T_2,\cdots,T_n) \tag{1-3}$$

式中,$T_1,T_2,\cdots,T_n$ 为待定系数。

将式(1-3)代入式(1-2),再将式(1-2)代入加权余量公式得

$$\iint\limits_{D} w_{\mathrm{L}}\left[\lambda\left(\frac{\partial^2 T}{\partial x^2} + \frac{\partial^2 T}{\partial y^2}\right) + q_{\mathrm{v}} - \rho C_{\mathrm{p}}\frac{\partial T}{\partial t}\right]\mathrm{d}x\mathrm{d}y = 0, \quad l=1,2,\cdots,n \tag{1-4}$$

式中,$D$ 为平面温度场的定义域;$w_{\mathrm{L}}$ 为加权函数。采用 Galerkin 法,$w_{\mathrm{L}}$ 为

$$w_{\mathrm{L}} = \frac{\partial T}{\partial T_l}, \quad l=1,2,\cdots,n \tag{1-5}$$

为了保证试探函数 $T(x,y,t)$ 能够满足边界条件,应用格林公式把区域内的面积分与边界上的线积分联系起来,在线积分中考虑各类边界条件,将式(1-4)改写为

$$\iint_D \lambda \left[ \frac{\partial}{\partial x} \left( w_L \frac{\partial T}{\partial x} \right) + \frac{\partial}{\partial y} \left( w_L \frac{\partial T}{\partial y} \right) \right] dxdy$$

$$- \iint_D \left[ \lambda \left( \frac{\partial w_L}{\partial x} \frac{\partial T}{\partial x} + \frac{\partial w_L}{\partial y} \frac{\partial T}{\partial y} \right) + q_v w_L - \rho C_p w_L \frac{\partial T}{\partial t} \right] dxdy = 0 \qquad (1\text{-}6)$$

记

$$Y = w_L \frac{\partial T}{\partial x}, \quad X = -w_L \frac{\partial T}{\partial y}$$

应用格林公式

$$\iint_D \left( \frac{\partial Y}{\partial x} - \frac{\partial X}{\partial y} \right) dxdy = \oint_\Gamma (Xdx + Ydy)$$

将式(1-6)中的第一个积分式写为

$$\iint_D \lambda \left[ \frac{\partial}{\partial x} \left( w_L \frac{\partial T}{\partial x} \right) + \frac{\partial}{\partial y} \left( w_L \frac{\partial T}{\partial y} \right) \right] dxdy$$

$$= \oint_\Gamma \lambda \left( -w_L \frac{\partial T}{\partial y} dx + w_L \frac{\partial T}{\partial x} dy \right) \qquad (1\text{-}7)$$

在区域 $D$ 的边界上有如下关系：

$$-\frac{\partial T}{\partial y} dx + \frac{\partial T}{\partial x} dy = \frac{\partial T}{\partial n} ds \qquad (1\text{-}8)$$

式中，$n$ 为物体任意边界面处的外法线方向向量。

将式(1-7)、式(1-8)代入式(1-6)得

$$\iint_D \left[ \lambda \left( \frac{\partial w_L}{\partial x} \frac{\partial T}{\partial x} + \frac{\partial w_L}{\partial y} \frac{\partial T}{\partial y} \right) - q_v w_L + \rho C_p w_L \frac{\partial T}{\partial t} \right] dxdy$$

$$- \oint_\Gamma \lambda w_L \frac{\partial T}{\partial n} ds = 0, \quad l = 1, 2, \cdots, n \qquad (1\text{-}9)$$

式(1-9)就是平面温度场有限元法计算的基本方程，其中线积分项可把各类边界条件代入，从而使式(1-9)满足边界条件。

此方程的计算过程与单元形式有关，在冻土工程界，目前采用的是直角三角形单元。采用这种单元，虽然计算比较方便，但计算精度不高。作者曾就三角单元的计算精度进行了探讨，发现等边三角形单元的精度高于直角三角形单元，直角三角形单元的精度又高于钝角三角形单元。在采用三角形单元进行有限元计算时，应以采取等边三角形单元为好，且单元尺寸应足够小。为了保证温度场计算能够有较高的精度，本书采用了高精度的等参四边形单元，其插值函数如下：

$$T = H_i T_i + H_j T_j + H_k T_k + H_m T_m \qquad (1\text{-}10)$$

式中，$i、j、k、m$ 为四边形单元节点号(此时方程(1-9)中 $l = i, j, k, m$)；$H_i$、$H_j$、$H_k$、$H_m$ 为形函数，其定义如下：

$$
\left.
\begin{aligned}
H_i &= (1-\xi)(1-\eta)/4 \\
H_j &= (1+\xi)(1-\eta)/4 \\
H_k &= (1+\xi)(1+\eta)/4 \\
H_m &= (1-\xi)(1+\eta)/4
\end{aligned}
\right\}
\tag{1-11}
$$

式中，$\xi$、$\eta$ 为局部坐标。局部坐标与整体坐标 $(x,y)$ 的变换关系如下：

$$
\left.
\begin{aligned}
x &= H_i x_i + H_j x_j + H_k x_k + H_m x_m \\
y &= H_i y_i + H_j y_j + H_k y_k + H_m y_m
\end{aligned}
\right\}
\tag{1-12}
$$

应用式(1-10)~式(1-12)求解式(1-9)，根据 Galerkin 法的定义

$$
w_{\mathrm{L}} = \frac{\partial T}{\partial T_l} = H_l, \quad l = i, j, k, m
\tag{1-13}
$$

计算出 $\dfrac{\partial T}{\partial x}$ 和 $\dfrac{\partial T}{\partial y}$ 如下：

$$
\left.
\begin{aligned}
\frac{\partial T}{\partial x} &= \frac{1}{4|J|} \left[ (a_4 + B\xi)(b_2 + b_4\eta) - (a_2 + B\eta)(b_3 + b_4\xi) \right] \\
\frac{\partial T}{\partial y} &= \frac{1}{4|J|} \left[ -(a_3 + A\xi)(b_2 + b_4\eta) + (a_1 + A\eta)(b_3 + b_4\xi) \right]
\end{aligned}
\right\}
\tag{1-14}
$$

式中

$$
\left.
\begin{aligned}
a_1 &= -x_i + x_j + x_k - x_m \\
a_2 &= -y_i + y_j + y_k - y_m \\
a_3 &= -x_i - x_j + x_k + x_m \\
a_4 &= -y_i - y_j + y_k + y_m \\
A &= x_i - x_j + x_k - x_m \\
B &= y_i - y_j + y_k - y_m \\
b_2 &= (-T_i + T_j + T_k - T_m)/4 \\
b_3 &= (-T_i - T_j + T_k + T_m)/4 \\
b_4 &= (T_i - T_j + T_k - T_m)/4
\end{aligned}
\right\}
\tag{1-15}
$$

且

$$
|J| = \frac{1}{16} \left[ (a_1 a_4 - a_2 a_3) + (B a_1 - A a_2)\xi + (A a_4 - B a_3)\eta \right]
$$

同理可知，计算 $\dfrac{\partial H_l}{\partial x}$ 和 $\dfrac{\partial H_l}{\partial y}$ 如下：

$$
\left.
\begin{aligned}
\frac{\partial H_l}{\partial x} &= \frac{1}{4|J|} \left[ (a_4 + B\xi)\frac{\partial H_l}{\partial \xi} - (a_2 + B\eta)\frac{\partial H_l}{\partial \eta} \right] \\
\frac{\partial H_l}{\partial y} &= \frac{1}{4|J|} \left[ -(a_3 + A\xi)\frac{\partial H_l}{\partial \xi} + (a_1 + A\eta)\frac{\partial H_l}{\partial \eta} \right]
\end{aligned}
\right\}
\tag{1-16}
$$

记

$$
\left.\begin{aligned}
L_1 &= a_1 + A\eta \\
L_2 &= a_2 + B\eta \\
L_3 &= a_3 + A\xi \\
L_4 &= a_4 + A\xi \\
M_1 &= -L_3\frac{\partial H_l}{\partial \xi} + L_1\frac{\partial H_l}{\partial \eta} \\
M_2 &= L_4\frac{\partial H_l}{\partial \xi} - L_2\frac{\partial H_l}{\partial \eta} \\
D_1 &= M_1 L_1 - M_2 L_2 \\
D_2 &= M_2 L_4 - M_1 L_3
\end{aligned}\right\}
\tag{1-17}
$$

将式(1-13)～式(1-17)代入式(1-9),并经积分变换得

$$
\int_{-1}^{1}\int_{-1}^{1}\frac{\lambda}{16\mid J\mid}\left[\left(D_2\frac{\partial H_i}{\partial \xi}+D_1\frac{\partial H_i}{\partial \eta}\right)T_i+\left(D_2\frac{\partial H_j}{\partial \xi}+D_1\frac{\partial H_j}{\partial \eta}\right)T_j\right.
$$

$$
+\left(D_2\frac{\partial H_k}{\partial \xi}+D_1\frac{\partial H_k}{\partial \eta}\right)T_k+\left.\left(D_2\frac{\partial H_m}{\partial \xi}+D_1\frac{\partial H_m}{\partial \eta}\right)T_m\right]\mathrm{d}\xi\mathrm{d}\eta
$$

$$
+\int_{-1}^{1}\int_{-1}^{1}\rho C_{\mathrm p}\mid J\mid H_l\left(H_i\frac{\partial T_i}{\partial t}+H_j\frac{\partial T_j}{\partial t}+H_k\frac{\partial T_k}{\partial t}+H_m\frac{\partial T_m}{\partial t}\right)\mathrm{d}\xi\mathrm{d}\eta
$$

$$
-\int_{-1}^{1}\int_{-1}^{1}q_{\mathrm v}\mid J\mid H_l\mathrm{d}\xi\mathrm{d}\eta-\oint_{\Gamma}\lambda w_{\mathrm L}\frac{\partial T}{\partial n}\mathrm{d}s=0,\quad l=i,j,k,m
\tag{1-18}
$$

式(1-18)共有 4 式,将其写成矩阵形式可得

$$
\begin{bmatrix}
k_{ii} & k_{ij} & k_{ik} & k_{im} \\
k_{ji} & k_{jj} & k_{jk} & k_{jm} \\
k_{ki} & k_{kj} & k_{kk} & k_{kn} \\
k_{mi} & k_{mj} & k_{mk} & k_{mn}
\end{bmatrix}
\begin{Bmatrix}
T_i \\ T_j \\ T_k \\ T_m
\end{Bmatrix}
+
\begin{bmatrix}
\eta_{ii} & \eta_{ij} & \eta_{ik} & \eta_{im} \\
\eta_{ji} & \eta_{jj} & \eta_{jk} & \eta_{jm} \\
\eta_{ki} & \eta_{kj} & \eta_{kk} & \eta_{kn} \\
\eta_{mi} & m_{mj} & \eta_{mk} & \eta_{mn}
\end{bmatrix}
\begin{Bmatrix}
\partial T_i/\partial t \\ \partial T_j/\partial t \\ \partial T_k/\partial t \\ \partial T_m/\partial t
\end{Bmatrix}
=
\begin{Bmatrix}
P_i \\ P_j \\ P_k \\ P_m
\end{Bmatrix}
$$

$$\tag{1-19}$$

简写为

$$
[K]\{T\}+[N]\left\{\frac{\partial T}{\partial t}\right\}=\{P\}
\tag{1-20}
$$

式中,各系数表达式如下:

$$
k_{ln}=\int_{-1}^{1}\int_{-1}^{1}\frac{\lambda}{16\mid J\mid}\left(D_2\frac{\partial H_n}{\partial \xi}+D_1\frac{\partial H_n}{\partial \eta}\right)\mathrm{d}\xi\mathrm{d}\eta,\quad l,n=i,j,k,m
\tag{1-21}
$$

$$
n_{ln}=\int_{-1}^{1}\int_{-1}^{1}\rho C_{\mathrm p}\mid J\mid H_l H_n\mathrm{d}\xi\mathrm{d}\eta,\quad l,n=i,j,k,m
\tag{1-22}
$$

$$P_l = P_{1l} + P_{2l} = \int_{-1}^{1}\int_{-1}^{1} q_v |J| H_l \mathrm{d}\xi\mathrm{d}\eta + \oint_{\Gamma} \lambda w_L \frac{\partial T}{\partial n}\mathrm{d}s, \quad l = i,j,k,m$$

$$(1\text{-}23)$$

应用高斯二点数值积分求解式(1-21)~式(1-23)可得

$$k_{ln} = \sum_{s=1}^{2}\sum_{t=1}^{2}\omega_s\omega_t \frac{\lambda}{16|J|}(E_lE_n + F_lF_n)\mid_{(\xi_s,\eta_t)}, \quad l,n = i,j,k,m \quad (1\text{-}24)$$

$$n_{ln} = \sum_{s=1}^{2}\sum_{t=1}^{2}\omega_s\omega_t\rho C_p |J| H_lH_n \mid_{(\xi_s,\eta_t)}, \quad l,n = i,j,k,m \quad (1\text{-}25)$$

$$P_{1l} = \sum_{s=1}^{2}\sum_{t=1}^{2}\omega_s\omega_t q_v |J| H_l \mid_{(\xi_s,\eta_t)}, \quad l = i,j,k,m \quad (1\text{-}26)$$

式中,$\xi_s$、$\eta_t$ 为积分基点坐标;$\omega_s$、$\omega_t$ 为权函数;$E_l$、$E_n$、$F_l$、$F_n$ 含义如下:

$$\left.\begin{aligned}
E_l &= L_1 \frac{\partial H_l}{\partial \eta} - L_3 \frac{\partial H_l}{\partial \xi} \\
E_n &= L_1 \frac{\partial H_n}{\partial \eta} - L_3 \frac{\partial H_n}{\partial \xi} \\
F_l &= L_2 \frac{\partial H_l}{\partial \eta} - L_4 \frac{\partial H_l}{\partial \xi} \\
F_n &= L_2 \frac{\partial H_n}{\partial \eta} - L_4 \frac{\partial H_n}{\partial \xi}
\end{aligned}\right\}$$

$$(1\text{-}27)$$

## 1.2　边界条件的处理

边界条件方程(1-23)中 $P_{2l}$ 项应根据不同边界条件,按第一类、第二类和第三类边界条件计算。

对于第一类边界条件,边界上的温度为已知,这就是固定端点的变分问题,其线积分项为零,即对第一类边界条件有

$$P_{2l} = 0 \quad\quad\quad (1\text{-}28)$$

规定四边形单元只有 $k$、$m$ 处于边界上,边界插值函数为

$$T = (1-q')T_k + q'T_m \quad\quad\quad (1\text{-}29)$$

由此得到

$$\begin{aligned}
H_i &= H_j = 0 \\
H_k &= 1 - q' \\
H_m &= q'
\end{aligned} \quad\quad\quad (1\text{-}30)$$

式中,$q' = s/S_{kn}$,$S_{kn}$ 为四边形单元边界长;$s$ 为计算点至 $k$ 点的边界长。

对第二类边界条件,边界上的热流密度 $q$ 为已知,即

$$-\lambda \frac{\partial T}{\partial n} = q$$

此时，由于 $w_i = w_j = 0$，可得

$$P_{2i} = P_{2j} = 0 \tag{1-31}$$

$$P_{2k} = -\oint_\Gamma q w_k \mathrm{d}s = -\int_0^{S_{km}} q\left(1 - \frac{S}{S_{km}}\right)\mathrm{d}s = -qS_{km}/2 \tag{1-32}$$

$$P_{2m} = -\oint_\Gamma q w_m \mathrm{d}s = -\int_0^{S_{km}} q\frac{S}{S_{km}}\mathrm{d}s = -qS_{km}/2 \tag{1-33}$$

对第三类边界条件，气温 $T_a$ 以及大气和地表的换热系数 $\alpha$ 为已知，用公式表示为

$$-\lambda \frac{\partial T}{\partial n}\bigg|_\Gamma = \alpha(T - T_a)|_\Gamma$$

此时，同样由于 $w_i = w_j = 0$，可得

$$P_{2i} = P_{2j} = 0 \tag{1-34}$$

$$\begin{aligned} P_{2k} &= -\oint_\Gamma \alpha(T - T_a) w_k \mathrm{d}s \\ &= -\int_0^{S_{km}} \alpha\left(1 - \frac{S}{S_{km}}\right)\left[\left(1 - \frac{S}{S_{km}}\right)T_k + \frac{S}{S_{km}}T_m - T_a\right]\mathrm{d}s \\ &= -\frac{\alpha S_{km}}{3}T_k - \frac{\alpha S_{km}}{6}T_m + \frac{\alpha S_{km}}{2}T_a \end{aligned} \tag{1-35}$$

$$\begin{aligned} P_{2m} &= -\int_0^{S_{km}} \alpha\frac{S}{S_{km}}\left[\left(1 - \frac{S}{S_{km}}\right)T_k + \frac{S}{S_{km}}T_m - T_a\right]\mathrm{d}s \\ &= -\frac{\alpha S_{km}}{6}T_k - \frac{\alpha S_{km}}{3}T_m + \frac{\alpha S_{km}}{2}T_a \end{aligned} \tag{1-36}$$

式(1-35)和式(1-36)含有变量 $T_k$、$T_m$。为了计算方便，将式(1-35)、式(1-36)的前两项移至式(1-19)的左边，相当于给由式(1-24)计算出的第三类边界上的点 $k$、$m$ 各加上一项，此时

$$K_{kk} = \sum_{s=1}^2\sum_{t=1}^2 \omega_s\omega_t \frac{\lambda}{16|J|}(E_k^2 + F_k^2)|_{(\xi_s,\eta_t)} + \frac{\alpha S_{km}}{3} \tag{1-37}$$

$$K_{mn} = \sum_{s=1}^2\sum_{t=1}^2 \omega_s\omega_t \frac{\lambda}{16|J|}(E_k^2 + F_k^2)|_{(\xi_s,\eta_t)} + \frac{\alpha S_{km}}{3} \tag{1-38}$$

$$K_{km} = K_{mk} = \sum_{s=1}^2\sum_{t=1}^2 \omega_s\omega_t \frac{\lambda}{16|J|}(E_kE_m + F_kF_m)|_{(\xi_s,\eta_t)} + \frac{\alpha S_{km}}{6} \tag{1-39}$$

$$P_{2k} = P_{2m} = \frac{\alpha S_{km}}{2}T_a \tag{1-40}$$

## 1.3　土体冻融相变的处理

由于土在冻结和融化过程中会发生水冰相变,考虑相变过程的平面导热微分方程为

$$\rho C_{\mathrm{p}} \frac{\partial T}{\partial t} = \frac{\partial}{\partial x}\left(\lambda \frac{\partial T}{\partial x}\right) + \frac{\partial}{\partial y}\left(\lambda \frac{\partial T}{\partial y}\right) + q_{\mathrm{v}} + \rho L \frac{\partial f_{\mathrm{s}}}{\partial t} \tag{1-41}$$

式中,$L$ 为土冻结或融化相变潜热;$f_{\mathrm{s}}$ 为固相率。根据固相增量法模量,$f_{\mathrm{s}}$ 的含义为

$$f_{\mathrm{s}} = \frac{T_{\mathrm{L}} - T}{T_{\mathrm{L}} - T_{\mathrm{s}}} \tag{1-42}$$

式中,$T_{\mathrm{L}}$、$T_{\mathrm{s}}$ 分别为融化及冻结温度;$T$ 为相变区温度。

式(1-41)中导热系数和比热容在固相区和液相区分别取为 $\lambda_{\mathrm{s}}$、$\lambda_{\mathrm{L}}$ 和 $C_{\mathrm{s}}$、$C_{\mathrm{L}}$,在相变区内则根据温度 $T$ 作线性插值,在相变区:

$$\lambda = \begin{cases} \lambda_{\mathrm{s}}, & T \leqslant T_{\mathrm{s}} \\ \lambda_{\mathrm{s}} + \dfrac{\lambda_{\mathrm{L}} - \lambda_{\mathrm{s}}}{T_{\mathrm{L}} - T_{\mathrm{s}}}(T - T_{\mathrm{s}}), & T_{\mathrm{s}} < T < T_{\mathrm{L}} \\ \lambda_{\mathrm{L}}, & T \geqslant T_{\mathrm{L}} \end{cases} \tag{1-43}$$

$$C = \begin{cases} C_{\mathrm{s}}, & T \leqslant T_{\mathrm{s}} \\ (C_{\mathrm{s}} + C_{\mathrm{L}})/2, & T_{\mathrm{s}} < T < T_{\mathrm{L}} \\ C_{\mathrm{L}}, & T \geqslant T_{\mathrm{L}} \end{cases} \tag{1-44}$$

比较式(1-1)和式(1-41)就会发现,如果将式(1-41)中的相变潜热项当成内热源项处理,则式(1-41)和式(1-1)是一样的。经过前述同样分析过程,同样可得相变导热的有限元方程为式(1-19)。但此时,式(1-23)、式(1-26)的 $P_{1l}$ 应加上相变潜热项,即

$$P_{1l} = \sum_{s=1}^{2} \sum_{t=1}^{2} \omega_s \omega_t \left(q_{\mathrm{v}} + \rho L \frac{(\Delta f_{\mathrm{s}})_l}{\Delta t}\right) |J| |H_l|_{(\xi_s, \eta_t)}, \quad l = i, j, k, m \tag{1-45}$$

式中,$(\Delta f_{\mathrm{s}})_l$ 是节点 $l$ 在相应 $\Delta t$ 时间间隔内固相率的变化值,在 $\Delta t$ 时间间隔内,若节点 1 的温度从 $T_t$ 变化到 $T_{t+\Delta t}$,$\Delta f_{\mathrm{s}}$ 按下列 8 种情况取值:

$T_t$ 和 $T_{t+\Delta t}$ 均大于 $T_{\mathrm{L}}$ 或均小于 $T_{\mathrm{s}}$ 时,$\Delta f_{\mathrm{s}} = 0$;

$T_t$ 在液相区,$T_{t+\Delta t}$ 在固相区时,$\Delta f_{\mathrm{s}} = 1$;

$T_t$ 在固相区,$T_{t+\Delta t}$ 在液相区时,$\Delta f_{\mathrm{s}} = -1$;

$T_t$ 在液相区,$T_{t+\Delta t}$ 在相变区时,$\Delta f_{\mathrm{s}} = (T_{\mathrm{L}} - T_{t+\Delta t})/(T_{\mathrm{L}} - T_{\mathrm{s}})$;

$T_t$ 在相变区,$T_{t+\Delta t}$ 在液相区时,$\Delta f_{\mathrm{s}} = (T_t - T_{\mathrm{L}})/(T_{\mathrm{L}} - T_{\mathrm{s}})$;

$T_t$ 在相变区,$T_{t+\Delta t}$ 在固相区时,$\Delta f_{\mathrm{s}} = (T_t - T_{\mathrm{s}})/(T_{\mathrm{L}} - T_{\mathrm{s}})$;

$T_t$ 在固相区，$T_{t+\Delta t}$ 在相变区时，$\Delta f_s=(T_s-T_{t+\Delta t})/(T_L-T_s)$；

$T_t$ 和 $T_{t+\Delta t}$ 均在相变区内时，$\Delta f_s=(T_t-T_{t+\Delta t})/(T_L-T_s)$。

## 1.4　求解的特点

通过上述分析，得到了土体相变导热问题的四边形等参元有限元计算方法。有限元基本方程为式(1-19)或式(1-20)，式中的矩阵参数可根据式(1-24)～式(1-26)确定。这些公式考虑了各类边界条件，再加上初始条件，就可求解各类复杂边界的非稳定相变导热问题。这类问题的求解特点是在空间域内用有限元网格划分，在时间域内则用有限差分网格划分。实质上是有限元法和有限差分法的混合解法。这是一种成功的结合，因为它充分利用了有限元法在空间域划分中的优点和有限差分法在时间推进中的优点。

差分格式有向前差分格式、向后差分格式、C-N 格式、Galerkin 格式等。在这些差分格式中，只有向后差分格式是无条件稳定收敛的。采用这种格式简单可靠，不会节外生枝。向后差分格式有两点后差格式和三点后差格式。由于用三点后差格式计算非稳定温度场时，同时需要知道前两个时刻的温度场，这需要占用更多的计算机内存，可能使计算区域划分单元和节点的数目受到限制，从而影响计算精度。因此，采用两点后差格式，将方程(1-20)变成如下形式：

$$\left([K]+\frac{[N]}{\Delta t}\right)\{T\}_t=\{P\}_t+\frac{[N]}{\Delta t}\{T\}_{t-\Delta t} \tag{1-46}$$

式中，$[K]$ 为温度刚度矩阵；$[N]$ 为非稳态变温矩阵；$\{P\}$ 为合成列阵；$\Delta t$ 为时间步长。一般来说，$\Delta t$ 越小，计算精度越高。因此，一般应选取较小的时间步长。但对边界条件变化较小的时段，为了节约计算时间，可选用较大的时间步长。

为了提高计算精度，采用的单元的尺寸 $\Delta x$ 越小越好，同时应采用较小的时间步长 $\Delta t$。一般来说，减小 $\Delta t$ 能使求解的稳定性和精度提高，但在单元边长 $\Delta x$ 保持不变的情况下，并非 $\Delta t$ 越小越好，$\Delta t$ 的最小值需满足：

$$\frac{\lambda\Delta t}{\rho C_p\Delta x^2}>0.1 \tag{1-47}$$

如果 $\Delta t$ 小于此式规定的最小值，就会产生振荡现象。因此，$\Delta t$ 的选取，应在满足此式的条件下，越小越好。但为了节省计算时间，在冻土路基边界条件变化较小的时段，可取较大的时间步长，这并不会降低计算精度。

求解非稳态相变温度场问题时，通常采用迭代法，但不宜单纯采用迭代法，单纯迭代虽然程序简单，但收敛性能较差。为了改进收敛性能，应在两次迭代之间用矩阵消元法直接求解，再用低松弛因子来确定下次迭代值，如果第 $i$ 次迭代消元计算得到值 $T^{(i)}$，若经验算表明此值不满足精度要求，必须继续进行迭代计算，但不

宜直接将 $T^{(i)}$ 作为迭代值,应先对 $T^{(i)}$ 作下述修正:

$$\widetilde{T}^{(i)} = \omega T^{(i)} + (1-\omega)\widetilde{T}^{(i-1)} \tag{1-48}$$

式中,$\widetilde{T}^{(i-1)}$ 为第 $i$ 次代入迭代值;$\omega$ 为松弛因子。对冻土路基的非稳态相变温度场问题,应取 $\omega < 1$,即采用低松弛迭代,在计算过程中,为了加速收敛,应根据迭代次数不断调整 $\omega$ 值。$T^{(i)}$ 经修正后得到新值 $\widetilde{T}^{(i)}$,将新值 $\widetilde{T}^{(i)}$ 作为迭代值进行计算,计算得到的值经修正后再代入迭代式计算,以此类推,直至计算值能够满足精度要求。

# 第 2 章　土体热参数及工程边界条件的确定

第 1 章给出了适用于土体非稳态相变温度场的有限元方程。求解此方程时，需先确定土体热参数及实际工程边界条件。土体热参数与土质、物理参数、冻结状态等密切相关，一般应实测确定。非饱和土体含水量是随气候及渗漏水等因素变化的，考虑此变化分析土体热问题十分必要。实际工程的边界条件十分复杂，包括辐射、蒸发及对流换热等各类边界条件，这些边界条件不仅随时间变化，而且随工程断面尺寸及坡体走向的不同而不同，随着坡度坡向的变化也是变化的。本章以青藏高原多年冻土以及黄土为对象，就确定土体热参数及各类边界条件的方法进行探讨。

## 2.1　冻土热参数的确定

冻土热参数有导热系数 $\lambda$、比热容 $C$ 和相变潜热 $L$。参数 $\lambda$、$C$、$L$ 与土质、土密度和土体含水量有着密切的关系，一般情况应该实测。但由于路基中的含水量分布是变化的，土的密度也因冻融循环而变化，这就要求测试各种密度及含水量组合下的热参数值，显然这种测试工作量是相当大的。为了减小测试工作量，同时考虑到一般单位尚不具备冻土测试条件。为便于应用，也为了探讨参数 $\lambda$、$C$ 随密度及含水量的变化规律，对已有测试数据进行回归分析，热物理参数可按下列各式计算。

对亚黏土：

$$\lambda_f = 1.24 \times 10^{1.37\rho_d - 3} + 1.04w \times 10^{0.485\rho_d - 2} \tag{2-1}$$

$$\lambda_u = (11.33\lg w - 3.4) \times 10^{0.649\gamma_d - 2} \tag{2-2}$$

$$C_f = \rho_d(0.962 + 0.021w) \times 10^3 \tag{2-3}$$

$$C_u = \rho_d(0.835 + 0.042w) \times 10^3 \tag{2-4}$$

对砾砂土：

$$\lambda_f = 1.4 \times 10^{\rho_d - 2} + [4.99w \times 10^{0.67} - 0.066(w - 10)^2] \times 10^{0.48\rho_d - 2} \tag{2-5}$$

$$\lambda_u = (8.7\lg w + 4.96 + 1.24b) \times 10^{0.6247\rho_d - 2}$$

且

$$b = (60w + 120\rho_d - 20\rho_d w - w^2 - 296)/64 \tag{2-6}$$

$$C_f = \rho_d(0.732 + 0.021w) \times 10^3 \tag{2-7}$$

$$C_u = \rho_d(0.794 + 0.042w) \times 10^3 \tag{2-8}$$

式中,$\rho_d$ 为干密度,g/cm³;$w$ 为含水量;下标 f 表示冻结土,u 表示未冻土;相变区内的 $\lambda$、$C$ 值可根据式(1-43)、式(1-44)计算得到。

根据以上各式进行计算,计算值与表中值如图 2.1~图 2.4 所示。图中实线为计算值,点为表中值。从图中可以看出,计算值与表中值是一致的。从而说明,上述公式反映了 $\lambda$、$C$ 随干密度和含水量的变化规律,可以用于计算,而且能使应用更加方便。

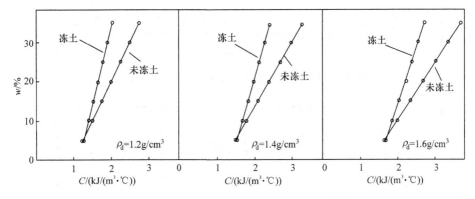

图 2.1　亚黏土比热容 $C$ 与含水量 $w$ 关系曲线图

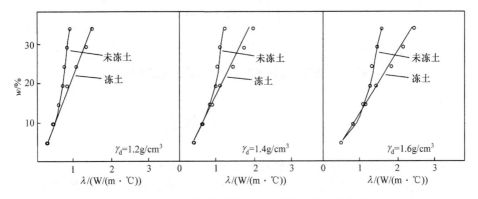

图 2.2　亚黏土导热系数 $\lambda$ 与含水量 $w$ 关系曲线图

土的相变潜热按式(2-9)计算

$$L = 80\rho_d(w - w_u) \tag{2-9}$$

式中,$w$ 为初始含水量;$w_u$ 为未冻水含量。土冻结后在相应温度下冻土中仍保留部分未冻结的液相水,称为未冻水。未冻水含量为土中的未冻水质量与干土质量之比。研究表明,每种土的未冻水含量与土的总含水量无关,主要受土的负温值控制。

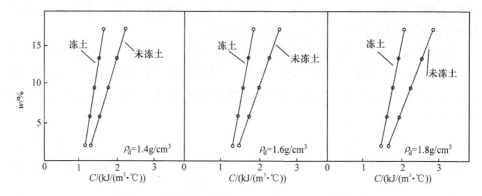

图 2.3　砾砂土比热容 $C$ 与含水量 $w$ 关系曲线图

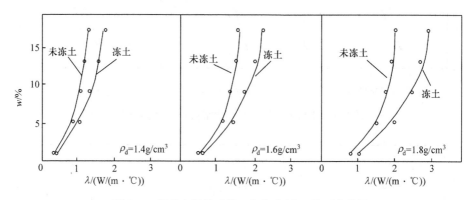

图 2.4　砾砂土导热系数 $\lambda$ 与含水量 $w$ 关系曲线图

## 2.2　黄土热参数的确定

　　黄土高原公路、铁路、市政、水利等工程项目大部分修筑于浅层黄土之上。受气候及热源等外界因素的影响,浅层黄土的含水量和温度是变化的,温度变化引起水分迁移使含水量重分布,使得黄土工程有关问题分析变得复杂。为了保证黄土工程安全,就黄土温度场方面的研究工作已经展开,但对黄土热参数随土体密度和含水量的变化问题仍缺乏科学的认识,目前直埋蒸汽管道工程设计时取 1.5W/(m·℃)确定导热系数及实测当地土体导热系数都不是科学的,因为不能确切反映管道所处的土体含水量的动态变化,造成计算结果误差很大。因此,对黄土热参数的确定方法进行研究是必要的。下面就正温状态下黄土导热系数和比热容随土体密度和含水量的变化问题进行探讨。

　　首先探讨黄土导热系数和比热容的测试方法,组装形成黄土土样试验装置。然后取扰动黄土配制不同密度、不同含水量试样进行试验,测得黄土导热系数 $\lambda$ 和

比热容 $C$。试验结果揭示,在含水量一定的情况下,导热系数和比热容随密度增大而增大;在密度相同的情况下,导热系数和比热容也随含水量的增大而增大。进一步分析得到根据土体含水量、密度确定导热系数和比热容的关系式。相对于随密度的变化,黄土导热系数和比热容随含水量的变化尤为显著,含水量变化可以引起热参数较大的变化。

对于金属、岩石等固体材料,通常采用热导仪测定其导热系数和比热容,试验前必须先切割制作圆形或方形薄片试样,试样直径或边长为 30cm,厚度为 1cm,采用此法测定黄土导热系数和比热容时,将会遇到制作试样的困难,特别是黄土在高含水量及干燥状态下定形性差,加工制作大薄片试样几乎是不可能的。本书试验需测定不同含水量水平黄土在不同密度时的导热系数和比热容,采用热导仪显然难以实施。因此,本书首先对测定黄土导热系数和比热容的试验技术进行探讨,并组装试验装置。

基于平板导热原理采用准稳态法测量黄土导热系数和比热容,首先对平板加热过程中无限大平板温度变化过程进行分析,如图 2.5 所示,取试样底面为 $x$ 轴的起点,热流方向与 $x$ 轴的正向相同,平板受热流密度 $q$ 恒定的热流均匀加热,试样顶面为加热面,底部平面为绝热面,以 $T(℃)$ 表示试样在位置 $x$ 的某点处及时间 $t$ 时的温度,试样的初始温度为 $T_0(℃)$。

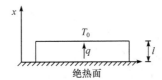

图 2.5 准稳态法平板加热过程示意图

平板温度分布的数学描述为

$$\frac{\partial T_{(x,t)}}{\partial t} = \alpha \frac{\partial^2 T_{(x,t)}}{\partial x^2}, \quad 0 < x < l \tag{2-10}$$

$$\frac{\partial T_{(0,t)}}{\partial x} = 0 \tag{2-11}$$

$$\frac{\partial T_{(l,t)}}{\partial x} = \frac{Q}{A\lambda} \tag{2-12}$$

$$T_{(x,0)} = T_0 \tag{2-13}$$

式中,$t$ 为时间,s;$Q$ 为从端面向试样加热的恒定功率,W;$\alpha$ 为试样的热扩散率,$m^2/s$;$\lambda$ 为试样的导热系数,$W/(m·℃)$;$A$ 为试样面积,$m^2$;$l$ 为试样厚度,m。

求解方程(2-10),简化后可得

$$T_{(x,0)} - T_0 = \frac{Ql}{\lambda A} \left( \frac{\alpha t}{l^2} + \frac{x^2}{2l^2} - \frac{1}{6} \right) \tag{2-14}$$

　　由此可见,平板各处的温度与时间呈线性关系,温度随时间变化的速率是常数,并且各处相同,这种状态称为准稳态。

　　为了更形象地说明上述平板导热过程,图2.6描述了准稳态阶段的形成过程。由图2.6可知,加热一段时间后,试样加热端的温度$T_1(℃)$首先进入等速升温直线段;随后试样两端温度差$\Delta T(℃)$进入稳定最大值$\Delta T_{\max}$,此为系统的准稳态。因此,在实际测量时,可以通过数学变换,由式(2-14)直接得到试样导热系数的计算公式为

$$\lambda = \frac{Ql}{2A\Delta T_{\max}} = \frac{2Ql}{\pi D^2 \Delta T_{\max}} \tag{2-15}$$

由式(2-14)对$t$求导,得温升速率为

$$\frac{\partial T}{\partial t} = \frac{Q\alpha}{\lambda Al} \tag{2-16}$$

将$\lambda = \rho a c_{\mathrm{p}}$代入式(2-16),且$\rho Al = m$,得

$$C_{\mathrm{p}} = \rho c_{\mathrm{p}} = \frac{Q}{Al} \Big/ \frac{\partial T}{\partial t} \tag{2-17}$$

式中,$C_{\mathrm{p}}$为试样容积比热容,kJ/(m³·℃);$m$为试样质量,kg;$\rho$为试样密度,kg/m³;$c_{\mathrm{p}}$为质量比热容,kJ/(kg·℃)。

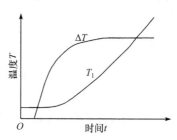

图2.6　准稳态法测试曲线

　　研究证明,当试样的横向尺寸为厚度的6倍以上时,两侧散热对试样中心温度的影响已在工程误差允许的范围之内,可以忽略不计。为了便于土试样制作,黄土试样横向尺寸在满足精度条件下应尽量小,本书试验取横向尺寸为厚度的10倍,加工制作圆形试样,黄土试样直径10cm,厚度1cm,并加工制作了便于装土的黄土试样容器。由式(2-15)和式(2-17)可知,只要测得加热功率和进入准稳态后上下底面的温差,即可求得待测黄土土样的导热系数和比热容。

　　将土样容器和有关仪表进行组装,形成黄土土样试验装置如图2.7所示,试验主体由4个容器和2个热源构成。4个同样尺寸的试样容器采用聚四氟乙烯套管制成,热源为云母薄片加热器,为了使试样表面受热均匀一致,容器与加热源接触的一侧的端盖为适当厚度的铝板,使用铝板的原因是铝的导热系数大,能使试样表面温度很快趋于一致,各点受热均匀。另一侧端盖板为环氧树脂板。试验时在聚

四氟乙烯容器侧壁布置热电偶,以观察侧壁温升情况。为了阻止热流沿着铝板向径向四周丧失,铝板布置在聚四氟乙烯容器壁上的凹台上,并使用密封胶密封。试验时,试验主体外围用硬质聚氨酯发泡绝热。

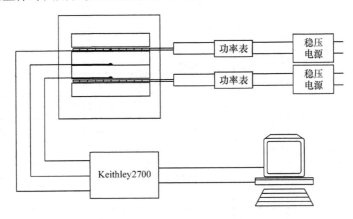

图 2.7　黄土导热参数试验装置

试验时,由 Keithley2700 采集到的电压数据,通过标定得到的热电偶的电压-温度关系式计算得到 4 组温度数据,再求出上下层试样的温差,而将 4 组温度求平均值即得到试样的平均温度。将 2 组温差数据代入式(2-15)中即可算出上下层试样导热系数,因为上下层不可能做到完全相同,所以把平均值作为最终的导热系数结果。根据到达准稳态时试样的平均温度随时间的变化曲线,由最小二乘法拟合求出准稳态时的斜率值(即 $\partial T/\partial t$),代入式(2-15)即可算出土体的比热容。

为了探讨黄土导热系数和比热容随其密度和含水量的变化,取扰动黄土配制不同密度、不同含水量试样进行试验,测得黄土导热系数和比热容如表 2.1 所示。

表 2.1　黄土导热系数和比热容实测结果

| 土样编号 | 含水量 $w$/% | 干密度 $\rho_d$ /(g/cm³) | 导热系数 $\lambda$ /(W/(m·℃)) | 比热容 $C$ /(kJ/(m³·℃)) |
|---|---|---|---|---|
| 1 | 0.49 | 1.05 | 0.29 | 1497 |
| 2 | 0.49 | 1.20 | 0.31 | 1587 |
| 3 | 7.78 | 1.05 | 0.35 | 1590 |
| 4 | 7.78 | 1.20 | 0.48 | 1696 |
| 5 | 10.3 | 1.25 | 0.52 | 1890 |
| 6 | 10.3 | 1.35 | 0.54 | 1968 |
| 7 | 10.3 | 1.45 | 0.58 | 2154 |
| 8 | 10.3 | 1.55 | 0.61 | 2288 |

续表

| 土样编号 | 含水量 $w$/% | 干密度 $\rho_d$ /(g/cm³) | 导热系数 $\lambda$ /(W/(m·℃)) | 比热容 $C$ /(kJ/(m³·℃)) |
|---|---|---|---|---|
| 9 | 10.3 | 1.65 | 0.63 | 2408 |
| 10 | 16.5 | 1.25 | 0.66 | 2006 |
| 11 | 16.5 | 1.35 | 0.72 | 2184 |
| 12 | 16.5 | 1.45 | 0.76 | 2305 |
| 13 | 16.5 | 1.55 | 0.79 | 2509 |
| 14 | 16.5 | 1.65 | 0.85 | 2638 |
| 15 | 18.5 | 1.25 | 0.75 | 2107 |
| 16 | 18.5 | 1.35 | 0.80 | 2211 |
| 17 | 18.5 | 1.45 | 0.87 | 2379 |
| 18 | 18.5 | 1.55 | 0.92 | 2565 |
| 19 | 18.5 | 1.65 | 0.98 | 2761 |
| 20 | 22.3 | 1.25 | 0.92 | 2186 |
| 21 | 22.3 | 1.35 | 0.99 | 2405 |
| 22 | 22.3 | 1.45 | 1.06 | 2514 |
| 23 | 22.3 | 1.55 | 1.10 | 2701 |
| 24 | 22.3 | 1.65 | 1.16 | 2846 |
| 25 | 准饱和 | 1.45 | 1.65 | 2950 |

从试验结果看,在含水量一定的情况下,导热系数和比热容随土体密度增大而增大;在土体密度相同的情况下,导热系数和比热容也随含水量的增大而增大。为了进一步探讨导热系数和比热容与土体含水量、密度的关系,也为了应用的方便,对实测结果进行回归分析,得到根据土体含水量、密度确定导热系数和比热容的关系:

$$\lambda = (4.17w^2 + 1504) \times 10^{0.25\rho_d - 3.9} \tag{2-18}$$

$$C = \rho_d (1.27 + 0.021w) \times 10^3 \tag{2-19}$$

采用式(2-18)、式(2-19)对不同含水量、密度土体的导热系数和比热容进行计算,计算结果和实测结果如图2.8~图2.11所示。图2.8为不同含水量下的导热系数随密度的变化,图2.9为不同密度下的导热系数随含水量的变化,图2.10为不同含水量下的比热容随密度的变化,图2.11为不同密度下的比热容随含水量的变化。图2.8~图2.11表明,式(2-18)、式(2-19)反映了编号为5~24的土样的实测结果。

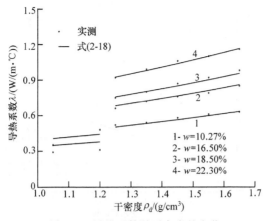

图 2.8　导热系数随干密度的变化

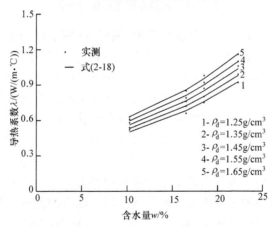

图 2.9　导热系数随含水量的变化

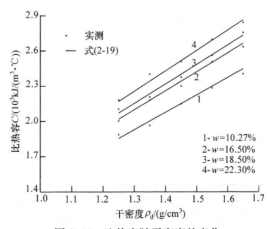

图 2.10　比热容随干密度的变化

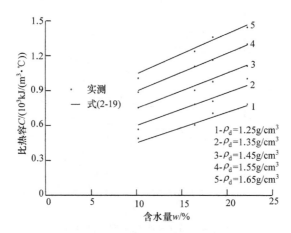

图 2.11　比热容随含水量的变化

　　试验编号为 1~4 的土样含水量较低,编号 25 的土样处于准饱和状态,采用式(2-18)、式(2-19)对其导热系数和比热容进行计算,计算结果如表 2.2 所示。比较表 2.1 和表 2.2 可以发现,当含水量较低和准饱和时计算误差较大,但仍处于一定范围之内。对于一般工程应用采用式(2-18)、式(2-19)进行计算,还是可以满足工程要求的。比较黄土导热系数和比热容随含水量、密度的变化可以发现,相对于随密度的变化,黄土导热系数和比热容随含水量的变化尤为显著,含水量变化可以引起热参数较大的变化。因此,在实际工程中应模拟含水量的变化,动态地选取热参数进行计算。目前直埋蒸汽管道工程取导热系数 1.5W/(m·℃)进行设计,实质上只考虑了管道周围土体含水量较高的情况。随着时间的推移,在温度梯度作用下管周土体含水量逐渐减小,其导热系数也相应减小,这对保温层的稳定性是不利的。

表 2.2　导热系数和比热容计算结果

| 土样编号 | 含水量 $w/\%$ | 干密度 $\rho_d/(g/cm^3)$ | 导热系数 $\lambda/(W/(m·℃))$ | 比热容 $C/(kJ/(m^3·℃))$ |
|---|---|---|---|---|
| 1 | 0.49 | 1.05 | 0.35 | 1344 |
| 2 | 0.49 | 1.20 | 0.38 | 1536 |
| 3 | 7.78 | 1.05 | 30.40 | 1505 |
| 4 | 7.78 | 1.20 | 0.44 | 1720 |
| 25 | 准饱和 | 1.45 | 1.67 | 2816 |

# 2.3　土体工程边界条件的确定

确定土的热参数后,接着考虑边界条件,这是一个比较复杂的问题,也是一个至今尚未很好解决的问题。对边界条件,目前在计算中基本上限于考虑第一类边界条件,要求地表温度为已知,而地表温度受诸多外在因素的影响,不易确定,大多数情况下只能依赖经验公式确定,忽略各种外在因素的差异,势必造成较大的计算误差。因此,应该真实地考虑各种边界条件,综合反映辐射、气温、风速、蒸发等多种因素。本章将上述因素在列阵 $\{P\}$ 中予以考虑,将前述 $\{P_{1l}\}$ 项进一步分解,提出 $\{P\}$ 应由四项组成,按式(2-20)进行计算

$$\{P\} = \{P_1\} + \{P_2\} + \{P_3\} + \{P_4\} \tag{2-20}$$

式中, $\{P_1\}$ 为相变列阵; $\{P_2\}$ 为辐射换热列阵; $\{P_3\}$ 为对流换热列阵; $\{P_4\}$ 为蒸发耗热列阵。

### 2.3.1　相变列阵 $\{P_1\}$

相变列阵按式(1-45)计算。对一般的土体工程,内热源强度 $q_v = 0$。此时式(1-45)变为

$$P_{1l} = \sum_{s=1}^{2}\sum_{t=1}^{2}\omega_s\omega_t\frac{\rho L}{\Delta t}(\Delta f_s)_l \mid J \mid H_l\mid_{(\xi_s,\eta_t)}, \quad l = i,j,k,m \tag{2-21}$$

### 2.3.2　辐射换热列阵 $\{P_2\}$

辐射由太阳辐射、大地辐射和大气辐射组成。因此,辐射换热列阵可分解为三个子列阵:太阳辐射列阵 $\{P_{2S}\}$、大地辐射列阵 $\{P_{2E}\}$ 和大气辐射列阵 $\{P_{2A}\}$,即

$$\{P_2\} = \{P_{2S}\} + \{P_{2E}\} + \{P_{2A}\} \tag{2-22}$$

根据热力学有关定律并结合路基的特点,得到计算各子列阵参数的公式如下:

$$(P_{2S})_l = Q_h(1-\lambda)\varepsilon s_i/2 \tag{2-23}$$

$$(P_{2E})_l = -\lambda_1 \times 4.88 \times 10^{-8} \times (273+T)^4 s_i/2 \tag{2-24}$$

$$(P_{2A})_l = \lambda_2 \times 4.88 \times 10^{-8} \times (273+T_a)^4 \beta' s_i/2 \tag{2-25}$$

式中, $l$ 为第三类边界节点; $Q_h$ 为地平面每平方米受到的太阳辐射量; $\lambda$ 为大地对太阳辐射的反射率; $\lambda_1$、$\lambda_2$ 分别为大地辐射黑度、大气辐射黑度; $\beta'$ 为大地对大气辐射的吸收率(上列参数均可通过有关手册查得); $s_i$ 为换热边界长; $T$、$T_a$ 分别为地面温度、大气温度; $\varepsilon$ 为坡面坡向系数,是充分考虑坡面走向、坡角大小及阳阴坡的一个参数。

由于土体工程直接暴露于大自然,太阳辐射热会对土体温度场产生很大的影响,这就要求确定工程表面受到的太阳辐射量。一般情况下,通过气象资料可查得

水平面每平方米的太阳辐射量,但对边坡坡面受到的辐射量还不能确定,这需要引入坡面系数进行计算。坡面系数是受到相同太阳辐射量的水平面面积与坡面面积之比,有了坡面系数,便可按式(2-26)计算坡面每平方米面积上受到的太阳辐射量:

$$Q_p = \varepsilon Q_h \tag{2-26}$$

式中,$\varepsilon$ 为坡面系数;$Q_p$ 为坡面每平方米受到的太阳辐射量。

土体边坡为一斜面,其单位面积受到的太阳辐射量不仅与边坡坡角 $\alpha$ 及坡向(走向)有关,还与太阳高度角 $\beta$、太阳方位角 $\theta$ 有关。如图 2.12 所示,图 2.12(a)为阴坡面示意图,图 2.12(a)为阳坡面示意图,图中 E 为正东方向,S 为正南方向,路基走向为东偏北 $\delta$,太阳光线在坡底平面的投影线为 $P$ 线($AC$),高度角 $\beta$,方位角 $\theta$ 以偏东为正,偏西为负,边坡横截面 $OAB$,坡角 $\alpha$,坡体高度为 $H(OA)$,边坡横截面与太阳光线高度角平面的夹角为 $\gamma$。坡面受到的太阳照射投影到水平面上就是图示 $CD$ 区域,坡面坡向系数 $\varepsilon$ 就等于 $CD$ 区域水平面面积与坡面面积之比,经过推导得到计算坡面坡向系数 $\varepsilon$ 的公式如下:

阴坡面

$$\varepsilon = \left[ \mathrm{ctan}\alpha - \mathrm{ctan}\beta \left| \cos(\delta - \theta) \right| \right] \sin\alpha \tag{2-27}$$

阳坡面

$$\varepsilon = \left[ \mathrm{ctan}\alpha + \mathrm{ctan}\beta \left| \cos(\delta - \theta) \right| \right] \sin\alpha \tag{2-28}$$

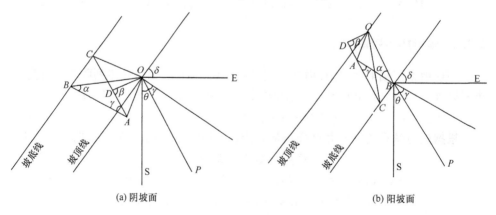

(a) 阴坡面　　　　　　　　　(b) 阳坡面

图 2.12　路基受太阳光线照射示意图

图 2.12 为东北走向坡面,但式(2-27)和式(2-28)同样适用于西北走向坡面。对东西走向坡面,取 $\delta = 0$;对南北走向坡面,取 $\delta = 90°$。特别需要注意的是,计算阴坡面系数 $\varepsilon$ 时,如 $\varepsilon$ 小于 0,说明阴坡面没有受到阳光照射,此时应取系数 $\varepsilon = 0$。而且,不能固定地定义阴阳坡面,而应根据各个时刻的太阳方位定义,以坡顶线竖直面为准,当太阳位于坡面一侧时,坡面为阳坡,否则为阴坡。

根据式(2-27)和式(2-28),对北纬 34°地区的路基坡面坡向系数进行了计算,得到不同走向、不同倾角路基边坡的坡面坡向系数如表 2.3 所示。从表中可以看出,对于东西、东北及西北走向路基,路基两侧坡面坡向系数 ε 的差值冬季比较大,夏季比较小。时间越靠近冬至,差值越大,时间越靠近夏至,差值越小,冬至最大差值达 1.98,而夏至时差值几乎为 0。夏至时,两侧坡面 ε 值均小于 1,而且坡面倾角越大,ε 值越小,但最小不小于 0.7。冬至时,南坡(包括西南坡和东南坡)ε 值大于 1,北坡(包括西北坡和东北坡)ε 值却小于 1,当此坡坡率大于或等于 1 : 1.5 时,ε＝0,此时北坡面整天不会受到太阳辐射。从冬至到夏至,南坡 ε 值逐渐减小,北坡却逐渐增大。从夏至到冬至,南坡 ε 值逐渐增大,北坡却逐渐减小。对于南北走向路基,其东坡和西坡 ε 值是相同的,取值范围为 0.79~0.98,ε 值从夏至到冬至逐渐增大,从冬至到夏至逐渐减小,但变化不大,其值不超过 0.1。

**表 2.3　北纬 34°地区坡面坡向系数表**

| 时间 | 边坡坡度 | 走向东偏北 45° | | 走向西偏北 45° | | 走向东西 | | 走向南北 |
| --- | --- | --- | --- | --- | --- | --- | --- | --- |
| | | 东南坡 | 西北坡 | 东北坡 | 西南坡 | 南坡 | 北坡 | 东坡和西坡 |
| 6月22日 | 1 : 1 | 0.77 | 0.72 | 0.72 | 0.77 | 0.72 | 0.71 | 0.79 |
| | 1 : 1.25 | 0.82 | 0.79 | 0.79 | 0.82 | 0.79 | 0.78 | 0.84 |
| | 1 : 1.5 | 0.86 | 0.84 | 0.84 | 0.86 | 0.83 | 0.83 | 0.87 |
| | 1 : 1.75 | 0.89 | 0.87 | 0.87 | 0.89 | 0.87 | 0.87 | 0.90 |
| | 1 : 2 | 0.91 | 0.89 | 0.89 | 0.91 | 0.89 | 0.90 | 0.91 |
| 7月22日 5月22日 | 1 : 1 | 0.81 | 0.70 | 0.70 | 0.81 | 0.76 | 0.66 | 0.81 |
| | 1 : 1.25 | 0.86 | 0.77 | 0.77 | 0.86 | 0.83 | 0.74 | 0.85 |
| | 1 : 1.5 | 0.90 | 0.81 | 0.81 | 0.90 | 0.87 | 0.80 | 0.88 |
| | 1 : 1.75 | 0.92 | 0.85 | 0.85 | 0.92 | 0.90 | 0.84 | 0.91 |
| | 1 : 2 | 0.93 | 0.88 | 0.88 | 0.93 | 0.92 | 0.87 | 0.92 |
| 9月22日 3月22日 | 1 : 1 | 1.08 | 0.46 | 0.46 | 1.08 | 1.19 | 0.23 | 0.81 |
| | 1 : 1.25 | 1.10 | 0.54 | 0.54 | 1.10 | 1.21 | 0.36 | 0.85 |
| | 1 : 1.5 | 1.11 | 0.60 | 0.60 | 1.11 | 1.21 | 0.45 | 0.89 |
| | 1 : 1.75 | 1.12 | 0.66 | 0.66 | 1.12 | 1.21 | 0.53 | 0.91 |
| | 1 : 2 | 1.12 | 0.69 | 0.69 | 1.12 | 1.20 | 0.59 | 0.92 |
| 1月22日 11月22日 | 1 : 1 | 1.55 | 0.15 | 0.15 | 1.55 | 1.80 | 0 | 0.85 |
| | 1 : 1.25 | 1.53 | 0.22 | 0.22 | 1.53 | 1.75 | 0 | 0.90 |
| | 1 : 1.5 | 1.50 | 0.30 | 0.30 | 1.50 | 1.69 | 0.03 | 0.93 |
| | 1 : 1.75 | 1.46 | 0.36 | 0.36 | 1.46 | 1.64 | 0.13 | 0.94 |
| | 1 : 2 | 1.43 | 0.42 | 0.42 | 1.43 | 1.59 | 0.22 | 0.96 |

| 时间 | 边坡坡度 | 走向东偏北 45° | | 走向西偏北 45° | | 走向东西 | | 走向南北 |
|---|---|---|---|---|---|---|---|---|
| | | 东南坡 | 西北坡 | 东北坡 | 西南坡 | 南坡 | 北坡 | 东坡和西坡 |
| 12月22日 | 1∶1 | 1.70 | 0.11 | 0.11 | 1.70 | 1.98 | 0 | 0.89 |
| | 1∶1.25 | 1.66 | 0.18 | 0.18 | 1.66 | 1.91 | 0 | 0.93 |
| | 1∶1.5 | 1.61 | 0.24 | 0.24 | 1.61 | 1.83 | 0 | 0.95 |
| | 1∶1.75 | 1.56 | 0.31 | 0.31 | 1.56 | 1.76 | 0.04 | 0.97 |
| | 1∶2 | 1.52 | 0.37 | 0.37 | 1.52 | 1.70 | 0.13 | 0.98 |

### 2.3.3 对流换热列阵{$P_3$}

对流换热和地面大气温差有关,是一个调节地表温度的变量,当温差大时对流换热量足以和辐射换热、蒸发换热相抗衡。因此,对流换热非常重要,并在计算刚度矩阵和列阵{$P_3$}时都应考虑,对流换热列阵参数按式(2-29)进行计算

$$\{P_3\}_l = \alpha s_i T_a / 2 \tag{2-29}$$

确定对流换热列阵的关键是确定换热系数 $\alpha$,由于对流换热由两部分组成,即自然对流和强迫对流。强迫对流对地表土来说就是由风所引起的对流,反映在换热系数上,此系数也应由两项组成,一项是静风项,与风力无关,另一项则与风力密切相关。基于此认识,经过对现有资料的分析,并经反算分析,得到青藏高原冻土区对流换热系数的算式如下:

$$\alpha = 5.0 + 3.6V \tag{2-30}$$

式中,$\alpha$ 为换热系数,kJ/(m²·h·℃);$V$ 为风速,m/s。因地表特征及气象条件存在差异,不同地区换热系数取值不同。黄土高原对流换热系数按式(2-31)计算

$$\alpha = 5.7 + 4.1V \tag{2-31}$$

风速根据气象资料确定,但气象资料给出的风速是大面积地表平面的风速,沿凹凸地表的风速需要根据实际情况确定,本书对沿路基表面的风速分布进行研究。路基的修建破坏了天然风流通道,使风速沿路基表面横向发生变化。如何根据气象资料给出的风速 $V'$,计算路基横向变化的风速 $V$,这是一个非常复杂的真实流体的绕流问题。空气绕路基流动时,紧贴路基表面会产生一层很薄的边界层,由于流体的黏性,边界层内流速变化剧烈,沿表面法线方向流速从零急剧上升到外部主流风速,风速越大,边界层越薄,对流换热系数越大。在路基的背风侧会出现空气流与路基表面分离现象,形成旋涡区,旋涡区内的流速,其大小和方向在不断变化和振荡,可认为平均流速为零。由于路基边坡坡度一般较缓,且路基表面比较粗糙,旋涡区只存在于路基背风面坡底部位及变界面处很小的区域。当然,上述只是基于目前的流体理论得到的定性认识,更重要的是确定路基横向的风速值,这一方

面的理论计算十分困难,需由实测资料确定。对试验路基的测定结果如图 2.13 所示,图中给出了路基高度 $h$ 分别为 2.1m 和 1.1m 时的路基横向风速比分布,路基宽度 10m,边坡坡度 1∶1.5,风速 5.2m/s,风向与线路走向基本垂直。

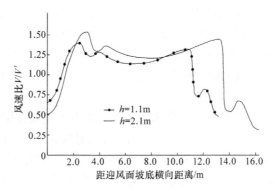

图 2.13　路基横向风速分布

从图 2.13 中可以看出,变界面处及背风面并未出现零速涡流区,但风速有不同程度的减小,显然与前述定性的认识有出入,这主要是由于路基棱角处实际是以圆弧过渡,以及风速实际上是不稳定的。测定还发现,青藏公路沿线常见的风速范围内,在路基高度不变的情况下,风速比分布变化不大,但路基高度不同,风速比分布变化较大。其他高度路基横向的风速比分布,可参照图 2.13,通过插值确定。上述确定的是风向垂直于路基走向的风速分布,对于风向与路基走向斜交的情况,可先将风速分解为垂直于路基走向的风速 $V'$ 和平行于路基走向的风速 $V''$。风速 $V''$ 沿路基横向是不变的,垂直路基走向的风速沿横向的分布根据图 2.13 确定,然后将路基表面各处的垂直风速与平行风速合成,可得到路基表面风速的横向分布。

### 2.3.4　蒸发耗热列阵$\{P_4\}$

蒸发耗热列阵参数根据地表土面蒸发量按式(2-32)确定:

$$\{P_4\}_i = EGS_i/2 \tag{2-32}$$

式中,$E$ 为地表土面蒸发量;$G$ 为水的汽化潜热。

土面蒸发量必须综合考虑辐射量、温度及湿度等因素来确定,为了便于应用,可利用气象资料确定,但气象资料常常给出的是水面的蒸发量。由于水面蒸发量是辐射量、气温、湿度等的综合反映,土面蒸发量与其有密切的关系,如果能够根据水面的蒸发量确定土面的蒸发量,将很有意义,对应用来说也是很方便的。

蒸发量可通过气象资料查得,但气象资料常常给出的是水面的蒸发量。由于水面蒸发量是辐射量、气温、湿度等的综合反映,土面蒸发量与其有密切的关系,如果能够根据水面的蒸发量确定土面的蒸发量,那将是很有意义的,对应用来说也是很方便的,这还需要进一步积累资料才能得到。

对土壤蒸发问题的研究较早,Penman 建立了能量平衡和空气动力学联合蒸散方程,Wilson 进一步给出了计算非饱和土表面实际蒸发量的 Penman-Wilson 公式,对气温、辐射、湿度、风速等气候条件作了充分考虑,依据气候条件和地表土体含水量确定蒸发量。由于气候条件参数多,确定这些参数很复杂,而水面蒸发量可以综合反映气候条件对蒸发的作用,且是日常气象参数,容易采集,采用水面蒸发量反映气候条件对蒸发的作用是可行的。进而研究者依据水面蒸发量和地表土含水量对蒸发进行了预测。

作者认为,现有地表蒸发量的预测方法充分考虑了气候作用,但对土层的供水能力考虑不周。蒸发量是地表土层单位时间的水量损失,该损失的水量来源于地表下土层,与土层向地表供给水分的能力密切相关。现有预测方法以地表含水量代表供水能力,但地表含水量指液态水含量,未考虑土层液态水和气态水向地表的迁移能力。典型的例子如图 2.14 所示,图中曲线 1 和曲线 2 代表两种地表土层含水状态,其地表含水量相同,但含水量沿深度分布不同。现有预测方法得到的两种含水状态土层的蒸发量是相同的。实际上,由于土层水分梯度不同,土层中的液态水和气态水向地表的迁移量不同,二者的蒸发量并不相同。为此,本书试图考虑地表土层含水量梯度的影响,通过试验建立黄土地表蒸发量的预测方法。

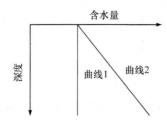

图 2.14  土体含水量随深度的不同变化趋势

试验用黄土呈褐黄色,其液限为 34.8%,塑限为 21.5%。首先配置初始含水量分别为 15%、20%、25% 的黄土土样,然后将土样分别装入底端和四周封闭、顶端开敞的土样筒中,土样筒高度 60cm,直径 30cm。土样干密度分别控制为 1.30g/cm³ 和 1.50g/cm³,土样中的水分通过顶面蒸发,共制作 6 组试样(土样干密度为 1.30g/cm³ 和 1.50g/cm³ 时,初始含水量分别为 15%、20%、25%)。每组试样设置 18 个平行试验样,其中,9 个试验样放置于室内,9 个试验样放置于室外。试验时,邻近土样筒放置 E-601 型水面蒸发器测定水面蒸发量。

试验历时 34d,试验期间测定不同历时土样含水量沿深度的分布、土样蒸发量及水面蒸发量。在试验开始后的第 1d、2d、4d、6d、8d、11d、17d、24d、34d 在每组土样中分别取室内、室外土样各一个,沿土样深度剖面测定其含水量分布,通过称重法测定蒸发量。

　　研究地表蒸发时以水面蒸发量代表外界条件,地表蒸发量与其有密切的关系。地表蒸发量与水面蒸发量之比定义为蒸发系数。如果确定了蒸发系数,就可以根据水面蒸发量确定地表蒸发量,对应用来说是方便的。

　　对试验结果进行整理,得到蒸发系数随时间的变化如图 2.15 所示。可以看出,对于非饱和黄土,蒸发使得土体含水量减少,非饱和土渗透系数随之降低,土体补给蒸发的水分随之减少,蒸发系数呈递减趋势。虽然室内试验和室外试验得到的土体蒸发量 $E$ 和水面蒸发量 $E_0$ 差别较大,但蒸发系数 $E/E_0$ 差别不大。在研究蒸发系数时,可以不考虑室内外试验条件差异。而且,试验结果揭示出,对于初始含水量相同的土样,密度变化引起的蒸发系数变化较小,密度可以看成不是影响蒸发的主要因素,蒸发系数主要受含水量因素的影响。图 2.15 中实曲线为不同初始含水量下的土样蒸发趋势曲线。

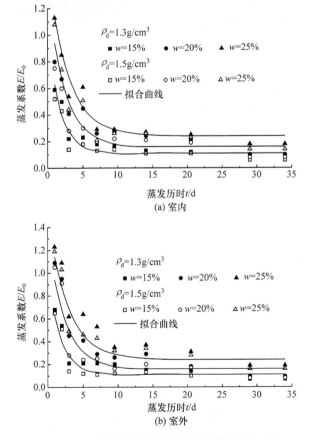

图 2.15　室内和室外试验蒸发系数随时间的变化

图中 $\rho_d$、$w$ 分别为干密度、初始含水量

对图 2.15 蒸发系数值的分析表明,地表含水量和浅层土含水量梯度是影响蒸发系数的主要因素,前者反映土体直接蒸发的水源量,后者反映土体蒸发供水能力。定义深度 0~1cm 的土体含水量为表层土体含水量 $\overline{w}$,深度 0~30cm 的土体含水量梯度为浅层土体含水量梯度 $\Gamma$。

基于试验结果,可发现蒸发系数与地表含水量及浅层土体含水量梯度呈线性关系,进一步对蒸发系数 $E/E_0$ 与地表含水量 $\overline{w}$ 及浅层土体含水量梯度 $\Gamma$ 的关系进行回归分析,可得到黄土蒸发系数可采用式(2-33)表达:

$$E/E_0 = 0.058\overline{w} + 0.0087\Gamma - 0.21 \tag{2-33}$$

根据式(2-33)可以得到黄土地表蒸发量 $E$,即确定了土层温度场和水分场分析时的蒸发边界条件。

以上地表蒸发量是水平地表蒸发量。对边坡土体而言,由于其受到的太阳辐射量显然与水平面不同,坡面的蒸发量不宜直接根据式(2-33)确定。考虑到太阳辐射对蒸发的重要影响,可近似认为蒸发量与太阳辐射量成正比。这样简单处理后,依据坡面受到的太阳辐射量便可按式(2-34)计算坡面蒸发量:

$$\frac{E_p}{E} = \frac{Q_p}{Q_h} = \varepsilon \tag{2-34}$$

式中,$E_p$ 与 $E$ 分别为坡面与水平地面的蒸发量;$Q_p$ 与 $Q_h$ 分别为坡面与水平面受到的太阳辐射量;$\varepsilon$ 为坡面坡向系数。

# 第 3 章 土体温度场计算与工程问题分析

第 1 章和第 2 章已经给出了土体非稳态相变温度场的有限元方法、边界条件的确定方法以及土体热参数的确定方法。在此基础上,本章给出青藏高原多年冻土路基、黄土高原土层及路基路面温度场的实测与计算分析结果。

## 3.1 青藏高原多年冻土路基温度场计算分析

为了保护多年冻土,路基多采用路堤形式。应用有限元法计算路堤温度场时,应首先对计算区域采用四边形单元进行网格划分,计算区域及网格划分如图 3.1 所示。路基计算范围取坡角向外 21.1m,深度取至天然下限。后续验证性计算表明,左右边界的温度分布与天然场地一维温度分布是完全相同的,可认为距路基足够远,不受路基热状态的影响,保持天然状态,取为绝热边界。下界面为热流边界,青藏公路沿线多年冻土下限以下趋向下界面的地中热流值为 0.030~0.122kJ/(m² · h),取平均值为 0.071kJ/(m² · h)。上边界既是辐射、蒸发换热边界(第二类边界条件),又是与空气进行对流换热的边界(第三类边界条件),如何充分考虑各种外在因素确定上边界的值,前文已经给出了确定方法。

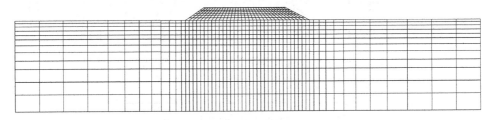

图 3.1 路基计算区域网格划分图

计算时,将每个月划分为 3 个时间段、全年划分为 36 个时间段进行计算,计算精度为 0.01℃。为了加速迭代收敛,对低松弛因子取值如表 3.1 所示。

表 3.1 松弛因子取值表

| 迭代次数 | ≤5 | 6~30 | 31~50 | 51~90 | 91~150 | 151~200 | 201~250 | >250 |
|---|---|---|---|---|---|---|---|---|
| 松弛因子 | 0.5 | 0.1 | 0.05 | 0.03 | 0.01 | 0.005 | 0.002 | 0.001 |

参数取值如下:大地辐射黑度取 0.95,大气辐射黑度取 0.90,沥青路面的吸收

率取 0.91,砂砾路面吸收率取 0.70,路基坡面及坡角以外 2m 内地面的吸收率取
0.67,坡角以外 2m 之外地表的吸收率取 0.62。土的导热系数、比热容、相变潜热、
太阳辐射量、风速、蒸发量及气温的确定见前文。

为了探讨冻土路基温度场的分布规律,在青藏公路 K3278+440 处设置地温
观测点,测温元件采用高精度热敏电阻,测温精度为 0.01℃。

测温探头是将高精度热敏电阻用环氧树脂封装在长 20mm、直径 2mm 的不锈
钢管中,采用优质电缆(阻值极小且不受温度变化影响)作引线制作而成。在
−50~50℃温度范围内进行标定。采用非线性回归得出每只探头的温度系数。测
试仪表采用 FULK 数字式万用表,测温系统精度为 0.01℃。

路基横断面高度 2.3m、宽度 10m,沥青面层厚度 5cm、宽 8m。两侧路肩为砂
砾面层,每侧宽 1m,两侧边坡坡率 1∶1.5,路基土为砾砂土。

首先对地表温度进行计算分析。各种外在因素直接影响地表温度,在计算中
对各外在因素的考虑是否合理,将从地表温度的计算结果得到反映。根据本书方
法及所给参数值对沱沱河地区天然地表温度进行了计算,计算及实测的平均地表
温度随时间变化如图 3.2(a)所示。从图中可以看出,计算结果与实测结果是比较
一致的。

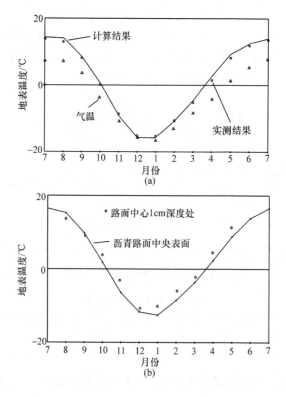

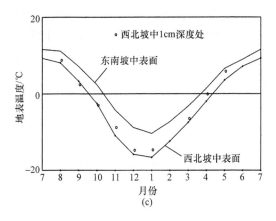

图 3.2　路基表面温度变化

　　以青藏公路 K3278＋440 试验路路堤为对象进行了计算,计算得到路面中心及两侧边坡坡中表面的温度分布如图 3.2(b)和(c)所示。图中点为深度 1cm 处的实测结果,实测中因故未得到东南坡坡中表层土温度分布。从图中可以看出,计算结果与实测结果是比较一致的,而且计算反映了阴阳坡面温度的差异,这是两侧坡面不同的外在因素影响的结果,与实际情况相符。

　　上述计算表明,本书方法是可靠的,同时也说明地表温度是各种外在因素的综合反映,随外在因素的变化而变化。

　　在公路工程中,由于受地域、气候及坡向等的影响,各种外在因素变化很大,这必然使地表温度也存在很大差异。即使同一地区,阴坡和阳坡的地表温度也不一样,路基表面的温度分布直接影响路基中的温度分布。因此,不能简单地根据经验公式确定地表温度来进行温度场的计算,而应该充分考虑到外在因素的差异性,根据计算场地实际存在的各种边界条件进行路基温度场的计算。

　　路堤的修筑,多在夏、秋季施工,取浅层地表土填筑,此时,地表土温度较高,填筑路堤蓄热,再加上道路的修建,改变了地表形态,破坏了原热力条件。修筑路堤后,路基温度场将逐年发生变化,在若干年内温度场的变化将是不稳定的,冻土工作者在这一点有共识,但由于这一问题的复杂性,目前尚无人问津。考虑到温度场分布对冻土工程的重要性,弄清路堤修筑后其中温度场的变化过程及其稳定变化所需年限意义重大。

　　路基温度场是非稳态的,根据非稳态温度场的基本方程求解时还需知道初始温度分布。通常采用实测或计算确定初始温度场,本书采用天然场地 8 月 10 日实测的温度分布作为路堤下天然土层中的温度分布,并假定路堤修筑于 8 月 10 日完成,路堤填土中的温度取此时天然地表下 1m 深度内的平均温度值。为了验证有限元计算过程及参数选取是否合理,通过计算确定天然场地 8 月 10 日的温度分布,先任意假定一初始温度分布,此处取零温度分布,然后逐年逐月计算,15 年以后的计算结果显示出,天然场地同一日期温度逐年变化量已小于 0.01℃,可认为温度场的变化已稳定,可将此时的温度分布作为天然场地温度分布,此时 8 月 10 日的温度分布与实测结果如图 3.3 所示,从图中可以看出,二者基本上是一致的,再次表明有限元计算过程及参数的选取是合理的,计算结果能够反映实际情况。

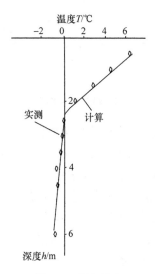

图 3.3　温度分布

对 K3278+440 路堤的计算结果如图 3.4～图 3.7 所示,分别为路堤修筑后第一年、第三年、第六年、第九年每年 9 月 10 日、12 月 10 日、2 月 10 日、5 月 10 日、7 月 10 日的等温线分布。其中,路基横断面高度 $H=2.30\text{m}$,两侧边坡坡率 $m_1=m_2=1:1.5$,图中单位为℃。从图中可以看出,施工后路基中的温度场是逐年变化的。受路堤填筑土体蓄热的影响,路基中出现了未冻(融)土核,未冻(融)土核的大小、形状对等温线分布产生很大影响。随着时间的推移,12 月 10 日的未冻(融)土核逐年变小直到稳定形态。2 月 10 日的未冻(融)土核变化到第五年消失,7 月 10 日冻结层中的未冻(融)土核第三年以后即消失。从图中还可以看出,由于两侧边坡不同的热边界条件,路基中的温度场分布是非对称的。阴坡面下同一深度处的温度值均低于阳坡面,这种非对称性逐年加剧,最终趋向稳定形态。路基表面浅层土中的温度分布,冬季非对称性强,夏季非对称性弱,这是因为冬季太阳高度角小于夏季,所以阴阳坡面受到太阳辐射的坡面系数差别是冬季大于夏季。

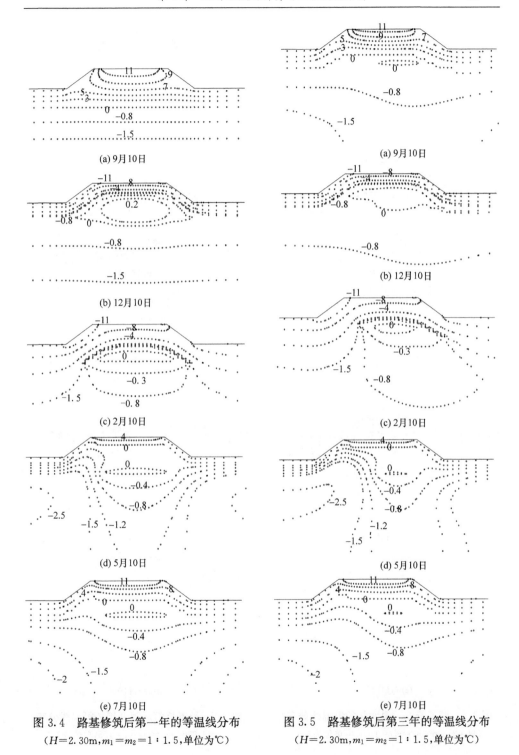

(a) 9月10日

(b) 12月10日

(c) 2月10日

(d) 5月10日

(e) 7月10日

图 3.4　路基修筑后第一年的等温线分布

（$H=2.30\text{m}, m_1=m_2=1:1.5$，单位为℃）

(a) 9月10日

(b) 12月10日

(c) 2月10日

(d) 5月10日

(e) 7月10日

图 3.5　路基修筑后第三年的等温线分布

（$H=2.30\text{m}, m_1=m_2=1:1.5$，单位为℃）

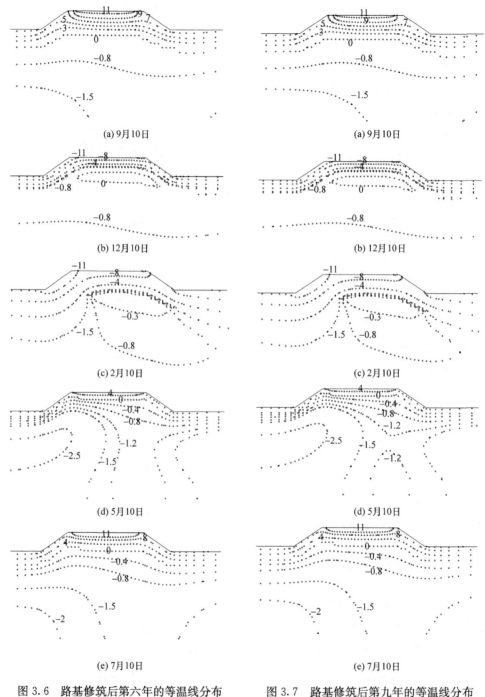

(a) 9月10日　　　　　　　　　　　　　　(a) 9月10日

(b) 12月10日　　　　　　　　　　　　　(b) 12月10日

(c) 2月10日　　　　　　　　　　　　　(c) 2月10日

(d) 5月10日　　　　　　　　　　　　　(d) 5月10日

(e) 7月10日　　　　　　　　　　　　　(e) 7月10日

图 3.6　路基修筑后第六年的等温线分布　　图 3.7　路基修筑后第九年的等温线分布

（$H=2.30\text{m}$，$m_1=m_2=1:1.5$，单位为℃）　　　（$H=2.30\text{m}$，$m_1=m_2=1:1.5$，单位为℃）

　　路基深层土中的温度变化明显滞后于表层土的气温,最低气温出现在 1 月初,最高气温出现在 7 月底。而经过对试验路温度场的逐月比较表明,试验路深层土中的最低温度却出现在 5 月,最低温度−2.7℃,出现在坡角外深度 4.2m 处;最高温度出现在 12 月,最高温度为正温,约 0.15℃,出现在路面下 3.6m 深度外。深层土中某处的最低温度和最高温度,均是其全年的最低温度和最高温度,滞后表层土的气温约 5 个月。虽然各种等温线的形状逐年发生变化,但并非同步变化,这种变化也不会一直延续下去,随着时间的推移,这种变化越来越小,最终温度场的年变化过程趋于稳定。浅层土等温线稳定变化所需时间短、深层所需时间长,经过 9 年变化后,计算区域温度场的年变化过程已经稳定。在这 9 年当中,前 5 年逐年变化比较大,变化较大的情况是工程中应该注意的,即工程中不仅要注意最终年温度场的变化,而且要注意在温度场逐年发生较大变化时,会对工程的安全带来的影响。因此,确定稳定年限和变化较大年限是工程所需要的,这只能采用相对的标准,本书以每条等温线各点相邻两年的变化距离的最大值小于 10cm 作为稳定的标准,以每条等温线各点相邻两年的变化距离的最大值小于 60cm 作为变化较大的界限。对 2.3m 高路基的计算表明,该路基稳定年限为 9 年,变化较大的年限是前 5 年。对其他高度路基的计算表明,路堤高度不同,温度场逐年变化过程不同,但有相似的变化规律。路堤修筑后,其中都会出现融土核,与高路堤相比,低路堤中融土核变小和消失所需时间较短,而且路堤高度越大,融土核区域越大,修筑初期存在融土核的月份越多。温度场年变化稳定后,1~3m 高度路基中的融土核(未冻土)厚度越大,融土核区域越大,修筑初期存在融土核的月份越多,温度场年变化稳定后,1~3m 高度路基中的融土核(未冻土)只出现在 12 月前后,其他月份均无融土核存在,路基高度不同,稳定年限不同。计算得到不同高度新筑路堤温度场年变化稳定年限及变化较大年限如表 3.2 所示。

表 3.2　新筑冻土路堤温度场稳定年限及变化较大年限表

| 路基高度/m | 1.0 | 1.5 | 2.3 | 3.0 |
|---|---|---|---|---|
| 稳定年限/年 | 4 | 6 | 9 | 10 |
| 变化较大年限/年 | 2 | 3 | 5 | 6 |

　　采用有限元法,综合考虑各种边界条件及模拟路堤修筑的蓄热作用,对路堤修筑后温度场逐年变化过程进行了研究,得到了不同高度路基温度稳定变化的年限及逐年变化较大的年限,得到了融土核存在及变化规律,指出浅层土温度分布的非对称性有冬季强、夏季弱的特点,通过最低温度和最高温度的比较发现,深层土温度变化滞后于表层土的温度变化约 5 个月。

　　进一步对多年冻土路基横向热差异问题进行分析。青藏公路穿过大片冻土区,冻土路基中的温度场分布直接影响路基的稳定性,大量的实测结果已经揭示出,在冻土路基中存在显著的横向热差异问题,仍以青藏公路 K3278+440 试验路路基为对象进行计算,计算结果如图 3.8~图 3.10 所示。

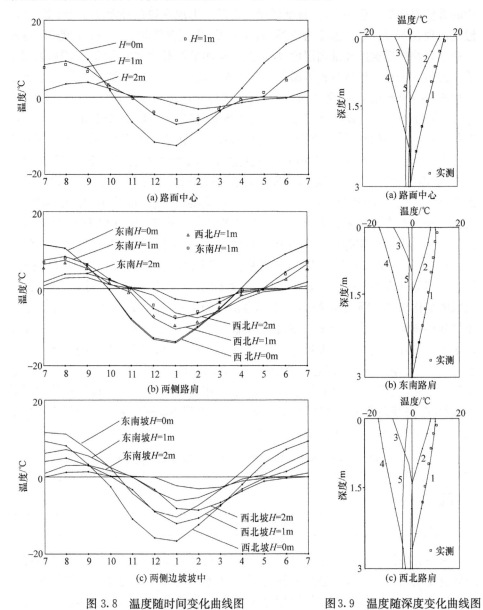

图 3.8　温度随时间变化曲线图　　　图 3.9　温度随深度变化曲线图

　　图 3.8(a)、(b)、(c)分别为修筑后第三年路面中心、两侧路肩及两侧边坡坡中表面 1m 和 2m 深度处温度随时间变化的曲线图,此处以东南为右、西北为左。图 3.9(a)、(b)、(c)分别为修筑第三年路面中心、左路肩及右路肩不同时间温度

随深度变化的曲线图,图中实线为计算结果,点线为路面中心及路肩下的实测结果。

　　从图中可以看出,路基中存在显著的横向热差异。分析图 3.8 可以发现,路基表面温度是表面材料热学性能及外界条件的综合反映,左、右路肩表面材料是相同的,外界条件也相同,因而其表面温度分布是相同的,路面与路肩外界条件虽基本相同,但表面材料不同,使得路面表面温度明显高于路肩,左、右边坡及路肩虽表面材料相同,但外界因素彼此存在很大差别,因而其表面温度相差很大,右边坡表面温度高出左边坡很多。例如,12 月中旬右边坡表面温度为−8.9℃,而左边坡温度为−16.1℃,低于右边坡 7.2℃。左右路肩、左右边坡下同一深度处的温度,均是右侧明显高于左侧,这主要是由两侧边坡不同的热边界条件影响的结果。从图 3.8 还可以看出,土体中的温度均随气温周期性变化,但随着深度增加,温度变幅不断减小,深部的温度变化均滞后于浅部。图 3.8 中曲线 1、2、3、4、5 分别是 6 月 15 日、8 月 25 日、11 月 25 日、1 月 25 日和 4 月 15 日的温度沿深度分布曲线,从这些曲线可以得到,不论在什么时间,路面、左右路肩下温度随深度的分布是各不相同的,右侧路肩下的温度高于左侧,但由于沥青路面面层相对于路肩土表层的强吸热性,路面下的温度又高于左、右路肩。图 3.10 是路基修建后第十年不同深度的冻融深度曲线图。图 3.10(a)显示出,9 月初的融深线是一条突向路面的曲线,凸面偏向左侧。图 3.10(b)显示出,11 月路基中是双向冻结,存在未冻土夹层,右侧夹层厚度大于左侧,左侧边坡下已经上下连续冻结。图 3.10(c)是 5 月 10 日的融化曲线图,此时,右侧边坡融深大于左侧边坡,路面下融深大于路肩,因沥青面层的强吸热性及左右路肩和边坡吸热存在差异,在路面下出现不对称融化槽。图 3.10(d)显示出 7 月初的融深,也是右侧大于左侧,由于坡面吸热的影响,融化初期形成的融化槽此时已消失。可以看出,冻融深度沿路基横向存在很大差别,这将直接影响路基路面的稳定性。

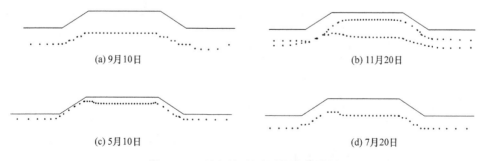

(a) 9 月 10 日　　　　　　　　　　　　　　(b) 11 月 20 日

(c) 5 月 10 日　　　　　　　　　　　　　　(d) 7 月 20 日

图 3.10　不同时间的冻融深度曲线图

($H=1.3\text{m}, m_1=m_2=1:1.5$,第十年)

　　上述计算表明,路堤本体横向热差异是由各外界因素的横向差异引起的。因此,在计算冻土路基温度场时,应如实地考虑各种外在因素。目前计算温度场时简单地将边界地表温度取为一定值的做法是不合适的。

## 3.2　黄土路基温度场数值分析

路基工程横向热差异问题及其导致的病害问题,即工程中的阴阳坡问题,主要与路基阴、阳坡面受到的辐射等气候因素的差异有关。本节模拟黄土高原气候变化过程及路基地表形态,就黄土路基温度场的变化过程进行探讨。该方面研究是解决阴阳坡问题的基础,也是进行路基坡面植被防护研究的基础。

基于实测结果的大量反算分析,取黄土地表大地辐射黑度 $\lambda_1$ 为 0.68,黄土地表对太阳辐射的吸收率为 0.78,沥青路面对太阳辐射的吸收率为 0.90。大气辐射黑度 $\lambda_2$ 与大地对大气辐射的吸收率 $\beta'$ 的取值比较复杂,其值与气温、云量、湿度、粉尘含量等因素有关,气温和湿度不仅可以反映空气中水蒸气的多少,也可以反映云量水平的高低。选取气温和湿度作为气候的特征指标确定 $\lambda_2$ 与 $\beta'$,经过分析,并考虑到计算中 $\lambda_2\beta'$ 的乘积作为一个整体,得到 $\lambda_2\beta'$ 的确定关系为

$$\lambda_2\beta' = f + 0.006T_a + 0.004S_d \tag{3-1}$$

式中,$T_a$ 为气温,℃;$S_d$ 为相对湿度;$f$ 为综合考虑其他因素影响的区域性系数,西安取值 0.20、延安取值 0.25。西安和延安地区每月平均气温及相对湿度见表 3.3。

表 3.3　气温和相对湿度

| 月份 | 西安 | | 延安 | |
|---|---|---|---|---|
| | $T_a$/℃ | $S_d$/% | $T_a$/℃ | $S_d$/% |
| 1 | −0.1 | 66 | −5.5 | 53 |
| 2 | 2.9 | 63 | −1.8 | 52 |
| 3 | 8.1 | 66 | 4.5 | 54 |
| 4 | 14.7 | 68 | 12.2 | 48 |
| 5 | 19.8 | 68 | 17.6 | 51 |
| 6 | 24.8 | 62 | 21.4 | 58 |
| 7 | 26.6 | 71 | 23.1 | 70 |
| 8 | 25.3 | 75 | 21.6 | 74 |
| 9 | 19.9 | 79 | 16.3 | 74 |
| 10 | 13.9 | 77 | 10.0 | 68 |
| 11 | 6.9 | 74 | 2.8 | 63 |
| 12 | 1.3 | 69 | −3.5 | 57 |

坡面受到的太阳辐射量可引入坡面系数通过计算得到,坡面系数根据前文方法确定。以东西走向路基为例,路基边坡坡率1∶1.5,计算得到路基南坡面和北坡面的坡面系数如表3.4所示。

表 3.4　南坡面和北坡面的坡面系数

| 月份 | 西安 | | 延安 | |
|---|---|---|---|---|
| | 南坡面 | 北坡面 | 南坡面 | 北坡面 |
| 1 | 1.69 | 0.03 | 1.90 | 0 |
| 2 | 1.49 | 0.23 | 1.55 | 0.18 |
| 3 | 1.29 | 0.42 | 1.10 | 0.36 |
| 4 | 1.04 | 0.62 | 0.88 | 0.55 |
| 5 | 0.87 | 0.80 | 0.76 | 0.66 |
| 6 | 0.83 | 0.83 | 0.73 | 0.72 |
| 7 | 0.87 | 0.80 | 0.76 | 0.66 |
| 8 | 1.04 | 0.62 | 0.88 | 0.55 |
| 9 | 1.29 | 0.42 | 1.10 | 0.36 |
| 10 | 1.49 | 0.23 | 1.55 | 0.18 |
| 11 | 1.69 | 0.03 | 1.90 | 0 |
| 12 | 1.83 | 0 | 2.10 | 0 |

前文模拟气候变化的数值计算方法及边界参数的确定方法是否正确,将从地表温度的计算结果得以反映。采用前文方法,模拟当地气候条件对西安和延安地表温度进行计算,计算及实测的平均地表温度随时间变化如图3.11所示。从图中可以看出,计算结果与实测结果是比较一致的。

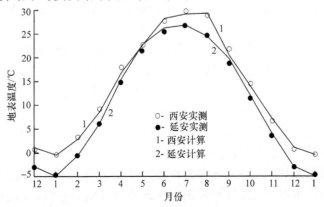

图 3.11　西安和延安平均地表温度年变化

以西安地区东西走向路堤为例对路基温度场进行计算分析。路基边坡坡率1∶1.5,宽度10m,高度4m,沥青路面。计算得到不同月份路基日平均温度分布如图3.12~图3.15所示。

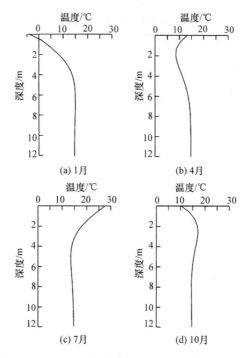

图 3.12　路基阴坡面温度随深度分布

　　图3.12为路基阴坡面平均温度随深度分布,图3.13为路基阳坡面平均温度随深度分布。图中显示出,不论在阴坡面还是阳坡面,温度沿深度分布均随季节发生变化。计算结果表明,冬季浅层土体平均温度较低,3m深度范围沿深度存在明显的增温梯度。因非饱和土体水分具有从高温区域向低温区域迁移的特点,在温度梯度作用下,冬季土体水分不断向地表迁移。当地表土体冻结时,源源不断的迁移水分逐渐冻结,在冻结层发生冻胀,甚至出现高含冰冻土,冻结层春季融化后因强度急剧降低,可造成溜方等病害,或形成疏松层,易于遭受雨水冲刷。夏季浅层土体平均温度较高,3m深度范围沿深度存在明显的负温梯度,负温梯度作用具有抑制蒸发势导致土体水分向地表迁移蒸发的作用。比较图3.12和图3.13可以看出,阴坡面和阳坡面的温度分布在夏季差别小,冬季差别大。夏至差别最小,冬至差别最大。阳坡面和阴坡面在冬季出现较大温差,易于导致阴、阳坡面出现不同冻结状态。图中显示出西安地区阳坡面一年四季不冻结,而阴坡面在冬季冻结。在黄土高原北部寒冷地区则出现冻结深度差异等问题。图3.14给出了路面下深度2m和4m处路基横向温度分布。图中显示出,7月路基温度呈现吸热型,越靠近

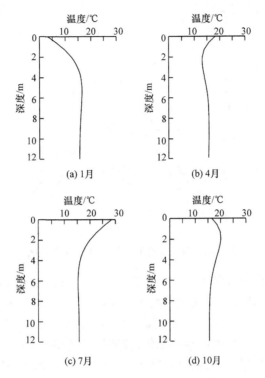

图 3.13　路基阳坡面温度随深度分布

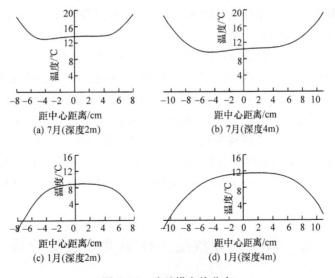

图 3.14　路基横向热分布

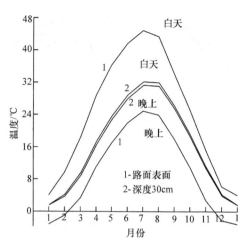

图 3.15　白天和晚上平均温度随季节变化

坡面,温度越高,温度梯度越大。而 1 月路基温度呈现放热型,越靠近坡面,温度越低,温度梯度越大。路基中部区域温度横向变化较小,但随着深度增加,7 月 2m 深度处的温度高于 4m 深度处,1 月 2m 深度处的温度却小于 4m 深度。

　　黄土路基温度场随气候的动态变化,特别是温度梯度的存在,对考虑温度影响确定非饱和土路基渗透系数、确定非饱和土水势、进行非饱和土路基水分场计算是有价值的。上述对路基日平均温度进行了计算分析,为了进一步探讨昼夜路基温度差异,将每日分为两个时间段进行计算。计算得到路基路面白天平均温度分布和路基路面晚上平均温度分布。图 3.15 为路面表面和深度 30cm 处白天平均温度和晚上平均温度随季节的变化。

　　图 3.15 中显示出,表面因直接承受昼夜外界条件变化,白天和晚上温度差别较大。这一差别随季节是变化的,7 月差别最大,超过 30℃,1 月最小,约为 7℃。但在深度 30cm 处,白天平均温度和晚上平均温度几乎是相同的,其差别可忽略不计。因此,外界条件的昼夜变化对路面温度的影响不超过 30cm。当深度超过30cm 时,可不考虑外界条件昼夜变化影响。当深度小于 30cm 时,宜考虑昼夜比较大的温度变化。土表面因其吸热性小于沥青路面,外界条件的昼夜变化引起路基温度的变化小于沥青路面,所以可以认为,外界条件的昼夜变化对路基温度的影响也不超过 30cm。

## 3.3　黄土高原浅层土体温度场数值分析

　　黄土高原是我国西部大开发和环境保护建设的战略要地。黄土高原公路、铁路、市政、水利等领域的工程活动日益活跃,环境工程建设事业蓬勃发展,所有工程项目基本上修筑于浅层黄土之上。由于浅层土体大面积暴露于空间,受到辐射、蒸发、降水、边坡坡率等外界因素的影响,浅层黄土温度是变化的,土体温度变化引起水分迁移使含水量重分布,黄土因含水量增大产生湿陷,含水量增大使黄土强度降低,冻融使土体自身体积发生变化,常常导致一系列病害的发生。因此,为了维护浅层黄土工程的安全,也为黄土高原山川绿化事业和农业生产提供技术支持,有必要对浅层黄土温度场随气候的变化过程进行研究。此方面研究文献尚少,基于此,以西安地区为例,模拟西安气候的年变化过程,研究浅层黄土温度场随气候的变化规律。这对确定浅层黄土温度场对地下贮藏、保温设施的设计也有指导价值。

　　地表边界太阳辐射量、蒸发量、气温、风速根据气象资料取值。对地表温度的计算结果应能较真实地反映实测结果。为了对计算结果进行验证,分别于 2 月、8 月和 12 月在野外裸土场地进行了现场实测。在地表以下取四个深度埋设测温元件,进行实际场地温度状况的监测。

　　图 3.16～图 3.18 为 2 月、8 月、12 月的计算结果与实测结果,图中显示,计算结果与实测结果是比较一致的,计算反映了实际情况。从图 3.16、图 3.19 可以看出,1 月和 2 月的土层最低温度均出现于地表,随着深度增加温度逐渐增大,达到一定深度后温度几乎不再变化。但 3 月和 4 月的土层最低温度却出现在一定深度处。从 1 月到 4 月,随着气候逐渐变暖,近地表土体由表及里出现逐渐升温过程,但其下一定深度土体却出现相反的小幅降温过程,这反映了热传导过程的滞后性。

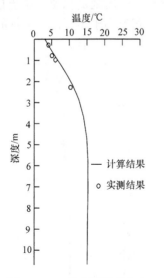

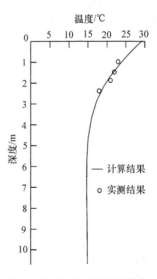

图 3.16　2 月土层温度分布　　　　　图 3.17　8 月土层温度分布

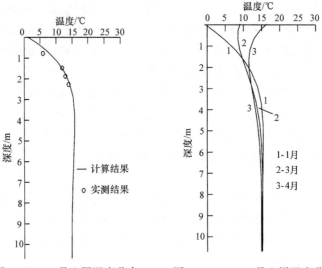

图 3.18　12 月土层温度分布　　　图 3.19　1、3、4 月土层温度分布

图 3.20 显示出,随着气候持续变暖,5 月到 7 月,地表以下一定深度范围内的土体出现持续的升温过程,土体中无明显降温区存在。土层最高温度均出现于地表,随着深度增加温度逐渐减小,达到一定深度后温度几乎不再变化。就土层积温幅度或热量增加大小而言,5 月到 6 月的土层增温大于 6 月到 7 月的增温。

图 3.21 显示出,从 9 月到 11 月,随着气候逐渐变冷,近地表土体由表及里出现逐渐降温过程,其下一定深度土体出现相反的小幅降温过程(可以忽略不计),土层最高温度出现在一定深度处。在土体降温过程,土层出现负积温。从土层负积温幅度或热量减小大小而言,9 月到 10 月的土层负积温小于 10 月到 11 月的负积温。

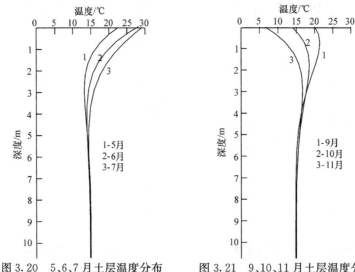

图 3.20　5、6、7 月土层温度分布　　　图 3.21　9、10、11 月土层温度分布

计算得到不同深度土体温度随季节的变化过程如图 3.22 所示。图 3.22 揭示出土体温度随季节呈现正弦曲线波动形态的变化过程,但不同深度土体温度正弦曲线波动的步调并不一致,随着土体所处深度增加,土体出现最高温度和最低温度的月份逐渐向后推移。土体所处深度越小,土体温度随季节的变化幅度越大,土体年最高温度越大,最低温度越小。相对于一定埋深土体,地表土体温度随季节的变化幅度最大,年最高温度最大,最低温度最小。土体所处深度越大,土体温度随季节的变化幅度越小,土体年最高温度越小,最低温度越大。当深度超过 3.7m 以后,土体温度随季节的变化已经很小,深度超过 5.7m 以后,土体温度几乎不随季节变化。

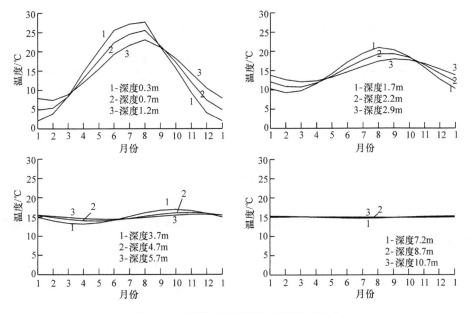

图 3.22  不同深度月平均温度的季节变化

不同深度土体温度的最大年变化量如图 3.23 所示。图中揭示出,土体温度随季节的最大变化幅度随深度的增加而减小。而且,随着深度增加,土体温度最大变化幅度的衰减过程是减速的,在浅层土体衰减快,在深层土体衰减慢。地表土体温度最大年变化幅度接近 30℃。深度超过 3m 后,土体温度最大年变化幅度即小于5℃。深度超过 5m 后,土体温度最大年变化幅度很小,几乎可忽略不计,可认为已属于常温层。

对地下贮藏保温等工程而言,确定土体温度随季节的最大变化幅度尤为重要。数值解得到不同深度处土体温度最大变化幅度如表 3.5 所示。

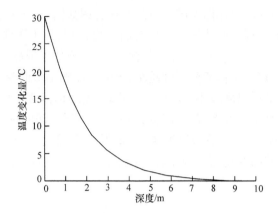

图 3.23　不同深度土体温度的月平均温度最大年变化量

**表 3.5　不同深度处土体温度最大变化幅度**

| 深度/m | 0 | 0.3 | 0.7 | 1.2 |
|---|---|---|---|---|
| 温度变化量/℃ | 29.7 | 25.7 | 20.7 | 15.7 |
| 深度/m | 1.7 | 2.2 | 2.9 | 3.7 |
| 温度变化量/℃ | 11.7 | 8.6 | 5.9 | 3.8 |
| 深度/m | 4.7 | 5.7 | 7.2 | 8.7 |
| 温度变化量/℃ | 2.1 | 1.2 | 0.5 | 0.2 |

　　为了应用更为方便,对表中数值进行分析回归,得到任意深度处土体温度随季节最大变化幅度的计算公式为

$$\Delta T_z = -0.113z^3 + 2.136z^2 - 13.424z + 29.3 \qquad (3\text{-}2)$$

式中,$z$ 为深度,m;$\Delta T_z$ 为 $z$ 深度处土体温度最大变化幅度,℃。相关系数 $R^2 = 0.9983$。

　　本节基于模拟辐射、蒸发、风速等自然条件的浅层黄土非稳态温度场的计算结果和野外裸土场地的实测结果,分析了土体温度场随气候的演变过程,探讨了不同月份土体温度场随深度的变化规律,揭示出土体所处深度越小,土体温度随季节的变化幅度越大,土体年最高温度越大,最低温度越小。进一步探讨了土体月平均温度最大年变化随深度增加而减小的规律,并得到了不同深度土体月平均温度最大年变化幅度的计算公式。

## 3.4　黄土高原最大冻深问题研究

　　黄土高原冬季气候条件随年份不同而不同,有些年份可能出现极端气候条件,黄土场地每年的最大冻深也不尽相同。本节基于测试和计算分析,模拟渭北旱塬不同气候条件,讨论最大冻深的变化规律,并得到渭北旱塬最大冻深与气温的关系式。

现场测试在彬县、铜川、洛川各取一个测试点。场地浅层土均为黄土,黄褐色,地下水位较深,其基本物理参数如表 3.6 所示。

表 3.6　基本物理指标

| 地点 | 干密度/(g/cm³) | 平均含水量/% | 液限/% | 塑限/% | 塑性指数 $I_p$ |
| --- | --- | --- | --- | --- | --- |
| 洛川 | 1.53 | 21.2 | 30.74 | 18.03 | 12.74 |
| 铜川 | 1.50 | 18.5 | 29.71 | 17.75 | 11.96 |
| 彬县 | 1.55 | 21.5 | 30.9 | 18.1 | 12.8 |

预先在土层 1m 范围内每隔 10cm 埋设温度传感器,适时测量不同深度处的温度,人工读取数据。为了更好地反映冬季浅层土温度的变化,地温的测试时间从 2011 年 12 月 15 日开始到 2012 年 3 月 10 日,且测试浅层土温度的日变化值。

测试得到浅层黄土温度随时间的变化结果如图 3.24～图 3.26 所示。图 3.24 中温度均为当天温度平均值。从图 3.24 中可以看出,该场地在冬季随着时间推移,地表土温度降低,冻土深度越来越大,彬县在 1 月 10 日冻深为 26cm,洛川 1 月 25 日冻深 61cm,铜川 1 月 26 日冻深 28cm。到 3 月 10 日,气温已经回升到正温,表层土温度上升,已没有冻土,但是彬县 50cm 以下、洛川 90cm 以下、铜川 60cm 以下较深处温度反而降低,这是由于随着气温的升高,土气热量交换,但土体热传导能量需要时间,因此较深层的土体温度还在原来的条件下继续缓慢降低,从宏观上看较深处的温度变化具有滞后性。

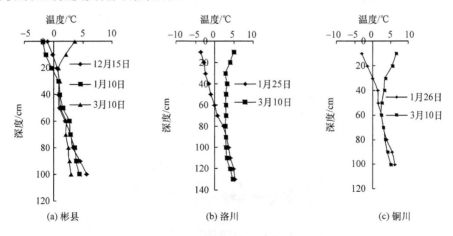

图 3.24　不同地点浅层黄土温度随时间的变化

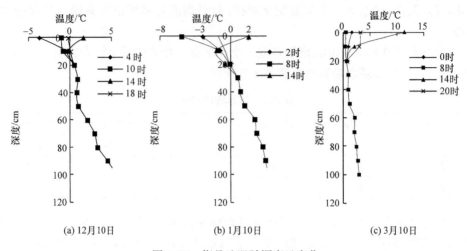

(a) 12月10日　　　　　(b) 1月10日　　　　　(c) 3月10日

图 3.25　彬县地温随深度日变化

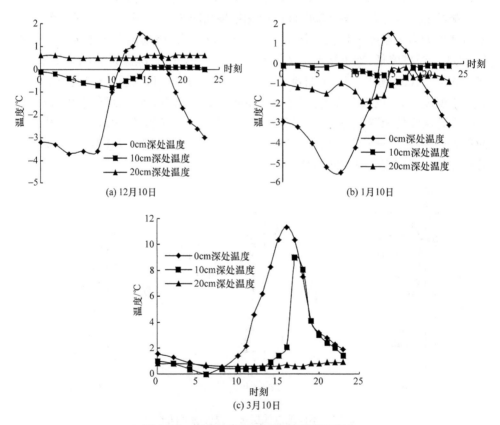

(a) 12月10日　　　　　(b) 1月10日

(c) 3月10日

图 3.26　彬县地表不同深度处温度日变化

　　从图 3.25 和图 3.26 中可以看出,随着深度增加,温度日变化幅度逐渐减小。地面温度日变化幅度最大,最大峰值温度出现在 14 时左右,且随着深度增加,出现峰值温度的时间逐渐向后推移。冬季地面约 5cm 深度左右因冻融相变影响,其温度日变化过程比较复杂,每日经历一次冻结融化过程。当深度大于 20cm 时,温度日变化幅度已经很小,当深度大于 30cm 时,温度日变化幅度几乎为 0,可不考虑其日变化问题,只考虑温度随季节的变化问题。图 3.25 和图 3.26(b)中 14 时地表 10~20cm 范围内温度曲线出现交叉现象,即当地面温度升高到最大时,10~20cm 范围内土体温度反而降低,这是由气温的日变化在地表土体热传导过程中滞后性造成的。

　　进一步模拟辐射、蒸发、湿度、风速等气候条件,对浅层土温度场进行计算分析,其基本计算方法如前文所述。得到彬县土层温度实测值及计算值如图 3.27 所示。

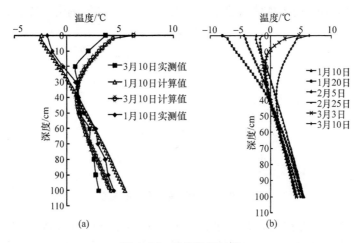

图 3.27　数值计算结果

　　从图 3.27(a)中可以看出,1 月 10 日和 3 月 10 日计算值和实测值比较吻合,说明上述数值计算方法是合理的。从图 3.27(b)中可以看出,最大冻深约 42cm,从 12 月开始,表层土温度越来越低,到 1 月下旬降到最低,之后土体温度开始回升,到 3 月 10 日土体已经全部回到正温。同实测规律一样,较深处的温度随气温的回升因导热的滞后性反而降低。

　　进一步考虑极端气温对彬县最大冻深的影响,分别取 1 月气温为 -8℃、-11℃、-15℃计算最大冻深,结果如表 3.7 所示。

表 3.7　气温和最大冻深

| 气温/℃ | 最大冻深/cm |
|---|---|
| −5 | 42 |
| −8 | 58 |
| −11 | 66 |
| −15 | 72 |

从图 3.28 中可以看出,最大冻深随气温的降低而增大,但增大的幅度减小,对最大冻深与气温的关系进行拟合,拟合式如式(3-3)所示,相关系数为 0.9561,可见采用式(3-3)拟合气温和最大冻深的关系是可行的。

$$h = 18.3\sqrt{T_a} + 3.7 \tag{3-3}$$

式中,$h$ 为最大冻深,cm;$T_a$ 为气温的绝对值,℃,该气温是指距地面 1.5m 处的大气温度。式(3-3)适用于预估渭北旱塬气温为 −5～−15℃的最大冻深。

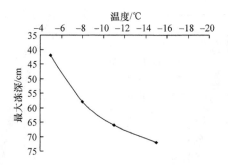

图 3.28　气温和最大冻深的关系

陕西渭北旱塬是黄土高原中地势较平坦的部分,该区包括咸阳市的长武、彬县、永寿、旬邑、淳化等县,渭南市的富平、蒲城、澄城、合阳、白水、韩城等县,宝鸡市的凤翔、陇县、千阳、麟游等县,以及铜川全部。影响地温变化的气候因素有很多,但影响最大的气候因素是太阳辐射和气温。对于渭北旱塬地区,太阳辐射相差不大,气温就成为影响浅层黄土温度的主要因素,因此式(3-3)可用来估计渭北旱塬地区不同气温下的最大冻深。

## 3.5　黄土高原路面温度季节变化及日变化分析

路面直接暴露于空间,受到辐射、蒸发、湿度、风速等气候因素的影响,路面中的温度场是变化的。路面温度场不仅对研究沥青路面在变温循环荷载作用下的疲劳过程有重要意义,而且是研究水泥混凝土路面温度应力的基础。体现路面抗滑能力的摩擦系数的指标是横向力系数,横向力系数也与路面温度密切相关。因此,路面温度场得到了研究者重视。现有路面温度场的研究方法有理论分析法和统计分析法,难以模拟实际辐射、气温、湿度、风速等气候边界,使得适应气候因素的路面温度场、路面温度场的日变化过程以及路面竖向温度梯度的变化过程难以预报。由于我国幅员辽阔,气候条件复杂,不同地区路面温度场的差异十分显著,模拟当地辐射、气温、湿度、风速等气候边界深入了解不同地区路面温度场的分布特点和变化规律具有重要的理论和现实意义。基于此,以西安地区为例,就气候影响下的路面温度场、路面温度场的日变化过程以及路面竖向温度梯度的变化过程进行探讨。

　　各种气候因素直接影响地表温度,在计算中对气候因素的考虑是否合理,将从地表温度的计算结果得到反映。采用前文方法,模拟当地气候条件对西安地表温度进行计算,计算及实测的平均地表温度随时间变化如图 3.29 所示。从图中可以看出,计算结果与实测结果是比较一致的,说明计算方法是可靠的。然后,应用本书方法,分别对沥青路面和混凝土路面的温度场进行计算分析。计算时,取沥青路面对太阳辐射的吸收率为 0.90,即系数 $\lambda_1 = 0.10$,取混凝土路面对太阳辐射的吸收率为 0.65。计算得到的沥青路面和混凝土路面昼夜月平均表面温度随时间变化如图 3.29 所示。从图中可以看出,沥青路面月平均表面温度高于混凝土路面平均表面温度,夏季二者差别大,冬季差别小。

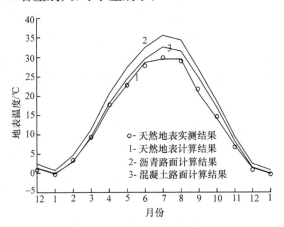

图 3.29　西安地表温度年变化

　　路面表面温度是辐射、气温、风速等外界因素的综合反映,随外界因素的变化而瞬时变化,具有瞬时性,与路面材料表面特性(如吸热性)有关,但与路面材料导热快慢无关,即与路面材料的导热系数无关。为了验证这一点,以沥青路面为例进行计算分析。沥青路面因级配料的差异性,其导热系数差异性很大。参照文献对沥青路面导热系数的取值,本书取沥青路面导热系数分别为 1.2W/(m・℃)、1.8W/(m・℃)、2.6W/(m・℃)进行计算分析。在外界因素相同的情况下,沥青路面导热系数取不同值时,路面表面温度计算值是相同的,均如图 3.29 曲线 2 所示,进一步说明了路面表面温度是辐射、气温、风速等外界因素的综合反映。因此,模拟实际外界因素确定地表温度,并基于此确定路面结构温度场是必要的。

计算时路面结构取 14cm 面层＋20cm 基层＋40cm 垫层。为分析材料导热能力差异对路面温度场的影响,取 A、B、C、D 四组材料构成的路面结构进行计算,参考常用材料的热参数值,四组路面结构导热系数如表 3.8 所示。A 组各层导热系数最小,D 组最大。B 组导热系数随深度增加,C 组则减小。

**表 3.8　四组路面结构导热系数**　　　　（单位：W/(m·℃)）

| 路面层位 | A 组 | B 组 | C 组 | D 组 |
|---|---|---|---|---|
| 沥青面层 | 1.2 | 1.2 | 2.6 | 2.6 |
| 基层 | 1.2 | 1.6 | 1.8 | 2.6 |
| 垫层 | 1.2 | 2.0 | 1.2 | 2.6 |
| 土基 | 1.2 | 1.2 | 1.2 | 1.2 |

计算得到四组路面结构温度场随气候的变化过程,图 3.30 给出了 1 月和 7 月沥青路面月平均温度随深度的变化。从图中可以看出,沥青路面结构导热系数越大,路面沿厚度方向平均温度梯度越小,D 组路面结构沿厚度月平均温度梯度明显小于 A 组路面结构。比较四组路面结构温度分布可以得到,路面结构层采用不同热参数的材料,将直接影响路面温度分布,但由此引起的路面顶面和底面的月平均温度差值并不大,不超过 5℃。因此,沥青路面温度主要由表面温度,即由外界因素控制,沥青路面材料导热性能差异只引起路面沿厚度方向的温度梯度差异。

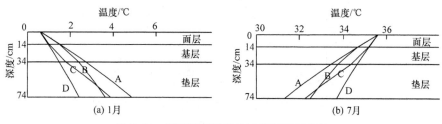

图 3.30　沥青路面月平均温度随深度变化

图 3.30 显示出,沥青路面 1 月平均温度呈现上小下大分布,整个路面温度平均值近于 2℃,至 7 月则变化为上大下小分布,整个路面温度平均值近于 34℃。1 月到 7 月,路面平均温度发生了近 32℃的变化。利用路面平均温度变化可以掌握路面温度随气候的宏观变化,有利于从一个比较大的时间尺度分析路面总体热效应。

将表 3.8 沥青面层改为混凝土面层,其他层位材料导热系数按表 3.8 取值,得到四组混凝土路面结构。混凝土面层导热系数按式(3-4)确定,计算得到混凝土路面温度分布如图 3.31 所示,可见混凝土路面温度分布规律同图 3.30,但路面温度均低于沥青路面。

$$\lambda = 1.71 + 0.0005T \tag{3-4}$$

式中,$\lambda$ 为导热系数,W/(m·℃);$T$ 为温度,℃。

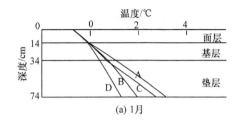 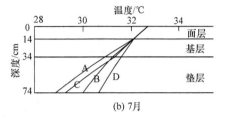

图 3.31　混凝土路面月平均温度随深度变化

以上得到路面月平均温度,实际上,由于太阳辐射、气温在每日 24 小时内是变化的,路面温度每日均经历一个变化过程。路面温度日变化相当于一个荷载,特别是路面顶面和底面温度的不均匀变化,易导致路面出现附加剪应力和拉应力,对路面产生危害。确定路面日最高温度也是评价路面热稳定性的基础。因此,有必要进一步探讨路面温度日变化过程。

以表 3.8 中 A 组路面结构为例计算路面温度日变化过程。依据西安地区气象资料,取时间步长 1 个小时,计算得到西安地区沥青路面 7 月和 1 月路面温度日变化过程,计算结果如图 3.32 和图 3.33 所示。计算时,模拟正常气候条件,1 月日最高气温取 6℃,最低气温取−5℃;7 月日最高气温取 38℃,最低气温取 23℃。

图 3.32 给出了沥青路面不同深度处温度的日变化过程。图中显示出,随着深度增加,温度日变化幅度逐渐减小。路面表面温度日变化幅度最大,最大峰值温度出现在 13～14 时,7 月 13～14 时峰值温度高达 57℃(极端气候条件下更高),这与实测结果是一致的。路面表面每日超过 30℃的温度变幅在面层产生一个额外荷载。随着深度增加,出现峰值温度的时间逐渐向后推移。1 月路面面层上部因冻融相变影响,其温度日变化过程比较复杂。面层下部处于正温,面层上部每日经历一次冻结融化过程,这对面层的稳定性非常不利。当深度大于 24cm 时,温度日变化幅度已经比较小,当深度大于 34cm 时,温度日变化幅度几乎可以忽略不计,可不考虑其日变化问题,只考虑温度随季节的变化问题。

图 3.33 给出了不同时刻混凝土路面温度沿深度分布。图中直观地给出了面层温度在凌晨和 13 时巨大的温度变幅。越靠近路面表面,温度变幅越大,温度对路面的热效应越大。冬季温度变幅绝对值比夏季小,但经历冻融过程。受日温度变化影响最大的是面层,因此选择面层材料进行路面设计时,不仅应考虑面层温度季节性变化影响,也应考虑面层温度日变化影响。

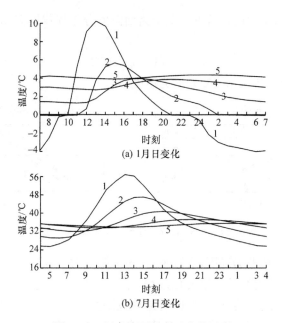

图 3.32　沥青路面温度日变化过程

1-路面表面；2-深度 6cm 处；3-深度 14cm 处；4-深度 24cm 处；5-深度 34cm 处

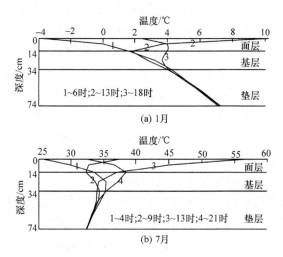

图 3.33　沥青路面温度随深度日变化

　　对混凝土路面的计算结果如图 3.34 所示。混凝土路面温度日变化规律与沥青路面是相同的，但由于混凝土相对于沥青路面的低吸热性，混凝土路面温度日变化幅度较沥青路面小，最大峰值温度也较小。

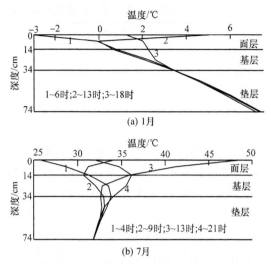

图 3.34　混凝土路面温度随深度日变化

　　计算得到沥青路面和混凝土路面表面温度随季节的变化,表明沥青路面表面温度高于混凝土路面平均表面温度,夏季二者差别大,冬季差别小,揭示出路面表面温度是辐射、气温、风速等外界因素的综合反映。进一步计算得到四组路面结构温度场随气候的变化过程,分析了路面材料热参数对路面温度分布的影响,指出由材料差异引起的路面顶面和底面平均温度差值并不大,路面温度主要由表面温度,即由外界因素控制的,路面平均温度随气候的变化幅度较大。路面材料导热性能差异只引起路面沿厚度方向的温度梯度差异。最后模拟西安地区正常的气候条件,探讨了路面温度日变化过程,随着深度增加,温度日变化幅度逐渐减小。路面表面温度日变化幅度最大,最大峰值温度出现在 13～14 时,7 月 13～14 时峰值温度高达 57℃(极端气候条件下更高),这与实测结果是一致的。路面表面夏季每日超过 30℃的温度变幅在面层产生一个额外荷载,冬季面层上部每日经历一次冻结融化过程,这对面层的稳定性非常不利。当深度大于 24cm 时,温度日变化幅度已经比较小,可不考虑其日变化问题,只考虑温度随季节的变化问题。

## 3.6　基于温度场分析的多年冻土路基临界高度研究

　　高原多年冻土地区路基路面典型结构研究课题组对青藏公路病害类型进行了多次调查工作。调查发现路基沉陷、波浪起伏、纵向裂缝较为严重,各种病害的发育与工程建设历史存在明显的关联性,如表 3.9 所示。

**表 3.9　K2879～K3515 病害类型与建设历史关系调查统计表**

| 建设历史 | | 八五改建 | | 一期整治 | |
|---|---|---|---|---|---|
| 调查长度 | | 195km | | 298km | |
| 病害类型<br>长度及所<br>占比例 | 波浪起伏 | 64km | 32.8% | 36km | 12.1% |
| | 路基沉陷 | 86km | 44.1% | 71km | 23.8% |
| | 纵向裂缝 | 5km | 2.6% | 35km | 11.7% |

从表 3.9 可以看出,青藏公路"八五改建"后,病害相当严重。"八五改建"是1974～1985 年对青藏公路的全面改建阶段,此次改建铺筑了沥青路面,大大提高了青藏公路的通行能力和使用性能,但路面吸热能力加大,不利于路基稳定,而且路基高度仍然很低,在调查路段所测的 38 个改建工程数据中,路基平均高度0.9m,见表 3.10。由于"八五改建"后病害严重,1992～1996 年对青藏公路进行了一期整治,一期整治采用的主要措施是加高路基,一期整治工程在调查中共测得60 个路基高度数据,平均高度为 2.1m(表 3.10),较"八五改建"工程有了大幅提高,个别路段路基高度大于 4m。"八五改建"工程的 38 个调查路基高度数据中,没有一个数据大于 2.5m,一期整治后,在调查得到的 60 个路基高度数据中,有 6 个大于 3.0m,15 个大于 2.5m,35 个大于 2m。从表 3.10 可以看出,提高路基高度收到了显著效果,路基沉陷、波浪起伏病害大幅度减小,但纵向裂缝病害却大幅增加。调查中发现,一期整治后,路基高度大于 3.0m 的路段,纵向裂缝特别发育。由此可以看出,一期整治后,部分路段路基高度过高导致纵向裂缝特别发育,而路基高度过低则是引起"八五改建"工程病害严重的原因,因此路基高度即不能太小,也不能太大,必须选择合理的高度。

**表 3.10　路基高度调查统计表**

| 历史 \ 高度 | | <0.5m | 0.5～<br>1.0m | 1.0～<br>1.5m | 1.5～<br>2.0m | 2.0～<br>2.5m | 2.5～<br>3.0m | >3.0m | 样本<br>数 | 平均<br>值/m |
|---|---|---|---|---|---|---|---|---|---|---|
| 建设<br>历史 | 八五<br>改建 | 8 | 15 | 7 | 4 | 4 | — | — | 38 | 0.9 |
| | 一期<br>整治 | 0 | 3 | 3 | 19 | 20 | 9 | 6 | 60 | 2.1 |

冻土地区大多数地段,上限附近冻土层中含冰量比较高,修筑路基时,如果引起上限下降,上限处冻土层融化,形成融化槽,高含冰冻土的融化会产生非常显著的下沉量,这往往会使路基破坏,出现路基沉陷、波浪起伏等病害。因此,在冻土路基设计中,保证上限不下降已成为一个基本原则,要求路基高度不小于临界高度。临界高度是保证冻土上限不下降的路基最小填土高度。但单凭此临界高度值进行

路基的设计还很不够,因为路基高度大于临界高度,只能保证上限不下移,避免了因上限下移对路基的危害,但并没有考虑上限以上路基土中的不安全因素,因而在实际工程中大量存在这样的现象:虽然路基高度大于临界高度,但路基仍然出现了一系列病害。因此,为了保证路基的安全,路基的设计高度不仅要保证上限不下降,而且要保证路基本身是安全的。鉴于此,目前对冻土路基临界高度的定义应该拓宽,将冻土路基临界高度定义为保证路基处于安全状态的填土高度。根据冻土路基的特点,并结合路况调查结果,冻土路基的临界高度应有下和上两个值,下临界高度是保证上限不下降的路基最小高度,上临界高度是保证上限以上路基部分安全的填土高度。

上临界高度是一个新概念,需要认真研究,下临界高度的研究则早已为人们所重视,国内的冻土研究工作者早在 20 世纪 80 年代初、中期就提出了确定下临界高度的方法,并给出了计算公式,但都是总结观测数据得到。由于观测时的冻土条件现在已经发生了变化,根据当时观测结果得到的结论其适用性现在已大大降低,因此有必要对下临界高度进行再研究。本书通过对冻土路基二维相变非稳态温度场进行计算,经过对计算结果的分析归纳,对比路况调查资料,对冻土路基上、下临界高度进行研究。

青藏公路大量工程实践表明,只要路堤修筑在一定高度 $H_0$,路基下冻土上限就保持不变,而当路堤修筑高度低于此高度 $H_0$ 时,路基下冻土上限就发生下移,此下临界高度与冻土天然上限深度、土性、面层材料、地形、气温等有关。

确定下临界高度,是为了保护多年冻土,这只适用于稳定型冻土,即适用于年平均气温低于 $-4$℃、10m 深度处的土温常年处于负温的冻土。对稳定型冻土场地,采用有限元法,对年平均气温 $-4.0$℃,天然上限 2.6m,沥青路面和砂砾路面高度分别为 0.5m、1.0m、1.5m、2.0m、3.0m 的路基进行了计算,计算得到的上限如图 3.35 和图 3.36 所示,图中分别给出 0.5m、1.0m、1.5m(砂砾面)、2.0m(沥青面)及 3.0m 高度路基的上限。从图中可以看出,当路基高度为 0.5m 时,不管是砂砾面层还是沥青面层,上限均下移。当路基高度为 2.0m 时,两种材料路面下的上限均上升。当路基高度为 1.0m 时,出现了砂砾路面下、上限上升而沥青路面下、上限下降。进一步对砂砾路面路基高度在 0.5~1.0m 区间、沥青路面路基高度在1.0~2.0m 区间取值进行试算,计算得到维持砂砾路面和沥青路面下、上限不变的路基高度分别为 0.62m 和 1.79m。对天然上限分别为 1.95m、2.27m 和 2.95m的场地进行了计算,得到砂砾路面路基的下临界高度分别为 0.85m、0.70m 和0.64m,沥青路面路基的下临界高度分别为 2.06m、1.93m 和 1.64m。对计算结果进行回归分析,得到下临界高度计算公式如下。

砂砾路面

$$H_L = 1.41 - 0.31 H_N \tag{3-5}$$

沥青路面

$$H_L = 2.88 - 0.42 H_N \qquad (3\text{-}6)$$

式中，$H_N$为天然上限深度。

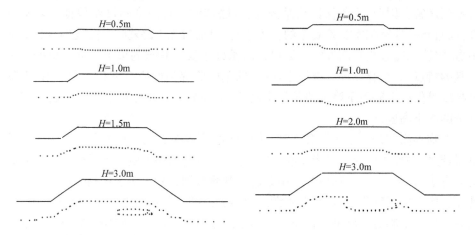

图 3.35　砂砾路面不同高度路基上限分布图　　图 3.36　沥青路面不同高度路基上限分布图

　　从路况调查结果可知，青藏公路经"八五改建"后，路基平均高度 0.9m，大部分路段的路基高度低于上面公式所确定的上临界高度，路基病害严重，一期整治后，路基平均高度 2.1m，大部分路段的路基高度大于上面公式所确定的上临界高度，路基病害显著减少。

　　目前普遍认为，路基高度的增加会使上限上升，事实上对高路堤来说并非如此，图 3.37 为修筑 4m、3m、2.3m、1.5m、1.0m 高度路堤后，沥青面层路基中最大融土深度随时间的变化曲线。从图中可以看出，路基修筑后，每年的最大融化深度几乎不随时间变化，始终维持在上限深度，上限并非上升，这是由于高路堤蓄热量比较大，在路基冻结层中存在未冻（融）土核。4m 高路基修筑后 12 年，3m 高路堤修筑后 7 年，2.3m 高路基修筑后 3 年，路基中常年存在非冻（融）土核，随着路基高度的增加，路基中长年存在非冻（融）土核的时间越长，虽然并未引起上限下降，但未冻（融）土核的存在对路基稳定性是相当不利的。未冻（融）土核常常会出现上部冻结减小而下部融化扩展的情况，此时，冻结和融化是同时存在的，很难严格区分融土核或未冻土核，总之，都是正温核。为了描述方便，以下将未冻土核和融土核均称为融土核。

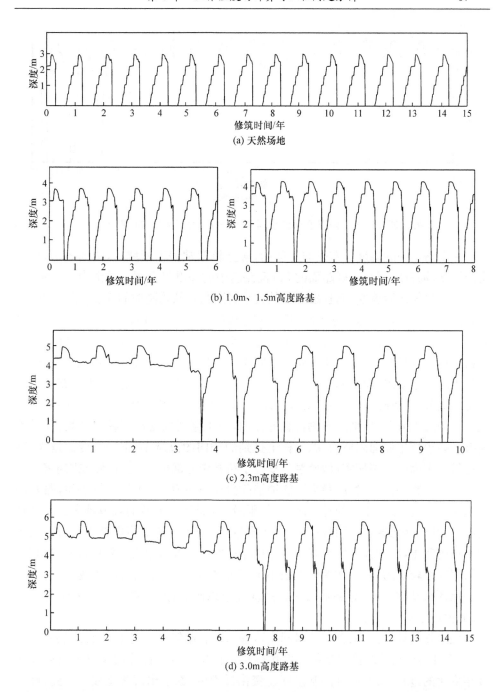

(a) 天然场地

(b) 1.0m、1.5m高度路基

(c) 2.3m高度路基

(d) 3.0m高度路基

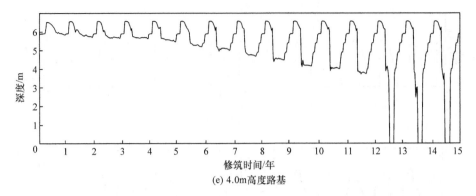

(e) 4.0m高度路基

图 3.37　冻土下限以上存在融(未冻)土的最大深度随时间变化曲线

　　由于路基中的温度分布是非对称的,融土核常常偏于阳坡面,图 3.38 为东北走向路基、沥青路面和砂砾路面的 3m 高路基中的冻融界面图。从图中可以看出,融土核不仅偏向阳坡面,而且融土核的大小、位置、形状均随时间而变,融土核变化区域内的土虽然也经历冻融循环,但其冻融历程和性质与两侧土不一样,其变形也和两侧不一样,当融土核周围土产生冻胀变形时,产生冻胀反力,对融土核土产生压密作用,会出现周围土体积膨胀而中间压密体积减缩的现象。当周围土融化时,周围土层产生融沉,而未冻土核比较密实的土几乎是不变形的,这必然使路基产生不均匀沉降,当沉降差超过容许值时,路基就会破坏,不均匀沉降也会在路基中产生复杂的应力分布,再加上车辆荷载的作用,冻土路基极易出现纵向开裂、反拱等病害。融土核越偏向阳坡面,融土核土受到的侧向约束越小,不均匀变形越大,路基越易出现纵向开裂病害,即使融土核位于路基中心部位,也会出现反拱病害。

　　在冻土路基设计时,应最大可能地消除融土核的存在,大量计算表明,路基高度越大,其中存在融土核的月份越多、年限越长,而且融土核的规模越大。路基高度越小,其中存在融土核的月份越少,年限越短,融土核的规模也越小。为了避免融土核的危害,应最大限度地减少融土核存在的时间及减小融土核的规模,这就要求采用高度较小的路基,在保证上限不下降的情况下,路基高度越小越好。因此,为了保证路基的安全,对路基的最大高度应予以限制,路基高度不应大于一定的值,此值即上临界高度。

　　融土核的规模大小、存在的时间在路基修筑后逐年发生变化,为此对沥青路面3.0m 和 1.5m 高路基修筑后的温度场逐年进行了计算。计算结果显示出温度场逐年变化的过程,所有高度路基温度场变化过程中,都会出现融土核。因此,确定上临界高度时,消除融土核是不可能的。路基修筑后,路基中融土核的规模逐年减小,存在的月份也变少,只要一定的路基高度能保证路基中融土核存在的时间短、规模小,使路基不出现病害,就可将满足此条件的最大路基高度作为上临界高度。

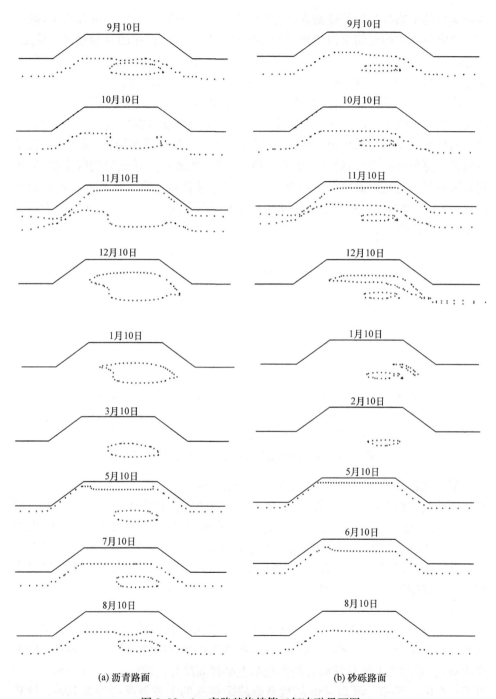

(a) 沥青路面　　　　　　　　　　　　(b) 砂砾路面

图 3.38　3m 高路基修筑第三年冻融界面图

确定具体的上临界高度值较困难,只能采用相对的方法,从图中还可以看出,融土核的规模与存在的时间是密切相关的,融土核规模越大,存在的月份越多。反之,融土核存在的月份越多,规模也越大。而且,路基修筑后,虽然融土核规模逐年发生变化,但每年当融土核规模最大时(约在 12 月 10 日),融土核上部距路面的冻土层厚度每年几乎是相等的,以此厚度作为标准,以融土核年最大厚度不大于此标准厚度来确定上临界高度。在实现冻土路基的变形及强度计算之前,只能采用近似的相对标准。路基修筑后第一年,在路基土自重及车辆荷载作用下,路基本身会发生沉落及更复杂的变形,处于重要的调整期,这时期影响路基变形的因素较多,出现病害并不一定是由温度场引起的。因此,以路基修筑后第二年的温度场确定上临界高度,只要第二年融土核最大厚度不大于标准厚度,以后各年融土核最大厚度一定小于标准厚度。

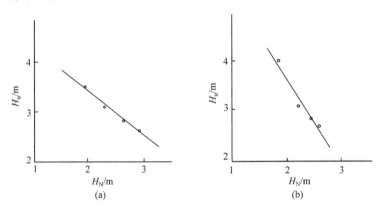

图 3.39　冻土路基上临界高度与天然上限关系图

温度场逐年变化图已清晰地反映了这一点,对年均气温－4℃,天然上限 2.6m 场地不同高度路基进行了试算,得到这一场地路基的上临界高度为 1.90m,对不同天然上限场地的计算结果表明,天然上限不同,上临界高度不同,计算结果如图 3.39(a)所示。图中计算点是天然上限分别为 1.95m、2.27m、2.60m 及 2.95m 时的计算结果,其近似呈直线分布,进行回归分析,得到沥青路面路基上临界高度 $H_u$ 可近似按式(3-7)进行计算

$$H_u = 5.03 - 0.81 H_N \tag{3-7}$$

对砂砾路面路基,如图 3.39(b)所示,其中的融土核规模远小于修筑后同期沥青路面路基中的融土核规模。因此,对砂砾路面路基,可取比沥青路面路基大的上临界高度,采用与上述计算沥青路面路基上临界高度相同的标准,计算得到年平均气温－4.0℃、天然上限 2.60m 场地砂砾路面路基的上临界高度为 2.70m。计算过程同上述沥青路面一样,对不同天然上限时路基上临界高度的计算结果如图 3.39(b)所示,进行回归分析,得到砂砾路面路基上临界高度 $H_u$ 计算公式为

$$H_u = 7.17 - 1.76 H_N \tag{3-8}$$

　　上述上临界高度,是根据路基修筑后第二年的温度场资料确定的,如果依照第三年及以后的温度场资料,仍保持上述上临界高度不变,则确定标准将提高,即要求融土核规模更小,路基将更加安全。因此,在路面修筑过程中,如果分两次铺筑,第一次在路基竣工后即铺筑,第二次在若干年后如第三年后铺筑,则第二次铺筑路面将更加安全有效,第二次铺筑不仅是对已有病害的整治,而且此时路基安全等级提高,这使得第二次铺筑路面再出现病害的可能性减小,有利于保持路面的平整度,有利于行车的舒适高效。

　　冻土路基上临界高度对路基高度最大值做了限制,为了保证路基的安全,路基高度不宜大于上临界高度。由于高路基修筑时的蓄热量及修筑后路基坡面的吸热量都比较大,路基中的温度分布变得复杂,从而使变形复杂化。正如前文所述,这对路基的安全是不利的,这一点已为实践所证实,对青藏公路的调查已经发现,在高度大于 3.0m 的路堤中,纵向裂缝特别发育,此时的路基高度大于式(3-7)所确定的临界高度。当路基高度较大时,病害较多,从美国、加拿大的有关文献中也可以发现这一现象。因此,对冻土路基高度最大值进行限制是必需的。

　　比较沥青路面与砂砾路面路基温度场的计算结果可以发现,路基修筑后同一时期,沥青路面路基中融土核规模大于砂砾路面,使得沥青路面路基的安全性低于同高度的砂砾路面路基,这是由沥青面层的强吸热性造成的。因此,采用低吸热性的面层材料,对保持路基的安全是有好处的。同时,由于路基设计高度必须处于上、下临界高度之间,沥青路面路基的上、下临界高度区间比较小,这给线路设计造成一定的困难,而低吸热性的砂砾面层路基的上、下临界高度区间比较大,采用低吸热性的面层材料,会给线路设计带来方便。

# 第 4 章　非饱和土水分迁移机理及计算模型

温度场的计算具有可靠的理论基础,如果能如实地考虑各种边界条件及各类热参数的变化,再借助先进的数值计算方法,一般都能获得比较可靠的结果。而非饱和土体水分迁移问题要复杂得多,在水分迁移驱动力及有关参数确定等方面尚存在诸多疑难问题。非饱和土工程病害产生的原因有很多,其中水是一个重要的影响因素。受降雨、蒸发、冻融等因素影响,实际工程非饱和土含水量往往呈动态变化。非饱和土工程边界条件的差异,土体含水量的变化并不是均匀的。含水量对土体强度有显著的影响,因此含水量不均匀变化可导致强度不均匀,从而使变形不均匀,不均匀变形可导致一系列的病害。因此,对非饱和土水分迁移问题进行研究是必要的。本章考虑多年冻土地区及季节冻土地区的气候特征,就非饱和土水分迁移机理及计算模型开展研究工作。非饱和土体水分迁移包括液态水迁移和气态水迁移,若非特定说明,水分迁移均指液态水迁移。

## 4.1　非饱和土体二维水分迁移的有限元控制方程

采用岩土工程中广泛采用的水头概念,认为水头是驱动土体发生水分迁移的唯一原因,根据水头进行水分迁移计算。对非饱和土工程而言,由于入渗、蒸发及温度的变化会造成土体水分分布不断变化,土体水分迁移是非稳态的。二维非稳态水分迁移的偏微分方程为

$$\frac{\partial}{\partial x}\left(k_{xx}\frac{\partial h}{\partial x}+k_{xy}\frac{\partial h}{\partial y}\right)+\frac{\partial}{\partial y}\left(k_{yx}\frac{\partial h}{\partial x}+k_{yy}\frac{\partial h}{\partial y}\right)=m_2^{\mathrm{w}}\rho_{\mathrm{w}}g\frac{\partial h}{\partial t} \tag{4-1}$$

式中,$h$ 为水头;$m_2^{\mathrm{w}}$ 为与基质吸力变化有关的水的体积变化系数;$k_{xx}$、$k_{xy}$、$k_{yy}$ 的意义如下:

$$k_{xx}=k_1\cos^2\alpha+k_2\sin^2\alpha$$
$$k_{xy}=k_{yx}=(k_1-k_2)\sin\alpha\cos\alpha \tag{4-2}$$
$$k_{yy}=k_1\sin^2\alpha+k_2\cos^2\alpha$$

式中,$k_1$、$k_2$ 分别为大、小渗透系数;$\alpha$ 为大渗透系数方向与 $x$ 方向间的夹角。

在 Dirichlet 边界($\Gamma_1$)上的总水头和 Neuman 边界($\Gamma_2$)上的边界法向流速为

$$h\big|_{\Gamma_1}=\bar{h},\qquad v_n\big|_{\Gamma_2}=\bar{v} \tag{4-3}$$

### 4.1.1　采用三角形单元的二维水分迁移的有限元控制方程

当采用简单的三角形单元时,方程(4-1)的解可由三角形单元的面积和边界表面的积分得到,即

$$\iint_A [B]^{\mathrm{T}}[K_{\mathrm{w}}][B]\mathrm{d}A\{h\} + \iint_A [L]^{\mathrm{T}}\lambda[L]\mathrm{d}A\left\{\frac{\partial h}{\partial t}\right\} - \int_s [L]^{\mathrm{T}}\,\bar{v}_{\mathrm{w}}\mathrm{d}s = 0 \quad (4\text{-}4)$$

式中,$[B]$为面积坐标的导数矩阵;$[K_{\mathrm{w}}]$为单元内的渗透系数矩阵;$\{h\}$为水头列阵;$[L]$为单元的面积坐标矩阵;$A$为单元面积;$\lambda = \rho_{\mathrm{w}}gm_2^w$;$\bar{v}_{\mathrm{w}}$为单元外部垂直于单元边界方向的水流速率;$s$为单元周长。各矩阵表示如下:

$$[B] = \frac{1}{2A}\begin{bmatrix} y_2 - y_3 & y_3 - y_1 & y_1 - y_2 \\ x_3 - x_2 & x_1 - x_3 & x_2 - x_1 \end{bmatrix}$$

$$[k_{\mathrm{w}}] = \begin{bmatrix} k_{xx} & k_{xy} \\ k_{xy} & k_{yy} \end{bmatrix}$$

$$\{h\} = \{h_1 \quad h_2 \quad h_3\}$$

$$[L] = [L_1 \quad L_2 \quad L_3]$$

$$L_1 = \frac{1}{2A}\left[(x_2 y_3 - x_3 y_2) + (y_2 - y_3)x + (x_3 - x_2)y\right]$$

$$L_2 = \frac{1}{2A}\left[(x_3 y_1 - x_1 y_3) + (y_3 - y_1)x + (x_1 - x_3)y\right]$$

$$L_3 = \frac{1}{2A}\left[(x_1 y_2 - x_2 y_1) + (y_1 - y_2)x + (x_2 - x_1)y\right]$$

其中,$x_i$、$y_i(i=1,2,3)$为单元三节点的坐标;$x$、$y$为单元内任一点的坐标;$h_1$、$h_2$、$h_3$为单元三节点的水头。

对式(4-4)进行数值积分得到二维水分迁移的有限元控制方程:

$$[D]\{h\} + [E]\left\{\frac{\partial h}{\partial t}\right\} = \{F\} \qquad (4\text{-}5)$$

式中,$[D]$为刚度矩阵:

$$[D] = [B]^{\mathrm{T}}[k_{\mathrm{w}}][B] \cdot A$$

$[E]$为容量矩阵:

$$[E] = \frac{\lambda A}{12}\begin{bmatrix} 2 & 1 & 1 \\ 1 & 2 & 1 \\ 1 & 1 & 2 \end{bmatrix}$$

$\{F\}$为反映边界条件的流量矢量:

$$\{F\} = \int_s [L]^{\mathrm{T}}\,\bar{v}_{\mathrm{w}}\mathrm{d}s$$

### 4.1.2　采用四边形单元的二维水分迁移的有限元控制方程

考虑主渗透系数与坐标轴不重合的现象,采用四边形等参元研究建立非饱和土体瞬态渗流的有限元算法。利用单元节点的水头和形函数构建一近似的函数去代替 Richard 渗流控制方程中的水头变量。采用 Galerkin 加权余量法使由这一近似所产生的误差在单元内的积分为零。应用多元函数分部积分法以及格林公式对方程的形式进行转化得到加权余量法的"弱"形式。推导得到四边形等参元来分析渗流问题的有限元格式。进一步基于 Jacobi 矩阵转换及 Gauss 数值积分,确定刚度矩阵及其元素表达式,给出容量矩阵及其元素表达式。该方法考虑了土体各向异性以及渗透系数与坐标轴不重合等情况,是非饱和土瞬态渗流分析的一般形式。

当采用四边形一次等参元时,如图 4.1 所示,单元中各节点的形函数以及单元内任意点的位移模式分别为

$$
\begin{cases}
N_i = \dfrac{1}{4}(1 + \zeta_i\zeta)(1 + \eta_i\eta) \\
x = \displaystyle\sum_{i=1}^{4} N_i x_i, \quad y = \sum_{i=1}^{4} N_i y_i
\end{cases}
, \quad i = 1,2,3,4 \tag{4-6}
$$

式中,$(x_i, y_i)$ 和 $(\zeta_i, \eta_i)$ 分别为 $i$ 点的整体坐标和局部坐标值。

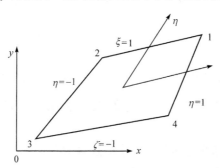

图 4.1　四节点四边形等参元坐标变换示意图

在单元内用节点的水头和形函数的乘积的方式构造一个近似的水头函数来逼近节点内任意一点的真实水头有

$$
H = \sum_{i=1}^{4} N_i h_i \tag{4-7}
$$

用式(4-7)代替式(4-1)以及边界条件(4-2)中的水头 $h$,由于近似的原因,式(4-1)会在积分面域 $\Omega$ 上产生余量,记为 $R_\Omega$;式(4-2)中会在 $\Gamma_2$ 边界上产生余量,记为 $R_{\Gamma_2}$。当分别用四边形单元的形函数来乘以这些余量后,$R_\Omega$ 和 $R_{\Gamma_2}$ 在各自的积分域上的积分之和应为零,把这种方法称为 Galerkin 加权余量法。根据 Galerkin 法可以得到如下数学表达式:

$$\int_{\Omega} N_i R_{\Omega} \mathrm{d}\Omega - \int_{\Gamma_2} N_i R_{\Gamma_2} \mathrm{d}\Gamma = 0, \quad i = 1,2,3,4 \tag{4-8}$$

对式(4-8)中的第一项采用分部积分的方法,并结合格林公式将曲面积分转化为曲线积分,得到其等效积分的"弱"形式。通过上述方法整理式(4-8)后有

$$\left[\int_{\Omega} \sum_{m=x,y} \sum_{n=x,y} \frac{\partial [N]^{\mathrm{T}}}{\partial m} k_{mn} \frac{\partial [N]}{\partial n} \mathrm{d}\Omega \right]\{h\}$$

$$+ \left[\int_{\Omega} [N]^{\mathrm{T}} \lambda [N] \mathrm{d}\Omega \right]\frac{\partial \{h\}}{\partial t} = \int_{\Gamma_2} [N]^{\mathrm{T}} \bar{v} \mathrm{d}\Gamma \tag{4-9}$$

式中,下标 $m=x,y$ 和 $n=x,y$ 表示 $m$ 和 $n$ 应分别取 $x$ 和 $y$;$[N]$ 为四边形等参元的形函数矩阵:$[N]=[N_1 \quad N_2 \quad N_3 \quad N_4]$。在式(4-9)中,令刚度矩阵 $[D]$、容量矩阵 $[E]$ 和流量边界条件 $[F]$ 分别为

$$[D] = \int_{\Omega} \sum_{m=x,y} \sum_{n=x,y} \frac{\partial [N]^{\mathrm{T}}}{\partial m} k_{mn} \frac{\partial [N]}{\partial n} \mathrm{d}\Omega$$

$$[E] = \int_{\Omega} [N]^{\mathrm{T}} \lambda [N] \mathrm{d}\Omega \tag{4-10}$$

$$[F] = \int_{\Gamma_2} [N]^{\mathrm{T}} \cdot \bar{v} \mathrm{d}\Gamma$$

那么二维水分迁移的有限元控制方程(4-9)可以简写为

$$[D]\{h\} + [E]\frac{\partial \{h\}}{\partial t} = [F] \tag{4-11}$$

对于四节点等参元来说,刚度矩阵中共有 $4 \times 4 = 16$ 个元素。其中

$$D_{ij} = \int_{\Omega} \sum_{m=x,y} \sum_{n=x,y} \frac{\partial N_i}{\partial m} k_{mn} \frac{\partial N_j}{\partial n} \mathrm{d}\Omega, \quad i,j = 1,2,3,4 \tag{4-12}$$

欲求刚度矩阵的表达式,首先需要将其积分变换到局部坐标系下,这需要借助 Jacobi 矩阵的转换。整体坐标对局部坐标的偏导数可以写为

$$\frac{\partial x}{\partial \zeta} = a_1 + A_x \eta, \quad \frac{\partial x}{\partial \eta} = a_2 + A_x \zeta$$

$$\frac{\partial y}{\partial \zeta} = a_3 + A_y \eta, \quad \frac{\partial y}{\partial \eta} = a_4 + A_y \zeta \tag{4-13}$$

式中的系数分别为

$$a_1 = \frac{1}{4} \sum_{i=1}^{4} \zeta_i x_i, \quad a_2 = \frac{1}{4} \sum_{i=1}^{4} \eta_i x_i$$

$$a_3 = \frac{1}{4} \sum_{i=1}^{4} \zeta_i y_i, \quad a_4 = \frac{1}{4} \sum_{i=1}^{4} \eta_i y_i$$

$$A_x = \frac{1}{4} \sum_{i=1}^{4} \zeta_i \eta_i x_i, \quad A_y = \frac{1}{4} \sum_{i=1}^{4} \zeta_i \eta_i y_i$$

它们均只与节点的坐标有关，对于局部坐标来说常数。那么 Jacobi 矩阵的行列式为

$$|J| = \frac{\partial x}{\partial \zeta}\frac{\partial y}{\partial \eta} - \frac{\partial x}{\partial \eta}\frac{\partial y}{\partial \zeta} = a_5 + a_6\zeta + a_7\eta \tag{4-14}$$

其中的系数分别为

$$a_5 = a_1 a_4 - a_2 a_3$$
$$a_6 = a_1 A_y - a_3 A_x$$
$$a_7 = a_4 A_x - a_2 A_y$$

同样，这些系数也是常数。形函数对整体坐标和局部坐标的偏导数之间的转换关系利用 Jacobi 矩阵得到

$$\left\{ \begin{array}{c} \dfrac{\partial N_i}{\partial x} \\ \dfrac{\partial N_i}{\partial y} \end{array} \right\} = [J]^{-1} \left\{ \begin{array}{c} \dfrac{\partial N_i}{\partial \zeta} \\ \dfrac{\partial N_i}{\partial \eta} \end{array} \right\} \tag{4-15}$$

式中，$[J]^{-1}$ 表示 Jacobi 矩的逆矩阵。将式(4-15)展开来写，其中形函数对 $x$ 的偏导数为

$$\frac{\partial N_i}{\partial x} = \frac{1}{|J|}\left( \frac{\partial N_i}{\partial \zeta}\frac{\partial y}{\partial \eta} - \frac{\partial N_i}{\partial \eta}\frac{\partial y}{\partial \zeta} \right)$$
$$= \frac{1}{4|J|}(b_{xi} + c_{xi}\zeta + d_{xi}\eta) = \frac{1}{4|J|}B_{xi} \tag{4-16}$$

其中的系数分别为

$$b_{xi} = \zeta_i a_4 - \eta_i a_3$$
$$c_{xi} = \zeta_i (A_y - \eta_i a_3)$$
$$d_{xi} = \eta_i (\zeta_i a_4 - A_y)$$

同理，可得形函数对 $y$ 的偏导数为

$$\frac{\partial N_i}{\partial y} = \frac{1}{|J|}\left( \frac{\partial N_i}{\partial \zeta}\frac{\partial x}{\partial \eta} - \frac{\partial N_i}{\partial \eta}\frac{\partial x}{\partial \zeta} \right)$$
$$= \frac{1}{4|J|}(b_{yi} + c_{yi}\zeta + d_{yi}\eta) = \frac{1}{4|J|}B_{yi} \tag{4-17}$$

式中的系数为

$$b_{yi} = \eta_i a_1 - \zeta_i a_2$$
$$c_{yi} = \zeta_i (\eta_i a_1 - A_x)$$
$$d_{yi} = \eta_i (A_x - \zeta_i a_2)$$

利用 Jacobi 矩阵将积分面域进行转换有

$$\mathrm{d}\Omega = \mathrm{d}x\mathrm{d}y = |J|\mathrm{d}\zeta\mathrm{d}\eta \tag{4-18}$$

将式(4-16)～式(4-18)所得结果代入式(4-13)中,得到 $D_{ij}$ 的积分形式为

$$D_{ij} = \int_{-1}^{1} \int_{-1}^{1} \sum_{m=x,y} \sum_{n=x,y} \frac{B_{mi} k_{mn} B_{nj}}{16|J|} \mathrm{d}\zeta \mathrm{d}\eta \tag{4-19}$$

式(4-19)中的被积函数 $f_{Dij}(\zeta,\eta)$ 展开后有

$$f_{Dij}(\zeta,\eta) = \sum_{m=x,y} \sum_{n=x,y} \frac{k_{mn}}{16} \frac{(b_{mi}+c_{mi}\zeta+d_{mi}\eta)(b_{nj}+c_{nj}\zeta+d_{nj}\eta)}{a_5+a_6\zeta+a_7\eta} \tag{4-20}$$

在式(4-20)中只有 $\zeta$ 和 $\eta$ 是变量,其余系数均为常数,这些常数只与单元中 4 个节点的整体和局部坐标有关,按前述对这些系数的讨论计算。当采用 Gauss 数值方法求式(4-19)的积分时有

$$D_{ij} = \sum_{s=1}^{l} \sum_{t=1}^{l} h_s h_t f_{Dij}(\zeta_s,\eta_t) \tag{4-21}$$

式中,$h_s$、$h_t$ 为加权系数;$\zeta_s$、$\eta_t$ 为积分分点;$l$ 为所取积分分点的个数。一般情况下,对于四节点等参元取积分分点的个数为 $l \times l = 2 \times 2$ 足以满足精度要求,此时加权系数和积分点的值应分别为

$$h_1 = h_2 = 1, \quad \zeta_1 = -\zeta_2 = \frac{1}{\sqrt{3}}, \quad \eta_1 = -\eta_2 = \frac{1}{\sqrt{3}}$$

代入式(4-21)后,刚度矩阵的最终形式为

$$D_{ij} = \sum_{s=1}^{2} \sum_{t=1}^{2} f_{Dij} \left( [-1]^s \frac{1}{\sqrt{3}}, [-1]^t \frac{1}{\sqrt{3}} \right) \tag{4-22}$$

其中被积函数 $f_{Dij}(\zeta,\eta)$ 的表达式见式(4-20)。

容量矩阵与刚度矩阵相同,也有 16 项。其中任意位置处的元素计算式为

$$E_{ij} = \int_{\Omega} N_i \lambda N_j \mathrm{d}\Omega = \int_{-1}^{1} \int_{-1}^{1} \lambda N_i N_j |J| \mathrm{d}\zeta \mathrm{d}\eta \tag{4-23}$$

用 Gauss 积分的方法可以得到容量矩阵中的各元素。考虑到在容量矩阵中被积函数的形式较为简单,经简化可给出其积分形式的表达式。对于容量矩阵中的任意元素,在代入形函数的表达式(4-9)以及 Jacobi 矩阵的行列式(4-14)后,将被积函数写为

$$f_{Eij}(\zeta,\eta) = \frac{\lambda}{16} [1+(\zeta_i+\zeta_j)\zeta+\zeta_i\zeta_j\zeta^2]$$
$$\cdot [1+(\eta_i+\eta_j)\eta+\eta_i\eta_j\eta^2] \cdot (a_5+a_6\zeta+a_7\eta) \tag{4-24}$$

将式(4-24)完全展开,可以得到一个关于 $\zeta$ 和 $\eta$ 的高次多项式,考虑到在容量矩阵中积分上下限的对称性,任何包涵 $\zeta$ 或者 $\eta$ 的奇次多项式在积分后均等于 0,那么在展开后直接删除这些积分为 0 的项,则式(4-24)可简写为

$$E(\zeta,\eta) = \frac{\lambda}{16} (a_5+a_\zeta\zeta^2+a_\eta\eta^2+a_{\zeta\eta}\zeta^2\eta^2) \tag{4-25}$$

式中的系数为

$$a_{\zeta} = \zeta_i \zeta_j a_5 + (\zeta_i + \zeta_j) a_6$$

$$a_{\eta} = \eta_i \eta_j a_5 + (\eta_i + \eta_j) a_7$$

$$a_{\zeta\eta} = \zeta_i \zeta_j \eta_i \eta_j a_5 + \eta_i \eta_j (\zeta_i + \zeta_j) a_6 + \zeta_i \zeta_j (\eta_i + \eta_j) a_7$$

将式(4-25)代入式(4-23)中进行积分,并进行整理后得到容量矩阵中的每个元素的表达式为

$$E_{ij} = \frac{\lambda}{4} \left[ \left( 1 + \frac{1}{3} \zeta_i \zeta_j \right) \left( 1 + \frac{1}{3} \eta_i \eta_j \right) a_5 \right.$$

$$\left. + \frac{\zeta_i + \zeta_j}{3} \left( 1 + \frac{1}{3} \eta_i \eta_j \right) a_6 + \frac{\eta_i + \eta_j}{3} \left( 1 + \frac{1}{3} \zeta_i \zeta_j \right) a_7 \right] \tag{4-26}$$

代入节点的局部坐标值,容量矩阵可简写为

$$[E] = \frac{\lambda}{9} ([E_5] a_5 + [E_6] a_6 + [E_7] a_7) \tag{4-27}$$

其中,矩阵$[E_5]$、$[E_6]$、$[E_7]$均为常数矩阵,它们分别是

$$[E_5] = \begin{bmatrix} 4 & 2 & 1 & 2 \\ 2 & 4 & 2 & 1 \\ 1 & 2 & 4 & 2 \\ 2 & 1 & 2 & 4 \end{bmatrix}, \quad [E_6] = \begin{bmatrix} 2 & 0 & 0 & 1 \\ 0 & -2 & -1 & 0 \\ 0 & -1 & -2 & 0 \\ 1 & 0 & 0 & 2 \end{bmatrix}, \quad [E_7] = \begin{bmatrix} 2 & 1 & 0 & 0 \\ 1 & 2 & 0 & 0 \\ 0 & 0 & -2 & -1 \\ 0 & 0 & -1 & -2 \end{bmatrix}$$

## 4.2　非饱和土体水分迁移驱动力讨论

在进行水分迁移计算之前,必须先就非饱和土中水头的确定方法进行研究,水头应该能够反映引起水分迁移的各种因素。考虑冻土工程而言,主要有重力、基质吸力、温度和相变,相变只发生在相变区域。考虑这些因素后,水头 $h$ 应由重力水头 $h_g$、基质吸力水头 $h_u$、温度水头 $h_T$ 和相变界面水头 $h_c$ 组成,即

$$h = h_g + h_u + h_T + h_c \tag{4-28}$$

### 4.2.1　重力水头

重力水头是土中水在重力场中的位置相对于基准面的位置,只要基准面确定,重力水头即确定。目前在非饱和土水分迁移研究中,非饱和土重力水头沿袭饱和土重力势的确定方法,按式(4-29)确定

$$h_g = h_1 \tag{4-29}$$

式中,$h_1$ 为位置水头,m。

在黄土旱塬地区,大量挖探作业表明,在相当大的深度范围内,土体含水量随深度变化很小。例如,贮水窖深度二十多米,但除表层土外,土体含水量、温度随深度变化很小,若按式(4-29)确定重力势,则上下土体应有超过 200kPa 基质吸力之

差与其相平衡,这在含水量变化较小情况下显然是不可能的。因此,作者认为,式
(4-29)适用于确定饱和土的重力势,直接将其用于非饱和土是欠妥的,有必要探讨
非饱和土中重力势的确定方法。

当然,土体孔隙水受到重力作用是不容置疑的,在重力作用下,孔隙水理应由
高处向低处迁移,但随着土体饱和度的降低,自由水连通性变差及孔隙通道阻力逐
渐增强,削减了重力对孔隙水的驱动作用,直至重力不能驱动水分从高处向低处运
动。因此,按饱和度确定非饱和土中的重力势,并不是说重力势本身随饱和度发生
了变化,而是由于孔隙水通道阻滞作用难以确定,出于实用意义,根据重力驱动水
分迁移的效果,考虑孔隙水通道阻滞作用,对重力势按饱和度进行折减,否则直接
按式(4-29)进行计算将得出不合理的结果。

基于上述分析,可以定义两个界限含水量 $w_1$ 和 $w_2$,当土的含水量大于 $w_1$ 时,
因土中自由水较多,重力驱使水分迁移的结果和饱和土相同,重力势按式(4-29)
确定;当土的含水量小于 $w_2$ 时,因土中自由水较少,且连通性很差,重力驱使水分
迁移无法实现,表现不出重力势使水分迁移的结果,重力势取为零;当土的含水量
处于 $w_1$ 和 $w_2$ 之间时,因自由水连通性变差及孔隙通道阻力作用,重力使水分迁移
的结果不能用式(4-29)表达,重力势从含水量为 $w_1$ 时的饱和土重力势数值递减至
含水量为 $w_2$ 时的零,如何递减尚需探讨。

首先对非饱和黄土含水量较高时重力势问题进行试验探讨。试验装置如
图 4.2 所示,先将四周封闭圆筒底面密封,在底面留小孔,以便水能自由流出,然
后将底面留小孔堵塞,在筒内分层装满土样至筒顶 5cm,接着在土样顶面浇水至筒
顶,若筒顶水面连续 2h 不再下降,表示筒中土体已浸水准饱和,此时,在土样顶面
浇水至筒顶,将筒顶密封,但留出一个很小的孔,以便气体自由出入并尽量避免蒸
发,最后将筒底小孔打开,让土体水在重力作用下自由流出。观察筒底小孔出水情
况,若连续 2h 无水滴流出,表明自由水流动已基本结束,为慎重起见,再过一周,测
试土样含水量随高度的变化。对黄土土样 1 和土样 2 的测试结果如图 4.3 所示。

图 4.3 中黄土土样 1 和土样 2 的密度不同,土样 1 的密度大于土样 2 的密度。
两个土样最终含水量随深度分布存在差异,但分布规律是相似的,土样上下两端含
水量差均不大,变化幅度在 2‰~2.3‰,土样 1 上端含水量约为 24‰,土样 2 上端
含水量约为 26‰,若能得到土样上下端因含水量差引起的基质吸力的差值,则将
基质吸力的差值与土样上下端按式(4-29)确定的重力势之差相比较,若二者相等,
表明此时应按式(4-29)计算重力势。参照有关文献进行计算,得到基质吸力为
31kPa、25kPa、19kPa 时对应的含水量分别为 24.1‰、25.7‰和 27.9‰。对照土样
1 土样 2 含水量分布,可以发现,土样上下端基质吸力的差值与土样上下端按
式(4-29)确定的重力势之差(6kPa)基本相等,因此当土样含水量较高时,重力势按
式(4-29)确定是合理的。此处含水量较高在于给出一个限值,为前述 $w_1$,其数值

受土体密度影响。

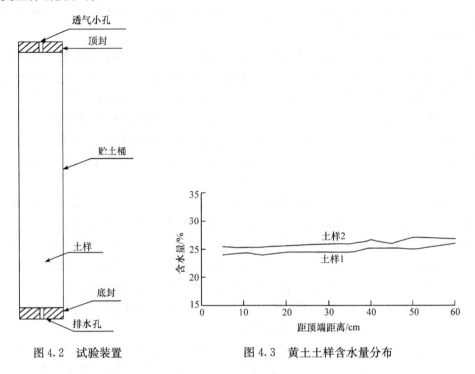

图 4.2　试验装置　　　　　　　　图 4.3　黄土土样含水量分布

　　土体中的水包括强结合水、弱结合水和自由水。当非饱和土中有较多自由水接近饱和时,土体中气相体积主要是封闭气体,自由水连通性较好,受重力作用可以自由流动,此时按式(4-29)确定重力势是适宜的;当非饱和土中自由水较少时,土体中气相体积是连通的,随着饱和度的降低,土中自由水连通性变差,自由水受到重力作用向下运动必须克服孔隙通道的阻碍作用,当饱和度降低到一定程度时,因自由水连通性变差及孔隙通道阻力的存在,重力将无法使水分运动,重力势应取为零;当非饱和土中只存在强结合水和弱结合水时,因土颗粒对水的约束作用,不应考虑重力势作用。因此,应根据土体饱和度确定非饱和土中的重力势。

　　对非饱和黄土,含水量较低时,重力势问题难以通过室内试验探讨,主要因为含水量低时,基质吸力随含水量的变化梯度较大,室内试样尺寸较小,含水量和吸力的测量误差将掩盖重力势的作用。但可通过黄土旱塬地区大量的挖掘工程现场测试进行研究,例如,挖窑作业再配以测试工作,就是现场勘探作业。在渭北黄土旱塬地区,地下水位很深,动辄达上百米,埋深几十米很常见。对渭北旱塬丘陵区某地一个水窖的开挖作业进行跟踪考察,开挖深度21m,在此深度范围内,近地表浅层土属活动层,活动层含水量受气候影响变化较大,分析时考虑活动层下的土层,活动层下的土层含水量是长期形成的,可以认为是稳态的。开挖过程表明,在活动层下十几米深度范围内,土的含水量随深度变化很小,含水量在 18% 左右。因十几米深度范围内地温差别小,按含水量确定的土体基质势沿深度几乎是均布的,若考虑重力势将使总水势不平衡,从而不符合含水量稳态分布的特点。因此,当含水量小于 18% 时,进行水分迁移计算时可以不考虑重力势,即重力势取为零。活动层下土体含水量随深度变化很小的特征,经调查证明是渭北旱塬大量水窖开挖工程所形成的共识。

虽然重力是普遍存在的,但当非饱和土体自由水连通性变差时,重力逐渐变为毛细角边水的内力,其对水分迁移的驱动作用减弱。基于上述分析,在孔隙水通道阻力等参数尚难以确定的情况下,结合现场认识及经验,建议近似按以下经验公式确定重力水头:

$$h_g = \begin{cases} h, & w > 25\% \\ (14.3w - 2.57)h, & 18\% < w \leqslant 25\% \\ 0, & w \leqslant 18\% \end{cases} \tag{4-30}$$

### 4.2.2　基质吸力水头

土体中的吸力由基质吸力和渗透吸力组成。在非饱和土中,收缩膜承受大于水压力 $u_w$ 的空气压力 $u_a$。压力差 $(u_a - u_w)$ 称为基质吸力。

水气分界面(即收缩膜)具有表面张力,如图 4.4 所示。表面张力的产生是由于收缩膜内的水分子受力不平衡。水体内部的水分子承受各向同值的力的作用。收缩膜内的水分子有一指向水体内部的不平衡力的作用。为保持平衡,收缩膜内必须产生张力。收缩膜承受张力的特性,称为表面张力 $T_s$,以收缩膜单位长度上的张力(N/m)大小表示,其作用方向与收缩膜表面相切,其大小随温度的升高而减小。表面张力使收缩膜具有弹性薄膜的性状。这种性状同充满气体的气球的性状相似,里面的压力大于外面的压力。如在可伸缩的二维薄膜的两面施加不同的压力,则薄膜将呈朝向压力较大一面的凹状弯曲并在膜内产生张力,以维持平衡。

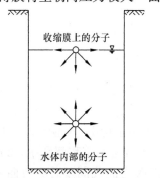
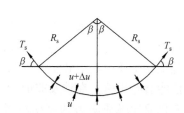

(a) 收缩膜上和水体中的分子间作用力　　　(b) 作用于二维曲面的压力和表面张力

图 4.4　水气分界面上的表面张力现象

　　基质吸力同周围环境有密切关系,分析岩土工程问题时知道吸力很重要。孔隙水压力(及基质吸力)的现场剖面不时发生变化,如图 4.5 所示。在无覆盖的地面底下,环境变化对基质吸力剖面产生很大影响,干旱季节同潮湿季节的吸力剖面很不一样,尤其在靠近地表部分。有覆盖地面底下的吸力剖面,比无覆盖地面底下的吸力剖面,在时令方面要恒定得多。例如,房屋或道路底下的土中吸力剖面受季节变化的影响要比开阔空旷地底下的吸力剖面所受影响小得多。土中的基质吸力,干旱季节上升,潮湿季节下降。吸力变化最大的是靠近地表的部分。地面植被通过蒸腾作用,可对孔隙水施加高达 1~2MPa 的张力。蒸腾作用使土中的水分减少,基质吸力增大。地下水位深度也影响基质吸力的大小,水位越深,上部土中的基质吸力越大。土的渗透性反映土传递和排出水分的能力,也反映土因环境变化而改变基质吸力的能力。非饱和土的渗透性依饱和度不同而有很大差别,不同土层传递水分的能力也不一样,这对现场基质吸力剖面有一定影响。

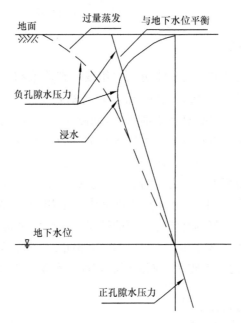

图 4.5　孔隙水压力典型剖面

　　涉及非饱和土的大多数工程问题通常都是由环境变化所造成的。连续暴雨可能使土中吸力下降而危及非饱和土边坡的稳定。渗透吸力与孔隙水中的含盐量有关。无论是饱和土还是非饱和土,渗透吸力都同样起作用。渗透吸力发生变化,对土的力学性能会有影响。在涉及非饱和土的大多数岩土工程问题中,渗透吸力随含水量的变化要比基质吸力的变化小得多。总吸力曲线同基质吸力曲线几乎重叠,尤其在高含水量范围内。换言之,总吸力变化基本上等于基质吸力变化,即

$\Delta\psi\approx(u_a-u_w)$。可以用基质吸力变化代替总吸力变化,反过来也可以用总吸力变化代替基质吸力变化。通常不需要考虑渗透吸力的另一原因是,在做土的有关室内实验时,一般已将现场可能发生的渗透吸力变化模拟在内。因此,在考虑土体中的吸力时,可仅考虑基质吸力。

基质吸力是孔隙气压力与孔隙水压力的差值,通常孔隙气压力等于大气压($u_a=0$),基质吸力在数值上等于负孔隙水压力,其值随土中含水量的减小而增大,饱和土的基质吸力等于零。基质吸力一般通过实测得到,目前多采用张力计或压力板仪量测。知道基质吸力 $u_w$ 后,便可按式(4-31)计算吸力水头 $h_u$:

$$h_u=\frac{u_a-u_w}{g} \tag{4-31}$$

### 4.2.3 温度水头

温度的变化会引起土中水的密度及表面张力发生变化,从而引起基质吸力发生变化,基质吸力的变化又必然对水分迁移产生影响。土中的温度往往是不均匀的,这就要求知道各种温度下的基质吸力值,这是难以做到的,也是难以应用的。基质吸力值常常是在一定温度下测得,土中实际温度下的基质吸力值应该通过温度修正求得,这一修正值是由温度引起的,为了明确,称其为温度水头。综上所述,由于温度变化引起基质吸力发生变化,新出现的温度梯度必然引起温度水头梯度,从而导致水分迁移。有些实验发现温度梯度引起水分迁移的现象,但也有些实验并未发现这种现象,因此,目前普遍认为温度梯度引起水分迁移尚缺乏足够的证据。实际上,温度梯度引起水分迁移是必然的,一些实验中之所以未发现温度梯度作用下的水分迁移,是由于土中的含水量分布本来就处于非平衡状态,存在与温度梯度方向相反的初始水头差,温度水头差不足以抵消此逆向水头差,因此就不会出现温度梯度作用下的水分迁移。而一些实验中之所以出现温度梯度作用下的水分迁移,正是由于土中水的分布处于平衡状态,水头处于平衡状态,或虽不处于平衡状态,但初始水头差与温度梯度同向,则温度水头差的出现,等于在土中新增水头差或增大了水头差,此水头差的存在,势必引起水的迁移现象。由于一定温度下的基质吸力是含水量的函数,温度变化引起水分的基质吸力变化值与温度密切相关,所以,温度水头是含水量 $w$ 和温度 $T$ 的函数,即

$$h_T=f(w,T) \tag{4-32}$$

式(4-32)根据不同温度下的基质吸力测试结果回归分析得到。

温度作用促使水分迁移的原因是多方面的,既包含温度对基质吸力的影响,也包含温度对水的黏滞性、水分子活跃度等物性方面的影响。因温度势是温度作用的反映,基质势也随温度而变,将二者分开考虑,尚需作大量实验研究。将基质势和温度势作为一个整体,通过试验对其进行探讨。采用热导仪进行试验,它主要由

加热器、冷却器、试样筒、温控系统和隔热护套组成。导热仪装置如图4.6所示。将两个土样对称布置在主加热炉两侧,土样厚度10cm,直径20cm,主加热炉产生的热量向两边土样平均传递,为使加热面温度分布均匀,试样两侧各有匀温,铜板紧贴,另外在主加热炉周边有一辅助加热炉,以保证加热量全部垂直炉面传递给土样。在土样的两侧各有测量表面温度的热电偶,辅助加热炉匀温,铜板上也装有测温热电偶,一共有六点热电偶,分别位于主炉中心上、主炉边上、边炉上、主炉中心下、主炉边下和边炉下。两侧用自来水冲刷冷却。

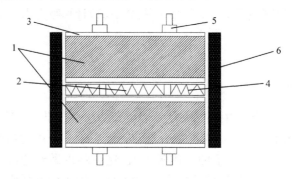

图 4.6　水分迁移试验装置

1-试样;2-主加热炉;3-流水冷却盘;4-辅助加热炉;5-冷却水喷管;6-保温层

取不同密度、不同初始含水量土样进行水分迁移试验,每个土样初始含水量是均布的。试验土样取自西安市南郊 $Q_3$ 黄土层(马兰黄土)。实验时,先将含水量均匀的土样装入试样筒,土样两端维持不同的温度,土样两端存在温差,在温度梯度作用下,土样中的水分将发生迁移现象,水分迁移又影响温度分布。因此,在水分迁移过程中,温度和水分分布均是非稳态的,需要不断地调节电压,以保持端部温度的恒定,一般在56h后,电压即保持稳定,这预示着土中的温度和水分分布均已呈稳定状态。在不同温度梯度作用下对不同密度和初始含水量土样进行试验,水分分布稳定后共测试得到17个土样的含水量分布,各个土样的温度梯度、密度和初始含水量是不同的。

从测试结果发现,对于初始含水量均布的土样,在两端施加温差后,土样中的含水量分布发生明显变化,冷端的含水量增大,热端的含水量减小,变化稳定后的含水量分布是不均匀的,近似呈直线分布。在温差作用下,土样两端的含水量差与初始含水量、土样密度和温差有关。总体来说,温差越大,土体密度越小,水分迁移特征越明显,土样两端含水量差越大。当初始含水量较大时,土样饱和度较高,温差引起的含水量差较小;当初始含水量较小时,因土样含水量小,温差引起的含水量差值较小;当初始含水量适中时,温差引起的含水量差值较大。

对各土样试验结果进行分析,考虑温度梯度、初始含水量和干密度的影响,可

得含水量达稳态分布时含水量梯度为

$$\mathrm{grad}\ w = -a(2+\gamma_d)^b(\mathrm{grad}\ T)^c \qquad (4\text{-}33)$$

式中，$w$ 为含水量；$T$ 为温度；$a$、$b$、$c$ 为参数，是含水量的函数。

对于本书实验而言，试验终了时的温度场和水分场虽然是稳态的，但土样中仍然存在液态水和气态水的逆向迁移，根据非饱和土孔隙中的饱和蒸汽压力和温度之间的关系，气态水迁移使热端含水量减小，冷端含水量增大，热端含水量减小使吸力增大，冷端含水量增大使吸力减小，吸力失衡使液态水从冷端向热端迁移，液态水和气态水迁移量在实验终了时达到均衡，因此试验终了时水分的稳态分布实际上是由动态达成的稳态分布。此时分别确定各水势分量显然是困难的。

式(4-33)是依据水分和温度稳态分布的一维试验结果得到的经验公式，但反映了影响水分迁移的各个主要因素，可用于非饱和土一维水分迁移的稳态分析。

对受基质势和温度势驱动的非饱和土一维水分迁移的稳态问题，当土体初始含水量分布且入渗和蒸发水量已知时，计算时先将一维土体分成 $n$ 段，假定达到稳态分布时任意段（$i$ 段）含水量为 $w_i$，则存在 $n$ 个未知数 $w_i(i=1,2,\cdots,n)$，因水分稳态分布时各段水势相等，按式(4-33)得到 $n-1$ 个方程，再根据初始土体含水量与入渗和蒸发水量之和等于稳态分布时的水量，补充一个水量平衡方程，即可通过解 $n$ 个方程得到水分稳态分布时的含水量分布。

### 4.2.4　相变界面水头

在非饱和土工程正温区域，水头由重力水头、基质吸力水头和温度水头组成，相变界面水头应取零。在已经冻结的区域，由于其中的自由水和部分结合水已冻结为冰，未冻结的强结合水本身是不流动的，受到约束的内层弱结合水的水分迁移量很小，可以忽略不计，取渗透系数为零，此时，计算水头对水分迁移已没有意义。但在冻结界面处，由于水相变为固相冰，冻胀产生新的孔隙，土中的固相成分增多，对水的作用力增强，冰晶对水产生抽吸力，使正温区域水分向冻结界面运移，此促使水向冻结界面运移的作用力，称为冻结界面相变水头 $h_c$，由相变引起，参照克拉伯龙方程，假定冻结界面相变水头为

$$h_c = \Phi(S_r) \cdot \frac{L\rho_w}{T_0 g}\Delta T \qquad (4\text{-}34)$$

式中，$L$ 为相变潜热；$T_0$ 为水冰点温度，K；$\Delta T$ 为相变温度区间，℃；$\Phi(S_r)$ 为饱和度的函数，反映土体含水量水平的影响。

根据式(4-34)即可计算冻结界面的相变水头。对融化界面，由于融化过程中，温度升高，未冻含水量增加，冻结层中的冰晶不可能抽吸水分，此时取 $h_c=0$。

## 4.3　非饱和土体水分迁移求解方法及特点

由于向后差分格式是无条件稳定的且不振荡,采用向后差分格式,有限元控制方程可表示为

$$\left([D]+\frac{[E]}{\Delta t}\right)\{h\}_{t+\Delta t}=\frac{[E]}{\Delta t}\{h\}_t+\{F\} \tag{4-35}$$

式中,$\Delta t$ 为时间步长。边界上的流速必须投影到边界的法线方向,然后将法向流速转换成节点流,列入$\{F\}$矩阵,入渗时节点流取为正,蒸发时节点流取为负。

求解方程(4-35),边界节点上的水头或流速必须给出,还必须知道初始水头,每一节点处的初始水头,均由该节点的重力水头、初始吸力水头和初始温度水头组成,相变区域还应加上相变水头。按式(4-35)计算,知道每一节点的初始水头后,即可由方程求解任一时刻各节点的水头$\{h\}$。由于方程是非线性的,渗透系数是基质吸力的函数,而基质吸力又与各节点处的水头有关,必须用迭代法求解。先估计各节点的渗透系数值,以此求解各节点的水头值$\{h\}$,进而再按式(4-36)求解各节点的基质吸力值:

$$\{u_a-u_w\}=(\{h\}-\{h_T\}-\{h_g\})g \tag{4-36}$$

然后根据实测的基质吸力与渗透系数关系曲线,调整与各节点基质吸力值相对应的各节点的渗透系数,再进行迭代计算。如此不断进行迭代计算,直至相邻两次迭代结算得到的各个节点水头的差值均小于事先规定的容许值。

在迭代计算中,为了保证收敛及加速收敛速度,采用低松弛因子$\varphi$,按式(4-37)进行调整:

$$K_w^{(n+1)}=\varphi \cdot \bar{K}_w+(1-\varphi)K_w^{(n)} \tag{4-37}$$

式中,$n$ 为迭代次数;$\bar{K}_w$ 为第 $n+1$ 次迭代计算值;$K_w^{(n+1)}$ 为调整值,根据此渗透系数调整值求水头。

求得某一时刻各个节点的基质吸力值后,便可根据实测的基质吸力与含水量关系曲线,确定各个节点的含水量,即确定该时刻的水分迁移结果。

在上述分析计算之前,必须通过实验得到两条曲线:基质吸力与渗透系数关系曲线,基质吸力与含水量关系曲线。这两条曲线均随温度发生变化,实验得到的是一定温度下的曲线。虽然温度水头实际上是温度影响下的基质吸力水头的变化,即温度变化时总吸力发生变化,但在根据基质吸力求含水量时,必须将基质吸力修正至测试温度值,即式(4-37)中必须减去 $h_T$,然后求出含水量。由于温度的变化会引起水的黏滞性发生很大变化,这对渗透系数的影响较大,所以在确定土中某点实际温度下的渗透系数时,需进行温度修正,修正值应根据不同温度下的渗透系数实验确定。

在冻结土中,由于自由水和外层弱结合水已经冻结成冰。强结合水受到土颗粒很强的约束力,已经失去了流体的性质,如同固体一样。在外力作用下,有可能迁移的水只有内层弱结合水,这一层水由于受到颗粒的约束力仍较大,再加上迁移通道狭窄,水在负温下的黏滞性又大,因此,冻土中的水分迁移是很小的,可以忽略不计,这已为实验所证实。基于此,取冻结土中的渗透系数为零。但对冻融界面下方附近的非饱和冻结土,其渗透系数则不能取为零。非饱和冻结土中的水冻结成固相冰,固相之间还有空隙,这时,冻土层上方融土底部的水便会在重力作用下向下入渗,在下方非饱和冻结土一定距离内冻结成冰,使土层的饱和度增大。在土变饱和的过程中,由于土中孔隙大小不一,其水分冻结成冰在时间上也是不一致的,先冻结的孔隙冰抬升上伏土层,使后冻孔隙增大,后冻孔隙增大后,水分便会继续入渗,后冻孔隙冻结后,又会增大前冻孔隙,孔隙增大,则水分入渗,这个过程不断进行,便形成冻结缘。当然,这个过程并不是恒速进行的,随着循环次数的增加,冻胀力增大,冻胀增量和水分迁移量减小,直至变为零,则冻结缘停止发育。这一方面还需作进一步研究,如水渗入冻土层多大距离才会冻结等问题,目前还很难把握。

## 4.4　非饱和土体气态水迁移方程

土体中的水分迁移,通常以液态水和气态水两种迁移方式进行。当土体饱和时,只存在液态水迁移,当土体非饱和时,液态水和气态水两种迁移方式可同时存在。对于非饱和土体中的气态水迁移,多位学者进行了温度梯度作用和含水量梯度作用的试验研究,试验揭示出,温度梯度和含水量梯度均可引起非饱和土体中的气态水迁移现象,而且这种现象是非常明显的。但由于问题的复杂性,目前还缺乏表述这一现象可靠的关系式,也缺乏对非饱和土体气态水迁移现象进行计算的有效方法。本节对这一问题进行研究。

非饱和土体孔隙气体包含水蒸气。水蒸气同其周围水体通常处于动平衡状态,水蒸气可以是欠饱和的、饱和的或是超饱和的。饱和状态时水蒸气同水处于平衡状态,蒸发和凝结以同样速率进行。超饱和状态时凝结速率大于蒸发速率,超量部分水蒸气不断凝结成液态水,直至达到饱和状态。欠饱和状态时蒸发速率大于凝结速率,水蒸气分压力不断增大直至达到饱和蒸气压。造成土体处于超饱和和欠饱和状态的原因主要在于温度的变化和气体的流动。对于实际工程土体而言,土孔隙中的气体流动可以忽略不计,可认为土中气体是停滞的。由于土体温度变化幅度及变化速度都比较小,土中孔隙尺寸又比较小,土体温度变化时孔隙中的液态水和气态水有充裕时间进行凝结或蒸发并达到或接近平衡状态,所以可认为孔隙中的水蒸气始终处于饱和状态。

由于认为孔隙中的气体是停滞的,则土体水气迁移主要由水蒸气的分子扩散而传输,从水气浓度高处扩散到浓度低处,这种问题用 Fick 理论描述。Fick 第一定律表述如下:扩散物质通过单位面积的流量与其浓度梯度成比例。对于单位面积和单位体积的土体,单位时间流量即扩散量按式(4-38)计算:

$$J_v = -D_v \frac{\partial C}{\partial y} \tag{4-38}$$

式中,$J_v$ 为通过单位面积的水气质量流量;$D_v$ 为水气扩散系数;$C$ 为单位土体中水气的质量,即水气浓度;$\partial C / \partial y$ 为在 $y$ 方向上的浓度梯度。

对于单位土体积,水气浓度可表示为

$$C = \frac{M_{vw}}{V_{vw}/(1-S)n} = \rho_{v0}(1-S)n \tag{4-39}$$

式中,$M_{vw}$ 和 $V_{vw}$ 分别为土中水气的质量和体积;$S$ 为土体饱和度;$n$ 为孔隙率;$\rho_{v0}$ 为孔隙中的水气密度。

由于认为土孔隙中的水气始终处于饱和状态,则水气密度可按式(4-40)确定:

$$\rho_{v0} = \frac{P_{v0}}{R_v T} \tag{4-40}$$

式中,$P_{v0}$ 为孔隙中水气在饱和状态时的压力;$R_v$ 为水气常数,$R_v = 0.4615 \text{kJ}/(\text{kg} \cdot \text{K})$。

根据上列各式得

$$
\begin{aligned}
J_v &= -D_v \frac{\partial C}{\partial P_{v0}} \cdot \frac{\partial P_{v0}}{\partial y} = -D_v \frac{\partial [P_{v0}(1-S)n]}{\partial P_{v0}} \cdot \frac{\partial P_{v0}}{\partial y} \\
&= -D_v \frac{(1-S)n}{R_v T} \cdot \frac{\partial P_{v0}}{\partial y}
\end{aligned}
\tag{4-41}
$$

由于孔隙水形成凹形弯液面,孔隙中的饱和蒸汽压力 $P_{v0}$ 要小于自由平展平面上的饱和蒸汽压力 $P_v$,蒸汽压力和弯液面曲率半径的关系可由下列 Kelvin 方程表示:

$$\frac{2\sigma}{r} = -\frac{\rho_w}{\rho_{v0}} \cdot \rho_{v0} \cdot \ln \frac{P_v}{P_{v0}} \tag{4-42}$$

式中,$\sigma$ 为弯液面表面张力,取负值;$r$ 为曲率半径;$\rho_w$ 为水的密度。

在非饱和土中,基质吸力 $(u_a - u_w)$ 使水气分界面产生弯曲,根据其受力平衡条件有

$$u_a - u_w = -\frac{2\sigma}{r} \tag{4-43}$$

将式(4-40)和式(4-43)代入式(4-42)得

$$u_a - u_w = \rho_w R_v T \ln \frac{P_v}{P_{v0}} \tag{4-44}$$

整理方程(4-44)得

$$P_{v0} = P_v \exp\left(-\frac{u_a - u_w}{\rho_w R_v T}\right) \tag{4-45}$$

根据方程(4-45)可知,只要 $P_v$ 已知,则 $P_{v0}$ 即可确定。在自由平展水平平面上,饱和蒸汽压力 $P_v$ 与温度 $T$ 存在单值关系,对不同温度下的饱和蒸汽压力进行分析回归,得到下述关系式:

$$P_v = B \cdot \exp\left(-\frac{F}{R_v T}\right) \tag{4-46}$$

式中,$B$ 为常量,$B = 2.315 \times 10^8 \text{kPa}$;$T$ 为绝对温度;常量 $F = 2489.3 \text{kJ/kg}$。

将式(4-46)代入式(4-45),得非饱和土孔隙中的饱和蒸汽压力为

$$P_{v0} = B \cdot \exp\left(-\frac{u_a - u_w}{\rho_w R_v T} - \frac{F}{R_v T}\right) \tag{4-47}$$

将式(4-47)及关系式 $S = w\rho_d/(n\rho_w)$ 代入式(4-41)得

$$J_v = -D_v \frac{B(n\rho_w - w\rho_d)}{\rho_w R_v^2 T^3} \cdot \exp\left(-\frac{u_a - u_w}{\rho_w R_v T} - \frac{F}{R_v T}\right)$$

$$\cdot \left[-\frac{T}{\rho_w}\frac{\partial(u_a - u_w)}{\partial y} + \left(F + \frac{u_a - u_w}{\rho_w}\right)\frac{\partial T}{\partial y}\right] \tag{4-48}$$

对于实际土体工程,由于受外界因素的影响,土体中的气态水迁移是非稳态的。若水气迁移仅在一个方向上发生,则属一维问题,取图 4.7 所示土体单元,通过该单元体的气态水净流量即土单元水量变化可由一定时间内流入和流出单元体的水气质量计算得到

$$\frac{\partial M_w}{\partial t} = J_v \mathrm{d}x\mathrm{d}z - \left(J_v + \frac{\partial J_v}{\partial y}\mathrm{d}y\right)\mathrm{d}x\mathrm{d}z \tag{4-49}$$

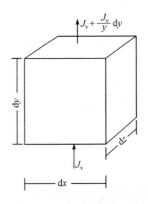

图 4.7 一维非稳态水汽流

整理式(4-49)得

$$\frac{\partial(M_w/V)}{\partial t} = -\frac{\partial J_v}{\partial y} \tag{4-50}$$

式中，$\partial M_w/\partial t$ 为单位时间土单元的水质量变化；$\mathrm{d}x$、$\mathrm{d}y$、$\mathrm{d}z$ 为土单元三个方向的长度；$V$ 为土单元体的体积，$V = \mathrm{d}x\mathrm{d}y\mathrm{d}z$。

根据土的三相比例关系有

$$\frac{M_w}{V} = \frac{M_w \rho_d}{M_s} = \rho_d w \tag{4-51}$$

式中，$\rho_d$ 为土的干密度；$M_s$ 为土单元体土颗粒质量。

将式(4-48)、式(4-51)代入式(4-50)得

$$
\begin{aligned}
\rho_d \frac{\partial w}{\partial t} = {} & \frac{D_v B(n\rho_w - w\rho_d)}{\rho_w R_v^2 T^3} \cdot \exp\left(-\frac{u_a - u_w}{\rho_w R_v T} - \frac{F}{R_v T}\right) \\
& \cdot \Bigg\{ -\frac{T}{\rho_w}\frac{\partial^2(u_a - u_w)}{\partial y^2} + \left(F + \frac{u_a - u_w}{\rho_w}\right)\frac{\partial^2 T}{\partial y^2} \\
& + \left(F + \frac{u_a - u_w}{\rho_w}\right)\left(\frac{F}{R_v T^2} + \frac{u_a - u_w}{\rho_w R_v T^2} - \frac{3}{T}\right)\left(\frac{\partial T}{\partial y}\right)^2 \\
& + \frac{1}{\rho_w^2 R_v}\left(\frac{\partial(u_a - u_w)}{\partial y}\right)^2 \\
& - \frac{2}{\rho_w R_v T}\left(F + \frac{u_a - u_w}{\rho_w} - \frac{3 R_v T}{2}\right)\frac{\partial(u_a - u_w)}{\partial y}\frac{\partial T}{\partial y} \\
& + \frac{T \rho_d}{n\rho_w^2 - w\rho_d \rho_w}\frac{\partial(u_a - u_w)}{\partial y}\frac{\partial w}{\partial y} \\
& + \left(F + \frac{u_a - u_w}{\rho_w}\right)\frac{\partial T}{\partial y}\frac{\partial w}{\partial y} \Bigg\}
\end{aligned}
\tag{4-52}
$$

对于一定的土，基质吸力主要受含水量影响，基质吸力沿 $y$ 方向的变化主要由含水量 $w$ 的变化引起，若已知土体的土水特征曲线有

$$\frac{\partial(u_a - u_w)}{\partial y} = -\frac{1}{f_i}\frac{\partial w}{\partial y} \tag{4-53}$$

式中，$f_i$ 为曲线上点$(u_a - u_w, w)$处切段的斜率。将式(4-53)代入式(4-52)，得非饱和土体中气态水迁移方程为

$$
\begin{aligned}
\frac{\partial w}{\partial t} = {} & \frac{D_v B(n\rho_w - w\rho_d)}{\rho_w \rho_d R_v^2 T^3}\exp\left(-\frac{u_a - u_w}{\rho_w R_v T} - \frac{F}{R_v T}\right) \\
& \cdot \Bigg\{ \frac{T}{\rho_w f_i}\frac{\partial^2 w}{\partial y^2} + \left(F + \frac{u_a - u_w}{\rho_w}\right)\frac{\partial^2 T}{\partial y^2} \\
& + \left(F + \frac{u_a - u_w}{\rho_w}\right)\left(\frac{F}{R_v T^2} + \frac{u_a - u_w}{\rho_w R_v T^2} - \frac{3}{T}\right)\left(\frac{\partial T}{\partial y}\right)^2
\end{aligned}
$$

$$+\left(\frac{1}{\rho_w^2 R_v f_i^2}-\frac{T\rho_d}{f_i(n\rho_w^2-w\rho_w\rho_d)}\right)\left(\frac{\partial w}{\partial y}\right)^2$$

$$+\left[\left(\frac{2}{\rho_w R_v T f_i}-\frac{\rho_d}{n\rho_w-w\rho_d}\right)\left(F+\frac{u_a-u_w}{\rho_w}\right)-\frac{3}{\rho_w f_i}\right]$$

$$\cdot\frac{\partial w}{\partial y}\frac{\partial T}{\partial y}-\frac{T}{\rho_w f_i^2}\frac{\partial f_i}{\partial y}\frac{\partial w}{\partial y}\Big\} \tag{4-54}$$

由于基质吸力与含水量有关,可记为

$$H(w,T)=\frac{D_v B(n\rho_w-w\rho_d)}{\rho_w\rho_d R_v^2 T^3}\exp\left(-\frac{u_a-u_w}{\rho_w R_v T}-\frac{F}{R_v T}\right)$$

$$a(w,T)=H(w,T)\frac{T}{\rho_w f_i}$$

$$b(w,t)=H(w,T)\left(F+\frac{u_a-u_w}{\rho_w}\right)$$

$$c(w,T)=H(w,T)\left[\frac{1}{\rho_w^2 R_v f_i^2}-\frac{T\rho_d}{f_i(n\rho_w^2-w\rho_w\rho_d)}\right]$$

$$d(w,T)=H(w,T)\left(F+\frac{u_a-u_w}{\rho_w}\right)\left(\frac{F}{R_v T^2}+\frac{u_a-u_w}{\rho_w R_v T^2}-\frac{3}{T}\right)$$

$$e(w,T)=H(w,T)\left[\left(\frac{2}{\rho_w R_v T f_i}-\frac{\rho_d}{n\rho_w-w\rho_d}\right)\left(F+\frac{u_a-u_w}{\rho_w}\right)-\frac{3}{\rho_w f_i}\right]$$

$$g(w,T)=-\frac{T}{\rho_w f_i^2}\frac{\partial f_i}{\partial y}$$

则土体气态水迁移方程(4-54)可简记为

$$\frac{\partial w}{\partial t}=a(w,T)\frac{\partial^2 w}{\partial y^2}+b(w,T)\frac{\partial^2 T}{\partial y^2}+c(w,T)\left(\frac{\partial w}{\partial y}\right)^2$$

$$+d(w,T)\left(\frac{\partial T}{\partial y}\right)^2+e(w,T)\frac{\partial w}{\partial y}\frac{\partial T}{\partial y}+g(w,T)\frac{\partial w}{\partial y} \tag{4-55}$$

从式(4-55)可以看出,气态水迁移由两部分组成,一部分是由温度梯度引起的,另一部分是由含水量梯度引起的,气态水迁移的动力是温度梯度和含水量梯度,气态水迁移现象是温度不均匀分布和含水量不均匀分布单独或共同作用的表现形式。这反映了实验所揭示的现象,即非饱和土体中的温度梯度和含水量梯度均可引起气态水迁移现象,因此经过前述推导得到的气态水迁移方程(4-55)是有实验基础的。

若水气迁移在两个方向上发生,同样可得各向同性土体二维气态水迁移方程为

$$\frac{\partial w}{\partial t}=a(w,T)\left(\frac{\partial^2 w}{\partial x^2}+\frac{\partial^2 w}{\partial y^2}\right)+b(w,T)\left(\frac{\partial^2 T}{\partial x^2}+\frac{\partial^2 T}{\partial y^2}\right)$$

$$+c(w,T)\left[\left(\frac{\partial w}{\partial x}\right)^2+\left(\frac{\partial w}{\partial y}\right)^2\right]+d(w,T)\left[\left(\frac{\partial w}{\partial x}\right)^2+\left(\frac{\partial w}{\partial y}\right)^2\right]$$

$$+e(w,T)\left(\frac{\partial w}{\partial x}\frac{\partial T}{\partial x}+\frac{\partial w}{\partial y}\frac{\partial T}{\partial y}\right)+g(w,T)\left(\frac{\partial w}{\partial x}+\frac{\partial w}{\partial y}\right) \tag{4-56}$$

为了研究土体中的气态水迁移现象,已有研究者进行了兰州黄土等温条件下水分迁移的试验研究,试验首先将制备好的含水量均匀的干土和湿土分别装入高10cm、内径2.7cm、一端密封的硬质塑料管中进行密封,干土样和湿土样的干密度和含水量分别为1.32g/cm³、1.52g/cm³和3.81%、14.06%,密封土样自然均匀一昼夜后将干、湿土样管密封口各一端打开,两两对接密封后放入恒温(10℃)酒精浴中,对接处留出宽约0.5cm的空间,在其中放上涂过凡士林的金属纱网,以便湿土部分中的水分只能以气态通过金属网孔向干土中迁移。

试验中气态水沿一个方向迁移,属一维问题,且在恒温条件下进行,此时,温度沿长度方向的变化为零。式(4-54)简化为

$$\frac{\partial w}{\partial t}=a(w,T)\frac{\partial^2 w}{\partial y^2}+c(w,T)\left(\frac{\partial w}{\partial y}\right)^2+g(w,T)\frac{\partial w}{\partial y} \tag{4-57}$$

试验边界条件为

$$\frac{\partial w(0,t)}{\partial y}=\frac{\partial w(l,t)}{\partial y}=0$$

试验初始条件为

$$w(y,0)=\begin{cases} 3.81\%, & 0\leqslant y\leqslant\frac{1}{2}l \\ 3.81\%+2.05\left(y-\frac{1}{2}l\right), & \frac{1}{2}l<y<\frac{21}{40}l \\ 14.06\%, & \frac{21}{40}l\leqslant y\leqslant l \end{cases}$$

式中,$l$ 为土样总长度,$l=20$cm。确定初始条件时,对接处宽度0.5cm的纱障段的含水量认为是均匀过渡。

由于试验在恒温条件下进行,式(4-57)中 $a(w,T)$、$c(w,T)$、$g(w,T)$仅与 $w$ 有关,$u_a-u_w$、$f_i$ 根据 $w$ 确定。对于黄土,按某粉土的基质吸力与含水量实验曲线确定,从试验曲线可以看出,当含水量在3%~19%区间变化时,基质吸力与含水量近似呈直线关系,此时,计算过程 $f_i$ 可取定值 $8.526\times10^{-6}$/kPa;$g(w,T)$等于零。同时,根据含水量沿 $y$ 方向的变化区间有 $u_a-u_w=(w_c-w)/f_i$,直线的截距 $w_c=23\%$。根据试验土样已知三相指标并参照有关文献,确定其他计算参数,对于0~10cm段土样,$n=0.51$,$\rho_d=1320$kg/m³。对于10~20cm段土样,$n=0.44$,$\rho_d=1520$kg/m³,$D_v=0.26\times10^{-4}$m²/s,$R_v=0.4615$kJ/(kg·K),$B=2.315\times10^8$kPa。采用差分法求解,历时144h的计算及试验结果如图4.8所示。

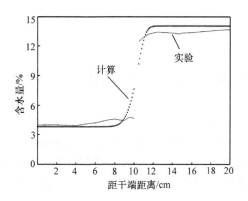

图 4.8　计算及实验含水量分布

从图 4.8 可以看出,在邻近干、湿土样接触区域,计算含水量变化大于实验结果,而在干、湿土样接触区域之外,计算含水量变化小于实验结果,这主要是液态水迁移影响的结果。在实验过程中,虽然在干、湿土样接触处设置纱网,但在干土段和湿土段内仍存在液态水迁移,当气态水迁移使邻近干、湿土样接触区域含水量变化时,干土段和湿土段内出现含水量梯度,驱使液态水迁移,使接触区域含水量变化变小,而使接触区域之外的含水量变化增大,计算结果与实验结果正好说明了这一点,这从一定程度上验证了计算方程及计算结果的可靠性。本书计算中只考虑气态水迁移,综合考虑气态水和液态水迁移还需进一步工作,此处不作进一步探讨。

本节基于现有土力学理论及流体力学理论,结合非饱和土体气态水迁移特征,推导得到非饱和土体中气态水迁移引起的含水量变化方程,方程揭示了气态水迁移的动力是温度梯度和含水量梯度,气态水迁移现象是温度不均匀分布和含水量不均匀分布单独作用或共同作用的表现形式,这反映了实验所揭示的现象。最后应用本书方程对实验结果进行了计算分析。需要说明的是,非饱和土体中的水分迁移通常以液态水和气态水两种方式同时进行,因此有必要就两种方式的混合迁移问题进行研究。

# 第 5 章　非饱和土水分迁移参数

采用非饱和土水分迁移计算模型进行计算之前,先需确定模型参数。非饱和土水分迁移计算模型参数有渗透系数及土水特征曲线参数等。本章取黄土和砂土土样,考虑密度等因素影响,对非饱和土水分迁移特征及参数的确定方法进行试验研究。进一步基于非饱和黄土气态水试验研究,对非饱和黄土气态水迁移特征进行探讨。

## 5.1　考虑密度影响的非饱和黄土渗透系数的试验研究

非饱和土的分布很广,在建筑、水利、公路等工程中经常遇到,其工程性质比较复杂,因此对非饱和土的研究日益受到人们的重视。黄土高原处于干旱、半干旱地区,年蒸发量大于降雨量,地下水位一般较深,这一地区的表层黄土土体一般是非饱和土。非饱和黄土的工程性质对这一地区的工程建设具有十分重要的意义,如非饱和黄土的渗流特性。非饱和黄土水分迁移现象导致的工程病害已经得到了重视。在研究非饱和黄土水分迁移问题时,确定渗透系数是一项重要任务。由于非饱和土中水是通过其占据的孔隙空间而发生流动的,所以在流动中水占有的孔隙空间是影响渗透系数的一个重要因素,即非饱和土渗透系数不是常数,它随含水量或饱和度发生变化。因此,通常把非饱和土渗透系数表达为饱和度或体积含水量的单值函数,并在此方面开展了大量研究工作。虽然目前已经认识到干密度对非饱和土渗透系数的影响,但实质性研究工作尚少,对干密度导致渗透系数的变化尚难以把握,对非饱和黄土在此方面的研究尚缺乏报道。基于此,本书考虑干密度影响,对非饱和黄土渗透系数进行试验研究。

取扰动黄土进行试验研究。试验黄土取自西安某基坑工程地表下 5m 深度处,其塑限为 18.4%,液限为 30.7%。首先室内配制不同干密度的压实黄土土样,然后采用水平土柱入渗法测试非饱和黄土水分扩散率,采用高速离心机法测试土水特征曲线,以确定非饱和黄土比水容。

图 5.1 为水平土柱法试验装置示意图。土柱壁由有机玻璃圆筒组成,每节长 5cm,直径 4.2cm,节与节之间以钟罩式结合形成嵌套式结构,以便试验结束时容易拆卸取样测定含水量。土柱首末加有挡板,并用螺杆紧固,土柱全长 75cm。在进水边界处,为保证土体含水量为饱和含水量,但又不产生重力水流,在进水室与土柱之间装置低气泡压力和高传导率的多孔板或滤网。马氏瓶为供水装置,用以

控制水平土柱的作用水头和测量进水量。

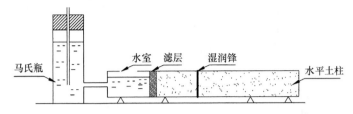

图 5.1　水平土柱法试验装置示意图

在忽略重力作用的情况下，可以把水分在土柱中的水平渗流运动看成一维水平扩散运动，其扩散方程和定解条件为

$$
\left.
\begin{array}{ll}
\dfrac{\partial \theta}{\partial t}=\dfrac{\partial}{\partial x}\left[D(\theta)\dfrac{\partial \theta}{\partial x}\right] & \text{(扩散方程)} \\[2mm]
\theta=\theta_0, x>0, t=0 & \text{(初始条件)} \\[2mm]
\theta=\theta_n, x=0, t>0 & \text{(边界条件)}
\end{array}
\right\}
\tag{5-1}
$$

式中，$\theta_0$ 为土柱均匀的初始体积含水量，$cm^3/cm^3$；$\theta_n$ 为水槽端土体的饱和体积含水量，$cm^3/cm^3$；$x$ 为土槽中某一点到土、水槽界面的距离，$cm$；$t$ 为试验持续时间，$min$；$D(\theta)$ 为土壤水分扩散率，$cm^2/min$。

采用玻尔兹曼变换，可将式(5-1)转化为常微分方程求解，得出 $D(\theta)$ 的计算公式：

$$
D(\theta)=-\frac{1}{2(d\theta/d\lambda)}\int_{\theta_0}^{\theta}\lambda d\theta
\tag{5-2}
$$

式中，$\lambda$ 为变换参数，且 $\lambda=xt^{-1/2}$。

试验时，首先制备足够的试样(风干土)，每节按一定容重装填土柱，土柱装好后，将螺杆旋紧，把土柱水平放置。然后瞬时给进水室充水，通过排气孔将室内空气排尽，关闭排气孔，计时并记下初始马氏瓶水位读数。经过测试时间 $t$ 后，停止供水，松开紧固螺杆，按节取出土壤，用称重法测定含水量，记下整个试验的历时及总水量。最后，根据土柱中含水量沿长度方向 $x$ 的分布，绘出 $\theta$ 与 $\lambda$ 的关系曲线。由此曲线可以求出相应于不同 $\theta$ 值的 $d\theta/d\lambda$ 和 $\int_{\theta_0}^{\theta}\lambda d\theta$ 值，再根据式(5-2)计算得到试验黄土的水分扩散系数 $D(\theta)$。

试验是在室温下进行的，测试结果如图 5.2 所示。图 5.2 揭示出，非饱和黄土水分扩散率随含水量的增大而单调加速增大。由于图中纵坐标采用了量级坐标，这一点未能直观反映，采用量级坐标也是测试结果出现波浪变化的原因，这只是这一坐标系统中出现的现象，实际上，黄土水分扩散率随含水量的增大是单调加速增大的。由于不同含水量非饱和黄土的水分扩散率可相差几个数量级，采用量级坐标是为了使各个量级数值均在坐标中得到反映。

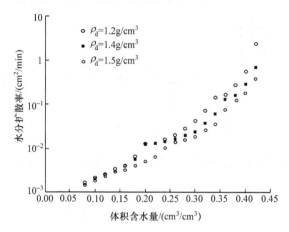

图 5.2　不同干密度黄土的水分扩散率与体积含水量关系

从图 5.2 可以看出,当体积含水量较大时,干密度对黄土水分扩散率的影响非常显著;当体积含水量较小时,干密度对黄土水分扩散率几乎无影响,此时,土体水分主要以结合水形态存在。因此,确定黄土水分扩散率时应充分考虑干密度的影响。

采用高速离心机法测试土水特征曲线。先在四个测试环刀中装入某一个容重土试样,然后将试样进行饱和,使其达到饱和状态。饱和后把四个试样放在离心机里,按事先设定好的转速进行脱水。达到一定时间后,由于离心力的作用,土样中的水会甩出来流入下面的容器中,称出容器中水的质量,同时记下转速和离心半径。根据称得的水的质量计算出土样的体积含水量,吸力水头根据式(5-3)计算:

$$h=1.118r(\text{rpm})^2 \tag{5-3}$$

式中,$r$ 为离心半径,cm;rpm 为转速,r/min;$h$ 为吸力水头,cm。体积含水量和吸力水头取四个试样的平均值。根据前面的步骤得到在另一个转速时的体积含水量和吸力水头。这样就可得到在这一个容重下的土样在不同水头下的不同体积含水量,即土水特征曲线。重复前面的步骤,即可得到不同容重下的土水特征曲线。根据测得的非饱和黄土土水特征曲线,便可确定非饱和黄土比水容。

分析确定土水特征曲线表达式及其参数,土水特征曲线常采用式(5-4)(van Genuchten 模型)描述

$$\theta(h)=\theta_r+\frac{\theta_s-\theta_r}{(1+|\alpha h|^n)^m} \tag{5-4}$$

式中,$h$ 为吸力水头;$\theta$ 为体积含水量;$\theta_r$ 为残留含水量;$\theta_s$ 为准饱和含水量;$\alpha$、$m$、$n$ 均为系数,$m=1-1/n$。

对三种干密度非饱和黄土的试验结果进行拟合分析,结果如表 5.1 所示。表

中,$r$ 为根据拟合参数所得计算结果与实测结果的相关系数。拟合结果表明,式(5-4)拟合土样水分特征曲线测试结果的精度是比较好的。

表 5.1　拟合结果

| 干密度 $\rho_d/(\mathrm{g/cm^3})$ | 残留含水量 $\theta_r/(\mathrm{cm^3/cm^3})$ | 准饱和含水量 $\theta_s/(\mathrm{cm^3/cm^3})$ | $\alpha$ | $n$ | $r$ |
|---|---|---|---|---|---|
| 1.2 | 0.05 | 0.55 | 0.1490 | 1.1848 | 0.9961 |
| 1.4 | 0.12 | 0.47 | 0.0194 | 1.3183 | 0.9970 |
| 1.5 | 0.16 | 0.43 | 0.0069 | 1.5543 | 0.9977 |

从表 5.1 可以看出,式(5-4)中的参数随干密度的变化而变化。进一步考虑干密度影响,以表 5.1 中参数 $\theta_s$、$\theta_r$、$\alpha$、$n$ 作为已知值,对其与干密度的关系进行拟合分析,拟合公式分别如下:

$$\theta_r = -0.38 + 0.36\rho_d \tag{5-5}$$

$$\theta_s = 1 - 0.38\rho_d \tag{5-6}$$

$$\alpha = e^{7.11 - 7.52\rho_d} \tag{5-7}$$

$$n = 0.359 + 0.414\rho_d + 0.222\rho_d^2 \tag{5-8}$$

$$m = 1 - 1/n \tag{5-9}$$

土体比水容为 $-\dfrac{\mathrm{d}\theta}{\mathrm{d}h}$,对式(5-4)求导后,将式(5-5)～式(5-9)代入,可得非饱和黄土比水容为

$$C(\theta, \rho_d) = (n-1)\alpha(\theta_s - \theta_r)\left(\frac{\theta - \theta_r}{\theta_s - \theta_r}\right)^{\frac{1}{m}}\left[1 - \left(\frac{\theta - \theta_r}{\theta_s - \theta_r}\right)^{\frac{1}{m}}\right]^n \tag{5-10}$$

然后对三种干密度非饱和黄土水分扩散率 $D(\theta)$ 的测试值进行回归分析,回归方程如下:

$$D(\theta) = e^{a\theta^2 + b\theta + c} \tag{5-11}$$

式中,$a$、$b$、$c$ 均为参数;$\theta$ 为体积含水量。拟合参数结果如表 5.2 所示,其中 $r$ 为计算结果与实测结果的相关系数。

表 5.2　拟合参数结果

| 干密度 $\rho_d/(\mathrm{g/cm^3})$ | $a$ | $b$ | $c$ | $r$ |
|---|---|---|---|---|
| 1.2 | 44.468 | $-5.608$ | $-5.173$ | 0.9897 |
| 1.4 | 60.738 | $-16.147$ | $-4.091$ | 0.9988 |
| 1.5 | 69.993 | $-22.573$ | $-3.442$ | 0.9878 |

从表 5.2 可以看出,参数 $a$、$b$、$c$ 随干密度是变化的,进一步考虑干密度影响,以表 5.2 数值 $a$、$b$、$c$ 作为已知值,对其随干密度的变化进行回归分析,回归公式如

式(5-12)~式(5-14)所示,参数如表5.3所示。

$$a = c_1 \rho_d + d_1 \tag{5-12}$$

$$b = c_2 \rho_d + d_2 \tag{5-13}$$

$$c = c_3 \rho_d + d_3 \tag{5-14}$$

表 5.3　拟合参数

| 干密度 $\rho_d$/(g/cm³) | $a$ | 参数 | $r$ |
|---|---|---|---|
| 1.2 | 44.468 | $c_1 = 84.55$ $d_1 = -57.152$ | 0.9789 |
| 1.4 | 60.738 | | |
| 1.5 | 69.993 | | |
| 干密度 $\rho_d$/(g/cm³) | $b$ | 参数 | $r$ |
| 1.2 | −5.608 | $c_2 = -55.999$ $d_2 = 61.756$ | 0.9874 |
| 1.4 | −16.147 | | |
| 1.5 | −22.573 | | |
| 干密度 $\rho_d$/(g/cm³) | $c$ | 参数 | $r$ |
| 1.2 | −5.173 | $c_3 = 5.7185$ $d_3 = -12.051$ | 0.9898 |
| 1.4 | −4.091 | | |
| 1.5 | −3.442 | | |

　　将式(5-12)~式(5-14)代入式(5-11),得到考虑干密度影响的黄土水分扩散率的表达式为

$$D(\theta, \rho_d) = e^{(c_1 \rho_d + d_1)\theta^2 + (c_2 \rho_d + d_2)\theta + c_3 \rho_d + d_3} \tag{5-15}$$

　　采用式(5-15)对三种干密度黄土在不同含水量下的水分扩散率进行计算,将计算结果与实测结果进行对比分析,得到二者相关系数如表5.4所示。从表5.4可以看出,采用式(5-15)拟合测试结果是比较合适的。

表 5.4　相关参数

| 干密度 $\rho_d$/(g/cm³) | $r$ |
|---|---|
| 1.2 | 0.9793 |
| 1.4 | 0.9854 |
| 1.5 | 0.9761 |

　　进一步确定非饱和黄土的渗透系数,渗透系数等于比水容和扩散系数的乘积,即非饱和土的渗透系数按式(5-16)确定:

$$K(\theta) = C(\theta)D(\theta) \tag{5-16}$$

将式(5-10)和式(5-15)代入式(5-16),可得考虑干密度影响的非饱和黄土的渗透系数为

$$K(\theta,\rho_\mathrm{d})=C(\theta,\rho_\mathrm{d})D(\theta,\rho_\mathrm{d}) \tag{5-17}$$

式(5-17)是根据试验结果得到的,具有一定的可靠性,可应用其对不同干密度、不同含水量黄土的渗透系数进行计算,以探讨非饱和黄土渗透系数随干密度和体积含水量的变化。图 5.3 为不同干密度非饱和黄土渗透系数随体积含水量的变化过程。图 5.4 为非饱和黄土在不同体积含水量时渗透系数随干密度的变化过程。

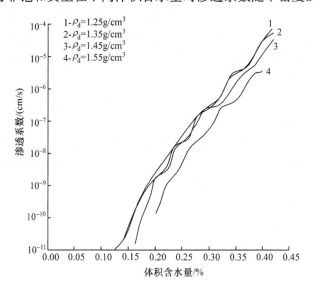

图 5.3　不同干密度非饱和黄土渗透系数随体积含水量的变化

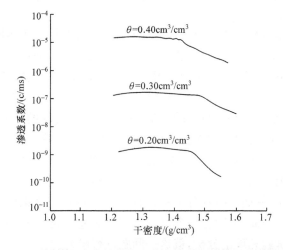

图 5.4　不同体积含水量非饱和黄土渗透系数随干密度的变化

从图 5.3 可以看出,非饱和黄土体积含水量的变化可导致其渗透系数产生几个数量级的变化;在干密度不变的情况下,渗透系数与体积含水量在量级坐标中呈现近似直线关系,表明渗透系数随体积含水量的增大而单调加速增大,这一情况类似于水分扩散率随体积含水量的增大过程。从绝对变化值来看,当含水量比较大时,渗透系数随体积含水量的变化比较大;体积含水量比较小时,渗透系数随体积含水量的变化相对比较小。计算曲线出现的波浪变化,以及曲线未直观显示渗透系数随着体积含水量的增大而单调加速增大的过程,同样是由于采用了量级坐标的缘故。从图5.4可以看出,当土体干密度比较小时,非饱和黄土在不同体积含水量时渗透系数随干密度的变化较小;当土体干密度比较大时,非饱和黄土在不同体积含水量时渗透系数随干密度的变化比较大,这表明密实黄土的渗透系数对干密度的变化比较敏感。

本节首先室内配制不同干密度的压实黄土土样,采用水平土柱入渗法测得不同干密度黄土水分扩散率与体积含水量的关系。试验结果揭示:当含水量较大时,干密度对黄土扩散率的影响非常显著;当含水量较小时,土体水分主要以结合水形态存在,干密度对黄土扩散率几乎无影响。然后采用高速离心机法测试得到不同干密度黄土土水特征曲线,并分析确定非饱和黄土比水容。进一步回归得到黄土水分扩散率与干密度的关系以及考虑干密度影响的非饱和黄土渗透系数的确定方法。最后分析非饱和黄土渗透系数随干密度和体积含水量的变化规律,结果表明,渗透系数随体积含水量的增大而单调加速增大,密实黄土的渗透系数对干密度的变化比较敏感。

## 5.2　考虑密度影响的非饱和砂土土水特征曲线研究

基质吸力是非饱和土体水分迁移的驱动力,主要由特定土样测得的土水特征曲线确定,此曲线反映了基质吸力随含水量的变化。为了确定基质吸力随含水量的变化关系式,Visser、Brooks、Corey和van Genuchten等先后进行了研究,提出了多个有代表性的经验公式,这些公式拟合了各自的试验土样测试结果,其效果很好,但仅考虑了含水量对基质吸力的影响,未考虑土体密度的影响,这是目前确定基质吸力普遍存在的问题。含水量变化对基质吸力的影响非常显著,密度变化对基质吸力也有很大影响,这在土体水、热、力三场耦合计算中是应该充分考虑的。黄土、膨胀土、冻土中的水分运移均可引起土体密度的变化,土体密度的变化又会引起基质吸力变化,从而影响水分运移进程。计算过程应该根据含水量和密度动态确定基质吸力。因此,同时考虑含水量和密度对基质吸力的影响是必要的,本节取灞桥砂土进行试验和理论分析,就这一问题进行研究。

采用南京土壤仪器厂有限公司生产的张力计进行基质吸力的测试,张力计主要由一个陶土管和一个真空表组成。陶土管是仪器的感应部件,具有许多细小的孔隙。陶土管被水浸润后,在孔隙中形成一层水膜,当浸润后的张力计插入土体时,陶土管水膜便同土体孔隙水连接起来,使仪器内部的水产生负压,此时,真空表的读数就是基质吸力。为了使仪器能够达到最大的灵敏度,使用之前要把仪器内部的空气清除干净,并在使用过程中定期检查集气管中的空气容量,保证其不超过集气管容积的一半。试验砂土取自西安市东郊灞桥,为粗砂,其粒度成分如表 5.5所示。

表 5.5　灞桥砂土粒度成分

| 粒径/mm | >10 | 10~5 | 5~2 | 2~1 | 1~0.5 | 0.5~0.25 | 0.25~0.1 | <0.1 |
|---|---|---|---|---|---|---|---|---|
| 含量/% | 0 | 0.59 | 7.74 | 30.24 | 40.61 | 16.06 | 4.17 | 0.59 |

　　在室内配制不同密度、不同含水量土样进行测试,试验期间室内温度波动不大($17\sim20.5℃$),读数时的温度控制在 $19\sim20℃$,可认为试验是在常温下进行的,不考虑温度的影响。试验时,首先将干密度分别控制为 $1.32g/cm^3$、$1.56g/cm^3$ 和 $1.67g/cm^3$,测定各种含水量土样吸力值,然后随机配制不同密度、不同含水量土样进行测试,部分测试结果如表 5.6所示。

表 5.6　基质吸力测试结果

| 干密度/(g/cm³) | 含水量/% | 基质吸力/kPa | 干密度/(g/cm³) | 含水量/% | 基质吸力/kPa |
|---|---|---|---|---|---|
| 1.32 | 2.4 | 45.2 | 1.56 | 2.7 | 46.4 |
| 1.32 | 2.9 | 25.1 | 1.56 | 3.9 | 7.3 |
| 1.32 | 3.3 | 17.4 | 1.56 | 5.6 | 2.8 |
| 1.32 | 4.5 | 5.8 | 1.56 | 7.0 | 1.8 |
| 1.32 | 5.6 | 3.8 | 1.56 | 8.4 | 0.9 |
| 1.32 | 6.3 | 2.0 | 1.59 | 3.0 | 25.2 |
| 1.32 | 8.1 | 0.9 | 1.60 | 2.6 | 40.1 |
| 1.37 | 3.4 | 14.2 | 1.60 | 3.3 | 13.6 |
| 1.41 | 2.1 | 53.4 | 1.66 | 3.3 | 13.0 |
| 1.46 | 3.5 | 10.8 | 1.67 | 2.3 | 40.6 |
| 1.48 | 1.2 | 67.2 | 1.67 | 2.6 | 29.2 |
| 1.49 | 2.6 | 39.4 | 1.67 | 2.9 | 20.8 |
| 1.52 | 4.5 | 3.8 | 1.67 | 3.5 | 10.4 |
| 1.54 | 3.7 | 7.0 | 1.67 | 4.0 | 5.7 |
| 1.56 | 1.0 | 78.6 | 1.67 | 5.0 | 2.8 |
| 1.56 | 2.0 | 60.8 | 1.67 | 6.4 | 1.2 |

　　从表 5.6可以看出,基质吸力随含水量的变化是非常显著的,随密度的变化也

比较明显,因此基质吸力的确定应该同时考虑含水量和密度两种因素。对于密度一定的土体,有关文献已经提出了多个公式,来表述基质吸力随含水量的变化规律,这些公式基本上是针对特定的土壤得到的,由于土质和密度的区别,采用这些公式拟合本节测试结果效果很差,这些公式并不是普遍适用的。为了探讨密度一定时砂土基质吸力随含水量的变化规律,对干密度分别为 1.32g/cm³、1.56g/cm³ 和 1.67g/cm³ 的测试结果进行回归分析,得到基质吸力的计算公式如下。

(1) 干密度为 1.32g/cm³ 时为

$$u_a - u_w = 6.8 \times 10^3 (1+w)^{-4.1} \tag{5-18}$$

(2) 干密度为 1.56g/cm³ 时为

$$u_a - u_w = 510.5 (1+w)^{-2.7} + 35/[(w-2)^{6.5}+1] \tag{5-19}$$

(3) 干密度为 1.67g/cm³ 时为

$$u_a - u_w = 7.9 \times 10^3 (1+w)^{-4.4} \tag{5-20}$$

式中,$u_a - u_w$ 为基质吸力,kPa;$w$ 为含水量,%。

根据式(5-18)~式(5-20)计算各自干密度下的基质吸力随含水量的变化过程,计算结果如图 5.5~图 5.7 所示。从图中可以看出,在含水量不小于 2% 的情况下,计算结果与实测结果是比较一致的,这说明上列公式对测试结果的拟合效果较好,公式反映了各自干密度下的基质吸力随含水量的变化规律。为了进一步探讨含水量和密度对基质吸力的综合影响,式(5-18)和式(5-19)的基础上,对测试结果进行分析,综合考虑含水量和干密度两种因素,得到基质吸力的确定关系为

$$u_a - u_w = a(1+w)^{-8.208\rho_d^{-2.5}} + \frac{b}{(w-2)^{6.5}+1} \tag{5-21}$$

其中

$$
\begin{aligned}
a &= 10^4 \times (50.28\rho_d^{-15.5} + 2.997\rho_d^2 - 8.64\rho_d + 6.187) \\
b &= 145.8\rho_d - 192.5
\end{aligned}
\tag{5-22}
$$

式中,$\rho_d$ 为干密度,g/cm³。

当干密度分别为 1.32g/cm³ 和 1.56g/cm³ 时,按式(5-21)对基质吸力随含水量的变化过程进行计算,计算结果如图 5.5 和图 5.6 所示,图中显示,当干密度为 1.32g/cm³ 时,式(5-21)的计算结果与式(5-18)的计算结果几乎是一致的;当干密度为 1.56g/cm³ 时,式(5-21)的计算结果与式(5-19)的计算结果几乎是一致的。将干密度介于 1.32g/cm³ 和 1.56g/cm³ 之间土样的计算结果示于表 5.7,比较表中计算值与实测值显示:式(5-21)拟合测试结果效果是比较好的。计算结果与测试结果的比较说明,在含水量不小于 2% 的情况下,当干密度取值在 1.32~1.56g/cm³ 区间时,采用式(5-21)作为考虑土体密度和含水量确定基质吸力的表述关系式是可靠的。

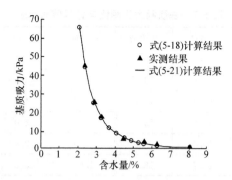

图 5.5　密度为 1.32g/cm³ 时基质吸力与含水量关系

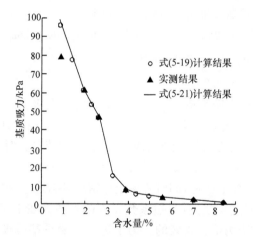

图 5.6　密度为 1.56g/cm³ 时基质吸力与含水量关系

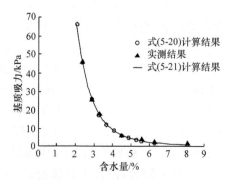

图 5.7　密度为 1.67g/cm³ 时基质吸力与含水量关系

表 5.7　基质吸力实测值与计算值对比表

| 干密度<br>/(g/cm³) | 含水量<br>/% | 实测值<br>/kPa | 计算值<br>/kPa | 干密度<br>/(g/cm³) | 含水量<br>/% | 实测值<br>/kPa | 计算值<br>/kPa |
|---|---|---|---|---|---|---|---|
| 1.35 | 2.7 | 33.8 | 33.2 | 1.51 | 2.6 | 41.5 | 40.45 |
| 1.37 | 3.4 | 14.2 | 14.8 | 1.52 | 4.5 | 3.80 | 4.10 |
| 1.41 | 2.1 | 53.4 | 53.7 | 1.59 | 3.0 | 25.2 | 25.66 |
| 1.46 | 3.5 | 10.7 | 9.90 | 1.60 | 2.6 | 40.1 | 40.23 |
| 1.48 | 3.1 | 17.7 | 18.5 | 1.60 | 3.3 | 13.6 | 13.79 |

当干密度取值大于 $1.56\text{g/cm}^3$ 时，仍可采用式(5-21)近似作为确定基质吸力的表述关系式，但其系数 $a$、$b$ 应按式(5-23)确定：

$$a = 10^4 \times (50.28\rho_d^{-15.5} - 1.45\rho_d^3 + 7.68\rho_d^2 - 12.418\rho_d + 6.187)$$
$$\qquad - 750(\rho_d^{2.3} - 2.781)w^{0.85} \tag{5-23}$$

$$b = 531.4 - 318.2\rho_d$$

采用式(5-21)，对干密度等于 $1.67\text{g/cm}^3$ 时的基质吸力随含水量的变化过程进行计算，计算结果如图 5.7 所示，图 5.7 表明：式(5-21)的计算结果与式(5-20)的计算结果几乎是一致的，而且计算结果反映了测试结果。对干密度介于 $1.56\text{g/cm}^3$ 和 $1.67\text{g/cm}^3$ 区间土样的计算结果示于表 5.7，由表 5.7 可知，计算结果与实测值是比较一致的。综上所述，同时考虑土体密度和含水量确定基质吸力时，可以采用式(5-21)作为表述关系式，虽然系数 $a$、$b$ 的表述式在干密度达到 $1.56\text{g/cm}^3$ 后发生变化，但基质吸力值是连续的。为了进一步探讨基质吸力随密度的变化规律，应用式(5-21)在含水量为 2.3%、2.6% 和 3.3% 时，对不同密度土体的基质吸力进行了计算，计算结果如图 5.8 所示。从图中可以看出，基质吸力随密度的变化是明显的。总体来说，含水量越低，变化趋势越明显，在含水量相同的情况下，当砂土从疏松状态逐渐变密时，吸力值先后经历变小、变大、又变小的过程。造成这一现象的原因，作者作如下初步分析：对砂土而言，土体中的浑圆、片状及针状细颗粒共同形成土体结构，以浑圆颗粒为主，片状颗粒及针状细颗粒形成的聚合体是不稳定的(特别是其中的边-面接触)。在含水量相同的情况下，如果将土中的水平均分配给各个土颗粒，则不论土体密度如何，每个土颗粒周围含水量是一样的，水主要聚集在土粒夹角处。当土体处于疏松状态时，片状颗粒及针状细颗粒形成的夹角部位较多，角边毛细作用使吸力较大，而且土体疏松时，土中孔隙较大，饱和度低，土粒间水膜较厚，相应的角边毛细水较少，这些都是吸力较大的原因。当土体变密时，片状颗粒及针状细颗粒形成的边-面结构首先破坏，趋向于面-面接触，夹角部位变少，原有夹角部位的水分被挤出，使圆颗粒夹角部位水量增大，同时，在土体变密过程中，土粒间的水膜变薄，也使夹角部位水量增大，从而使基质吸力变小，但这种变化因含水量而异。如图 5.8 所示,当含水量为 2.3% 和 3.3% 时,基质吸力变小是明显的,含水量为 2.6% 时,基质吸力则几乎没有变化。当土体继续变密时,圆颗粒将趋向紧密排列,颗粒间接触点增多,即夹角部位增多,单个夹角处的水量变少,故基质吸力增大。当土体比较密实后,颗粒间接触点的增多将很有限,此时孔隙的变小使饱和度增大,饱和度变大,则吸力变小。当然,上述分析只是初步的定性分析,还需要进一步就基质吸力随干密度的变化机理进行试验和理论研究。

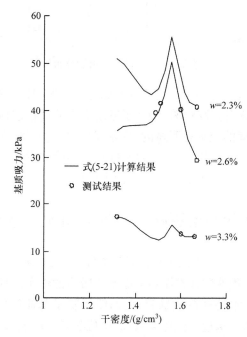

图 5.8　基质吸力随干密度的变化过程

取灞桥砂土进行室内一维水分迁移试验,先将含水量均匀的土样装入贮土管,管长 85cm,直径 8cm,周围及两端均密封,竖直装土后水平放置,初始状态含水量分布如图 5.9(a)所示。土样密度在试验过程中认为是不变的,试验结束时分段测试(分段长度 5cm),得到干密度分布如图 5.9(b)所示,其密度分布是不均匀的。土样放置两周后,测定其含水量分布,测试结果如图 5.9(c)所示,可以看出,含水量分布呈锯齿形。比较试验前后的含水量分布可以看出,由于密度不均匀分布,含水量分布从试验开始时的均匀分布变化到试验结束时的锯齿形分布,含水量的锯齿形分布主要是密度不均匀分布影响的结果。因此,密度对水分迁移进程的影响是不容忽视的,这说明同时考虑含水量和密度进行水分迁移计算的必要性。

目前确定基质吸力忽略了土体密度的影响,这不论从理论上,还是从应用方面都是不完善的。为此,本节选取霸桥砂土,进行了大量不同密度、不同含水量土样的基质吸力测试。经过对试验资料的分析研究,得到了三种密度下的基质吸力随

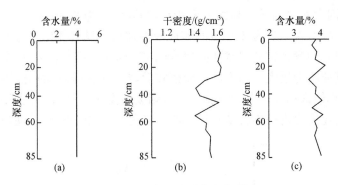

图 5.9　含水量及干密度分布

含水量的变化关系式,并进一步得到了既考虑土体密度,又考虑含水量的基质吸力表述关系式,最后经水分迁移试验,验证了密度对水分迁移进程的影响。研究结果表明,基质吸力随密度的变化是明显的,含水量越低,这一趋势越明显。在含水量相同的情况下,当砂土从疏松状态逐级变密时,吸力值先后经历变小、变大、又变小的过程,作者对造成这一现象的原因作了初步分析。

## 5.3　考虑温度和密度影响的非饱和黄土土水特征曲线研究

在黄土高原干旱、半干旱及地下水深埋条件下,工程黄土常处于非饱和状态,研究非饱和黄土的工程性质常常需要考虑基质吸力的作用。目前基质吸力主要依据特定土样测得的土水特征曲线确定,此曲线反映了基质吸力随含水量的变化。为了确定基质吸力随含水量的变化关系式,多位学者先后进行了研究工作,提出了多个有代表性的经验公式,这些公式拟合各自试验土样测试效果很好,但仅考虑含水量对基质吸力的影响,未能考虑土体密度和温度的影响。虽然对高塑性压实黏土的研究表明,在压实初期,基质吸力与初始含水量存在唯一性关系,与土的干密度无关,但也有研究成果表明,不同密度土的基质吸力存在显著差别,对于黄土,密度的影响尚需进一步研究。温度对基质吸力有影响。由于黄土高原气温日变幅较大,浅层土上下层温差大,随着气候变化浅层土温度变化也比较大,温度引起黄土基质吸力的变化会影响黄土的力学性质及水分运移的进程,这一点应该得到重视。综上所述,在有关黄土水、热、力三场耦合研究中,综合考虑含水量、密度和温度对基质吸力进行研究是必要的,此方面研究文献目前尚少。本节基于现有文献及非饱和黄土的测试结果,对此问题进行探讨,尝试探讨基质吸力随密度和温度的变化规律。

取扰动黄土进行试验研究,试验黄土取自西安市某工程场地地表下 5m 深度处,塑限 18.4%,液限 30.7%。室内配制不同密度的压实黄土土样,采用高速离心机法方法进行测试。试验温度分别控制为 5℃、15℃、25℃、35℃,测试结果如图 5.10～图 5.13 所示。测试吸力水头范围为 0～7189cm。为了充分揭示低吸力时的曲线特征,图中横坐标采用吸力水头的开方,即体积含水量 $\theta$ 与吸力水头 $h$ 的关系曲线绘制在 $\theta$-$h^{1/2}$ 坐标中。

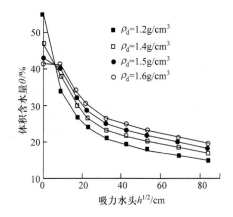

图 5.10　在 5℃时黄土的土水特征曲线

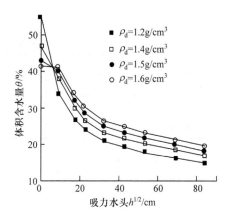

图 5.11　在 15℃时黄土的土水特征曲线

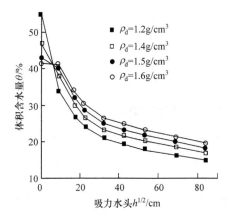

图 5.12　在 25℃时黄土的土水特征曲线

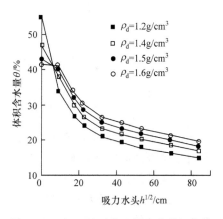

图 5.13　在 35℃时黄土的土水特征曲线

从图 5.10～图 5.13 可以看出,干密度 $\rho_d$ 对基质吸力的影响非常显著,这主要是密度变化引起土体孔隙尺寸和薄膜水曲率半径发生了变化。因此,确定基质吸力时应充分考虑密度的影响。

比较图 5.10～图 5.13 中同一密度土样在不同温度下的测试结果可以发现,相对于密度的影响,温度对基质吸力的影响不显著。图 5.14 为密度为 1.5g/cm³土样在不同温度时的测试结果,图中显示温度对基质吸力的影响不大,但并非没有影响。虽然 5℃、15℃、25℃、35℃时的曲线比较靠近,但较高温度时的曲线均在较低温度曲线的上方,不应简单将其归结为误差影响。当含水量较低或吸力较大时,曲线比较平缓,虽然吸力相同时在不同温度的含水量差别不大,同一含水量土样在不同温度时的吸力是有较大差别的。例如,对于干密度为 1.5g/cm³ 的土样,根据测试结果,体积含水量为 27.6% 时的吸力水头如表 5.8 所示。其他密度土样在不同温度时的曲线分布及其特征同图 5.14。

表 5.8　体积含水量为 27.6% 时的吸力水头

| 参数 | 温度/℃ | | | |
|---|---|---|---|---|
| | 5 | 15 | 25 | 35 |
| 吸力 $h$/cm | 859 | 731 | 694 | 626 |
| $h^{1/2}$/cm | 29.31 | 27.04 | 26.34 | 25.02 |

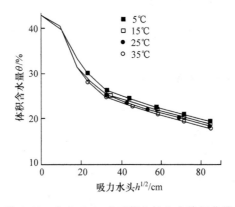

图 5.14　在 1.5g/cm³ 时黄土的土水特征曲线

从试验结果可以得出如下结论:密度对基质吸力的影响非常显著。相对而言,温度对基质吸力的影响不显著。对于一定含水量的土样,温度变化引起的吸力变化是有一定值的,这一吸力变化值在高含水量时较小,可以忽略不计,在低含水量时较大。温差越大,吸力变化越大。当研究非饱和土水分迁移问题时,因吸力相同时在不同温度的含水量差别不大,此时可不考虑温度对吸力的影响,但温差变化较大时不易忽略温度的影响。

土水特征曲线常采用式(5-24)描述:

$$\theta(h) = \theta_r + \frac{\theta_s - \theta_r}{(1 + |\alpha h|^n)^m} \tag{5-24}$$

式中,$h$ 为吸力水头;$\theta$ 为体积含水量;$\theta_r$ 为残留含水量;$\theta_s$ 准饱和含水量;$\alpha$、$m$、$n$ 均为系数,$m = 1 - 1/n$。式(5-24)表述了吸力水头和含水量的关系,文献已经证明了其对于非饱和土的适用性。但目前仅用于一定密度的土样,是否适用于本节测试结果,能否在其中考虑温度和密度的影响,以下对此进行探讨。

首先,对不同密度、不同温度土样试验结果分别进行拟合分析,拟合结果如表5.9所示。表中,$r$为根据拟合参数计算结果与实测结果的相关系数。拟合结果表明,式(5-24)拟合土样水分特征曲线测试结果是比较好的。残留含水量和准饱和含水量是土样的物理参数,其数值必然随密度的变化而变化,但温度对其影响可忽略,可不考虑$\theta_r$、$\theta_s$随温度的变化,表5.9结果表明了这一点。系数$\alpha$、$n$均随干密度$\rho_d$和温度$T$的变化而变化。进一步考虑密度和温度影响,以表5.9参数$\theta_r$、$\theta_s$、$\alpha$、$n$作为已知值,对其进行拟合分析。仅考虑密度对$\theta_r$、$\theta_s$的影响。

表5.9　拟合参数

| 温度/℃ | 参数 | $\rho_d/(g/cm^3)$ | | | |
|---|---|---|---|---|---|
| | | 1.2 | 1.4 | 1.5 | 1.6 |
| 5 | $\theta_r/\%$ | 5 | 12 | 16 | 19 |
| | $\theta_s/\%$ | 55 | 47 | 43 | 40 |
| | $\alpha$ | 0.1059 | 0.019 | 0.0065 | 0.0029 |
| | $n$ | 1.2431 | 1.3571 | 1.4527 | 1.7239 |
| | $r$ | 0.9986 | 0.9910 | 0.9732 | 0.9999 |
| 15 | $\theta_r/\%$ | 5 | 12 | 16 | 19 |
| | $\theta_s/\%$ | 55 | 47 | 43 | 40 |
| | $\alpha$ | 0.0980 | 0.0189 | 0.0069 | 0.0039 |
| | $n$ | 1.2617 | 1.3494 | 1.5378 | 1.5982 |
| | $r$ | 0.9989 | 0.9996 | 0.9924 | 0.9980 |
| 25 | $\theta_r/\%$ | 5 | 12 | 16 | 19 |
| | $\theta_s/\%$ | 55 | 47 | 43 | 40 |
| | $\alpha$ | 0.1490 | 0.0194 | 0.0069 | 0.0044 |
| | $n$ | 1.1848 | 1.3183 | 1.5543 | 1.5624 |
| | $r$ | 0.9961 | 0.9970 | 0.9977 | 0.9971 |
| 35 | $\theta_r/\%$ | 5 | 12 | 16 | 19 |
| | $\theta_s/\%$ | 55 | 47 | 43 | 40 |
| | $\alpha$ | 0.0990 | 0.0204 | 0.0072 | 0.0052 |
| | $n$ | 1.2484 | 1.3535 | 1.5231 | 1.5916 |
| | $r$ | 0.9686 | 0.9783 | 0.9797 | 0.9814 |

为了便于分析,分析$\alpha$、$n$时先考虑单因素影响,由于密度对基质吸力的影响很大,首先考虑干密度$\rho_d$的影响再进行拟合分析。拟合公式如式(5-25)~式(5-28)所示,参数如表5.10~表5.12所示。

$$\theta_r = j_1 + j_2 \rho_d \tag{5-25}$$

$$\theta_s = k_1 + k_2 \rho_d \tag{5-26}$$

$$\alpha = e^{b_1 + b_2 \rho_d} \tag{5-27}$$

$$n = c_1 + c_2 \rho_d + c_3 \rho_d^2 \tag{5-28}$$

**表 5.10　参数 $j_1$、$j_2$、$k_1$、$k_2$ 取值**

| $\rho_d$ | $\theta_r/\%$ | $\theta_s/\%$ | $j_1$ | $j_2$ | $r$ | $k_1$ | $k_2$ | $r$ |
|---|---|---|---|---|---|---|---|---|
| 1.2 | 5 | 55 | | | | | | |
| 1.4 | 12 | 47 | $-0.3833$ | 0.3606 | 0.9990 | 1.004 | 0.380 | 0.9984 |
| 1.5 | 16 | 43 | | | | | | |
| 1.6 | 19 | 40 | | | | | | |

注:$r$ 为相关系数。

**表 5.11　参数 $b_1$、$b_2$ 取值**

| 温度/℃ | $\alpha$ | $\rho_d/(g/cm^3)$ | $b_1$ | $b_2$ | $r$ |
|---|---|---|---|---|---|
| 5 | 0.1059 | 1.2 | 8.7215 | $-9.1197$ | 0.9993 |
| | 0.019 | 1.4 | | | |
| | 0.0065 | 1.5 | | | |
| | 0.0029 | 1.6 | | | |
| 15 | 0.098 | 1.2 | 7.5512 | $-8.2459$ | 0.9994 |
| | 0.0189 | 1.4 | | | |
| | 0.0069 | 1.5 | | | |
| | 0.0039 | 1.6 | | | |
| 25 | 0.149 | 1.2 | 7.1163 | $-7.5079$ | 0.9899 |
| | 0.0194 | 1.4 | | | |
| | 0.0069 | 1.5 | | | |
| | 0.0044 | 1.6 | | | |
| 35 | 0.099 | 1.2 | 6.2532 | $-7.0825$ | 0.9919 |
| | 0.0204 | 1.4 | | | |
| | 0.0072 | 1.5 | | | |
| | 0.0052 | 1.6 | | | |

**表 5.12　参数 $c_1$、$c_2$、$c_3$取值**

| 温度/℃ | $n$ | $\rho_d$/(g/cm³) | $c_1$ | $c_2$ | $c_3$ | $r$ |
|---|---|---|---|---|---|---|
| 5 | 1.2431 | 1.2 | 6.9037 | −9.1199 | 3.6718 | 0.9927 |
| | 1.3571 | 1.4 | | | | |
| | 1.4527 | 1.5 | | | | |
| | 1.7239 | 1.6 | | | | |
| 15 | 1.2617 | 1.2 | 2.5716 | −2.5959 | 1.2494 | 0.972 |
| | 1.3494 | 1.4 | | | | |
| | 1.5378 | 1.5 | | | | |
| | 1.5982 | 1.6 | | | | |
| 25 | 1.1848 | 1.2 | 0.3585 | 0.4139 | 0.2225 | 0.9528 |
| | 1.3183 | 1.4 | | | | |
| | 1.5543 | 1.5 | | | | |
| | 1.5624 | 1.6 | | | | |
| 35 | 1.2484 | 1.2 | 2.1753 | −2.0388 | 1.052 | 0.982 |
| | 1.3535 | 1.4 | | | | |
| | 1.5231 | 1.5 | | | | |
| | 1.5916 | 1.6 | | | | |

从表 5.10～表 5.12 可以看出,式(5-27)和式(5-28)的拟合结果是比较好的。但式(5-27)和式(5-28)的参数随温度是变化的。从表 5.11 可以看出,式(5-27)参数 $b_1$、$b_2$ 随温度是变化的。因此,考虑温度的影响,以表 5.11 中 $b_1$、$b_2$ 作为已知值,对其进行拟合分析。拟合公式如式(5-29)和式(5-30)所示,公式参数及拟合相关系数如表 5.13 所示。

$$b_1 = e_1 + e_2 T \tag{5-29}$$
$$b_2 = f_1 + f_2 T \tag{5-30}$$

**表 5.13　参数 $e_1$、$e_2$、$f_1$、$f_2$取值**

| 温度/℃ | $b_1$ | $e_1$ | $e_2$ | $r$ | $b_2$ | $f_1$ | $f_2$ | $r$ |
|---|---|---|---|---|---|---|---|---|
| 5 | 8.7215 | 8.9785 | −0.0784 | 0.9855 | −9.1197 | −9.359 | 0.0685 | 0.9998 |
| 15 | 7.5512 | | | | −8.2459 | | | |
| 25 | 7.1163 | | | | −7.5079 | | | |
| 35 | 6.2532 | | | | −7.0825 | | | |

从表 5.12 可以看出,式(5-28)参数 $c_1$、$c_2$、$c_3$ 随温度是变化的。因此,考虑温度影响,以表 5.12 中 $c_1$、$c_2$、$c_3$ 作为已知值,对其进行拟合分析。拟合公式如

式(5-31)～式(5-33)所示,公式参数及拟合相关系数如表5.14所示。

$$c_1 = g_1 + g_2 T + g_3 T^2 \tag{5-31}$$

$$c_2 = h_1 + h_2 T + h_3 T^2 \tag{5-32}$$

$$c_3 = d_1 + d_2 T + d_3 T^2 \tag{5-33}$$

**表 5.14 参数 $g_i$、$h_i$、$d_i$ 取值**

| 温度/℃ | $c_1$ | $g_1$ | $g_2$ | $g_3$ | $r$ |
|---|---|---|---|---|---|
| 5 | 6.9037 | | | | |
| 15 | 2.5716 | 10.509 | −0.779 | 0.0154 | 0.9960 |
| 25 | 0.3585 | | | | |
| 35 | 2.1753 | | | | |

| 温度/℃ | $c_2$ | $h_1$ | $h_2$ | $h_3$ | $r$ |
|---|---|---|---|---|---|
| 5 | −9.1199 | | | | |
| 15 | −2.5959 | −14.357 | 1.1402 | −0.0224 | 0.9992 |
| 25 | 0.4139 | | | | |
| 35 | −2.0388 | | | | |

| 温度/℃ | $c_3$ | $d_1$ | $d_2$ | $d_3$ | $r$ |
|---|---|---|---|---|---|
| 5 | 3.6718 | | | | |
| 15 | 1.2494 | 5.5619 | −0.414 | 0.0081 | 0.9992 |
| 25 | 0.2225 | | | | |
| 35 | 1.052 | | | | |

将式(5-29)、式(5-30)代入式(5-27),将式(5-31)～式(5-33)代入式(5-28),再将式(5-25)～式(5-28)代入式(5-24),可得综合考虑温度和密度影响的土水特征曲线表述关系式为

$$\theta(h, T, \rho_d) = \theta_r + \frac{\theta_s - \theta_r}{(1 + |\alpha h|^n)^m} \tag{5-34}$$

$$\theta_r = -0.38 + 0.36\rho_d \tag{5-35}$$

$$\theta_s = 1 - 0.38\rho_d \tag{5-36}$$

$$\alpha = e^{[(8.98-0.08T)+(-9.36+0.07T)\rho_d]} \tag{5-37}$$

$$n = (10.51 - 0.78T + 0.015T^2)$$
$$+ (-14 + 1.14T - 0.022T^2)\rho_d$$
$$+ (5.56 - 0.41T + 0.008T^2)\rho_d^2 \tag{5-38}$$

$$m = 1 - 1/n \tag{5-39}$$

最后,采用式(5-34)进行计算,将计算结果与测试结果进行对比分析,得到计算值与实测值的相关系数如表5.15所示。

表 5.15　相关系数

| 温度/℃ | $\rho_d/(g/cm^3)$ | | | |
| --- | --- | --- | --- | --- |
| | 1.2 | 1.4 | 1.5 | 1.6 |
| 5 | 0.9884 | 0.9953 | 0.9978 | 0.9628 |
| 15 | 0.9979 | 0.9943 | 0.9943 | 0.9704 |
| 25 | 0.9941 | 0.9767 | 0.9827 | 0.9605 |
| 35 | 0.9994 | 0.9846 | 0.9681 | 0.9608 |

从表 5.15 可以看出,式(5-34)的计算精度主要受密度控制,随温度的变化较小,说明温度的影响不大。若不考虑温度的影响,则在表 5.10~表 5.14 参数回归时,四个温度下参数取相同值进行分析,此时回归精度将降低。

本节取扰动黄土进行试验研究,测试得到了不同密度和温度黄土土样的土水特征曲线。试验资料揭示出:密度变化引起基质吸力的变化非常显著。相对而言,温度变化引起基质吸力的变化不显著。对于一定含水量的土样,温度变化引起的吸力变化值在高含水量时较小,可以忽略不计,而在低含水量时较大;温差越大,吸力变化越大。进一步基于试验资料的分析,得到了考虑密度和温度影响的土水特征曲线的表达式,并通过计算和测试结果的对比分析,验证了表达式的合理性。

## 5.4　非饱和土体气态水迁移特征的试验研究

非饱和土中水分迁移主要有液态水迁移和气态水迁移两种形式,通常情况下,非饱和土中这两种形式的迁移同时存在。对于液态水迁移的研究已进行了相当多,对于非饱和土气态水迁移问题也已有相关研究。虽然文献已经揭示出水气迁移的重要性及迁移原因,但目前对气态水迁移量的大小、影响因素及变化规律等尚未探明。本节通过试验研究,以黄土和砂土为例,对等温条件下气态水迁移规律及气态水迁移与混合迁移关系问题进行研究。

试验所用黄土土色褐黄,为黄土状土,其基本指标如表 5.16 所示。

表 5.16　黄土基本指标

| 土粒密度/(g/cm³) | 液限/% | 塑限/% | 塑性指数 | 土样定名 |
| --- | --- | --- | --- | --- |
| 2.70 | 29.6 | 18.0 | 11.6 | 粉质黏土 |

试验砂土粒度成分如表 5.17 所示。

表 5.17　砂土粒度成分

| 粒组/mm | >10 | 10~5 | 5~2 | 2~1 | 1~0.5 | 0.5~0.25 | 0.25~0.1 | <0.1 |
|---|---|---|---|---|---|---|---|---|
| 含量/% | 0 | 0.59 | 7.74 | 30.24 | 40.62 | 16.06 | 4.17 | 0.59 |

　　试验首先将制备好的一定含水量的干土(含水量较小)和湿土(含水量较大)分别装入高 10cm、一端密封的 PVC 管中,然后两两对接,对接处留出约 1cm 的空间,在其中放置纱网,以便湿土部分中的水分只能以气态水方式通过网孔向干土中迁移,再密封搁置,经过一段时间后测定含水量分布,试验装置如图 5.15 所示。进行非饱和土体液态水和气态水混合迁移试验时,将土样装入高 20cm、一端密封的 PVC 管中,先装入干土,后装入湿土,各装入高度 10cm,然后密封放置,经过一段时间后测定含水量分布。试验结果如图 5.16~图 5.24 所示。

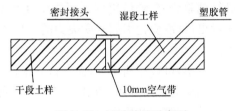

图 5.15　试验装置示意图

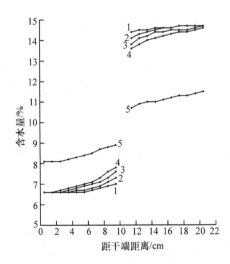

图 5.16　黄土气态水迁移结果

(1、2、3、4 为干段-湿段土样初始含水量为 6.6%~14.7%时经过 2 天、4 天、6 天、8 天的含水量分布;
5 为干段-湿段土样初始含水量为 8.1%~11.5%时经过 8 天的含水量分布)

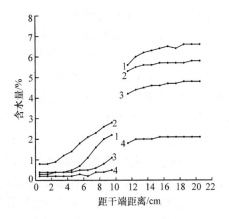

图 5.17　砂土气态水迁移结果

（1、2 为干段-湿段土样初始含水量为 0.2%～7.1%时经过 10 天、17 天的含水量分布；3、4 为干段-湿段
土样初始含水量分别为 0.2%～4.9%和 0.2%～2.1%时经过 17 天的含水量分布）

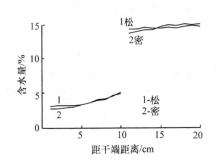

图 5.18　松散黄土与密实黄土初始含水量
17.89%～0.33%时经过 16 天的含水量分布

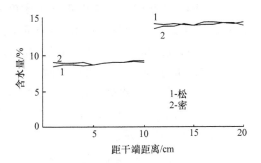

图 5.19　松散黄土与密实黄土初始含水量
15.14%～8.81%时经过 8 天的含水量分布

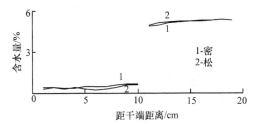

图 5.20　松散黄土与密实砂土初始含水量 5.56%～0.26%
时经过 8 天的含水量分布

图 5.16 显示出，在含水量梯度作用下，气态水迁移引起黄土含水量分布随时间不断变化，气态水迁移量随时间的增长不断增大，但随时间的变化是比较缓慢的；在经历相同时间后，如 8 天后的曲线 4 和曲线 5 所示，由于含水量梯度不一样，

气态水迁移量相差较大,曲线 5 只相当于曲线 4 的 65%。图 5.17 为粗砂气态水迁移测试结果,图中曲线 1 和曲线 2 的比较显示出,气态水迁移引起砂土含水量分布随时间不断变化,重分布的含水量在湿段土样比较均匀,在干段内则梯度较大,这主要与湿段土样和干段土样内不同的液态水迁移速度有关;比较曲线 2、3、4 可以发现,在干段初始含水量近似干燥条件下,随着干、湿土样含水量梯度的增大,气态水迁移量显著增大,在湿段土样初始含水量从 2.1% 增大到 4.9% 时,气态水迁移量增大幅度较小,但当湿段土样初始含水量从 4.9% 增大到 7.1% 时,虽然含水量增幅较前述小,但气态水迁移量增大幅度却大幅增大,因此气态水迁移量不仅与含水量梯度有关,也与含水量水平有关,而且与含水量呈现复杂的非线性关系。

土的密实度越大则其孔隙比就越小。对饱和土来说,孔隙比的减小会直接导致渗透系数的减小,使水流的速度减小,单位时间的迁移量也就减小。但对于非饱和土而言,孔隙气和孔隙水共同占有孔隙空间,此时,密实度变化是否影响气态水迁移,有必要对此进行研究。

在不同含水量组合下考虑不同密实度时气态水迁移的试验结果如图 5.18～图 5.20 所示。从图中可以看出,不论黄土还是砂土,以及在不同含水量组合条件下,密实度对气态水迁移量的大小基本没有影响,含水量的分布几乎不受密实度变化的影响。可见,对于气态水迁移而言,密实度并不是一个重要的影响因素。

非饱和土体中的水分迁移以液态水和气态水两种迁移方式同时进行,为了探讨气态水迁移量与两种方式混合迁移量的关系,本节进行了试验研究,试验结果如图 5.21～图 5.25 所示。

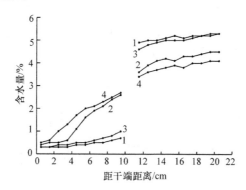

图 5.21　砂土气态水迁移和混合迁移结果

(1、2 为干段-湿段土样初始含水量为 0.26%～5.3% 时经过 8 天的含水量分布;3、4 为干段-湿段土样初始含水量分别为 0.26%～5.3% 时经过 16 天的含水量分布;1、3 为气态水迁移测试结果,2、4 为混合迁移测试结果)

图 5.21 表明,非饱和砂土中的气态水迁移和液态、气态水混合迁移均引起土样含水量分布随时间变化,气态水迁移量明显小于液态、气态水混合迁移量,经过

8 天时气态水迁移量只相当于液态水迁移量的 21%,16 天时这一比例达到 24%,16 天时的气态水迁移量是 8 天时的 1.42 倍,但 16 天时的液态水迁移量只是 8 天时的 1.24 倍,这些说明了在含水量梯度作用下,随着时间增加水分迁移使含水量梯度的降低,气态水迁移速度和液态水迁移速度均变小,但变小幅度不同,液态水迁移速度降低幅度较气态水大。

图 5.22 为干段-湿段黄土土样初始含水量为 7.2%~14.2% 时经过 12 天的气态水迁移和混合迁移结果,比较有隔网和无隔网的相同初始黄土土样的水分迁移试验结果,可以发现,气态水迁移量明显小于液态、气态水混合迁移量,若以通过干湿土样接触面的水量计算,气态水迁移水量约占液态水和气态水迁移总水量的 1/3,即气态水迁移水量约占液态水迁移水量的一半。

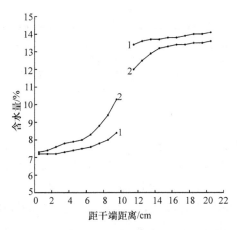

图 5.22  黄土气态水迁移和混合迁移结果

(1、2 为干段-湿段土样初始含水量为 7.2%~14.2% 时经过 12 天的含水量分布;1 为气态水测试结果,2 为混合迁移测试结果)

从图 5.23 可以看出,对于含水量组合为 8.61%~0.96% 的试验,气态水迁移量曲线基本与混合迁移量曲线十分接近。这一现象表明,对于这一含水量组合,气态水迁移量占总混合迁移量的很大比例,水迁移的主要形式就是气态水迁移。放置 8 天时,这一含水量组合气态水迁移量占混合迁移量的比例约为 95%。对于该试验黄土土样,其液态水大部分为结合水,自由水所占比例较小,液态水分受土矿物颗粒作用力较强,从而难以移动,此时水分迁移主要是气态水迁移,气态水迁移量占绝对主导地位。

黄土初始含水量 15.14%~8.81% 时经过 16 天的含水量分布如图 5.24 所示。图中显示出,气态水迁移量约占总混合迁移量的 50%。这一比例明显小于含水量组合 8.61%~0.96% 的相应数值。这主要与湿段土样的含水量大小有关。当土体含水量较大,含有较多易于迁移的自由水和弱结合水时,液态水迁移量占总混合迁移量份额有所增大,气态水迁移量所占份额有所减小。

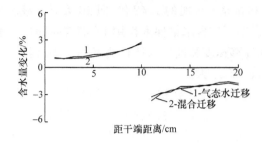

图 5.23　黄土初始含水量 8.61%~0.96% 时经过 8 天的含水量分布

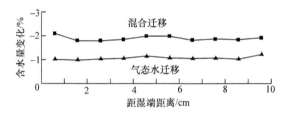

图 5.24　黄土初始含水量 15.14%~8.81% 时经过 16 天的湿段含水量分布

从图 5.25 可以看出,对于含水量为 17.89%~0.33% 的组合,气态水迁移量占总混合迁移量的比例约为 70%。与组合 15.14%~8.81% 相比,组合 17.89%~0.33% 的气态水迁移量大得多,混合迁移量较大,气态水迁移量所占比例也较大。与含水量 8.61%~0.96% 组合相比,组合 17.89%~0.33% 中气态水迁移量所占比例较小,这与湿段土样的含水量水平有关。

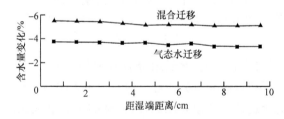

图 5.25　密实黄土含水量为 17.89%~0.33% 放置 16 天湿段气态水迁移量与混合迁移量的比较

对黄土和砂土土样进行水分迁移的试验研究表明,当土体中存在含水量梯度时,土体中即存在气态水迁移现象,气态水迁移引起的含水量分布的变化随时间的增加而增大,当时间足够长时,气态水迁移引起的含水量分布的变化是不容忽视的;气态水迁移引起的含水量分布的变化,随含水量梯度的减小而减小,这主要是由于当含水量梯度减小时,土孔隙蒸汽压力梯度减小,从而气态水迁移的驱动势减小;气态水迁移引起的含水量分布变化时,湿段土样含水量相对干段土样呈现较均匀的减小,干段土样在干湿土样接触区域附近变化较大(增大),远离接触面的干段土样中的含水量变化远小于接触区域附近;比较有隔网和无隔网的相同初始含水量土样的水分迁移试验结果,可以发现,气态水迁移量所占总混合迁移量的比例不是一成不变的,试验揭示出影响这一比例数值的主要因素有土质、含水量梯度、含水量水平、水分迁移时间等。当土体含水量较高时,气态水迁移量相对于液态水迁移是不显著的;当土体含水量较低时,气态水迁移量大于液态水迁移量。

对黄土和砂土土样进行水分迁移的试验研究揭示出,土质、含水量梯度和含水量水平等因素对气态水迁移有显著影响,密度对气态水迁移的影响可以忽略不计。影响气态水迁移量占混合迁移量比例数值的主要因素有含水量梯度、含水量水平、水分迁移时间。当土体水分主要以结合水存在时,含水量梯度影响下的气态水迁移量大于液态水迁移量;当土体存在较多自由水时,含水量梯度影响下的气态水迁移量小于液态水迁移量。

## 5.5　非饱和黄土结合水的类型和界限划分

黏土颗粒表面的负电荷和周围水分子偶极子、阳离子云等组成的双电层之内的水称为结合水,双电层之外的水称为自由水。结合水的物理力学性能的研究涉及力学、水力学和相界面物理学等,其特殊的物理力学性能,使其成为岩土工程、环境工程、土壤物理学、油气井工程等学科研究的共同问题之一。自 20 世纪以来国内外学者针对结合水的水合作用机理、形成、迁移、变化规律以及对土体的物理力学、物理化学性质的影响进行了相关的研究,并取得了相应的研究成果。黄土表面结合水的类型和界限、结合水膜的厚度、结合水的密度、结合水的脱水温度等问题均缺少定量的回答。

结合水自身物理力学性能的特殊性和复杂性以及其对黄土体物理力学性能的影响,特别在进行气态水迁移研究时,确定非饱和黄土结合水类型及含量显得尤为重要。因此,有必要对黄土表面结合水的类型和界限进行划分,并针对黄土表面结合水相关的物理力学性能进行研究。

目前,尚没有可以直接测定土体表面结合水的方法,土颗粒的分散性、非刚性、与结合水之间存在吸力等性质致使其难以满足体积分数法、黏度法、声学法等方法的相关假定。综合对比各试验方法,等温吸附法和热重分析法相结合的试验方法可以有效地就黄土表面结合水的相关性质进行研究。

在恒定温度下,测定单位重量固体物质所吸附的气体量随压力变化的方法称为等温吸附法。黄土中的黏土矿物能能吸附水分,等温吸附法可以测定干黄土在不同的相对湿度下吸附水汽达到平衡时的质量及其变化规律,进而分析干黄土粉的水合历程。土颗粒自气相中吸附水汽,气相的相对湿度影响土颗粒周围结合水化学势能和吸力大小。热重分析是一种测量待测样品的质量随温度变化关系的热分析技术,根据试验结果绘制出 $TG$ 曲线,即样品失重量 $G$ 与温度 $T$ 的关系曲线。$TG$ 曲线上的阶梯反映了样品质量在其所对应的温度区间内发生了变化,该温度也称为阶梯温度,阶梯温度可以作为鉴别样品发生物理变化或化学变化的定性依据。

试验所用土样取自西安市南郊 $Q_3$ 黄土层,土样呈黄褐色,其塑性指数为 16,属于粉质黏土。据文献可知,黏土矿物表面的结合水在 200~250℃ 将完全脱去,因此将风干黄土碾碎过 0.074mm 筛,取筛下土样在 250℃ 下烘至恒重。土样在 250℃ 时烘干失水计算所得的含水量定义为"绝对含水量"以区别现行土工试验方法标准中根据土样在 105~110℃ 烘干失水计算所得的含水量。采用 X 射线衍射仪(XRD)分析黄土的矿物成分;采用 X 射线荧光光谱分析仪(XRF)对黄土进行全量化学元素分析,测得其主要元素的相对含量;采用 BET 氮吸附法测定黄土比表面积。

试验时用分析天平秤取 10g 烘干土样放置在表面皿上,将表面皿置于不同相对湿度(RH=0.04~1.0)的干燥器内,对于 RH=0.04~0.98 的湿度环境,采用饱和盐溶液进行控制,对于 RH=1.0 的湿度环境,采用蒸馏水进行控制。并将干燥器放置在 25℃ 恒温箱内,箱体内温度波动控制为 ±0.2℃。每 24h 称重一次,直至吸附水汽达到平衡。试验结果表明不同相对湿度环境下,黄土吸附水汽达到平衡的时间为 8~10d。取在不同相对湿度环境下吸附平衡后的黄土做热重分析,测试温度为 27.5~500℃(试验时室温为 27.5℃),为了使结合水在对应温度区间内有效脱出,试验时升温速率控制为 10℃/min。

采用比重瓶法测量水合后黄土的密度,试验时把在不同湿度下水合后的黄土置于 50ml 比重瓶内,称量瓶和土样的总质量,向瓶内注入半瓶无水煤油,并在 1 个大气负压下真空抽气 1.5h。将抽气后的无水煤油注入装有试样悬液的长颈比重瓶内至刻度处,将比重瓶放置于 25℃ 恒温水浴中 30min,且瓶上部悬液澄清,取出比重瓶,擦干瓶外壁,称量比重瓶、煤油和试样的总质量,试验过程中各次称量均精确至 0.0001g。

从表 5.18 中可以看到,$Q_3$ 黄土的主要矿物成分为亲水性极弱或不亲水的石英、长石、方解石,其中石英的含量最高,三者的总量为 90.6%。黄土中的亲水性黏土矿物为伊利石和蒙脱石,二者的含量分别为 6.12%、3.28%。在该黄土中并未见到其他黏土矿物,如高岭石、绿泥石等。矿物成分及含量与西安地区 $Q_3$ 黄土的主要矿物及含量是一致的。

表 5.18　黄土的矿物组成

| 矿物 | 化学式 | 含量/% |
|---|---|---|
| 方解石 | $CaCO_3$ | 5.52 |
| 石英 | $SiO_2$ | 69.94 |
| 伊利石 | $K_2O \cdot 3Al_2O_3 \cdot 6SiO_2 \cdot 2H_2O$ | 6.12 |
| 长石 | $NaAlSi_3O_8$ | 15.14 |
| 蒙脱石 | $Al_2O_3 \cdot 4SiO_2 \cdot nH_2O$ | 3.28 |

从表 5.19 中可以看到,黄土中 $SiO_2$ 含量最高,为 55%,其次为 $Al_2O_3$、$Fe_2O_3$、$CaO$、$K_2O$、$MgO$、$Na_2O$。结合表 5.18 分析认为,$SiO_2$ 含量最高是由于黄土中含有大量的石英,$Al_2O_3$ 含量较高与黄土中所含的伊利石、长石和蒙脱石有关,$K_2O$ 含量较高为伊利石的特征。由于试验误差较大,表 5.19 中的数值仅用于定性认识黄土物质组成。

表 5.19　黄土的化学成分

| 氧化物 | 含量/% | 氧化物 | 含量/% | 氧化物 | 含量/% |
|---|---|---|---|---|---|
| $Na_2O$ | 1.05 | $TiO_2$ | 0.752 | $Rb_2O$ | 0.014 |
| $MgO$ | 2.348 | $V_2O_5$ | 0.017 | $SrO$ | 0.0248 |
| $Al_2O_3$ | 14.95 | $Cr_2O_3$ | 0.014 | $Y_2O_3$ | 0.0025 |
| $SiO_2$ | 55.00 | $MnO$ | 0.115 | $ZrO_2$ | 0.0318 |
| $P_2O_5$ | 0.0888 | $NiO$ | 0.005 | $Nb_2O_5$ | 0.002 |
| $SO_3$ | 0.071 | $CuO$ | 0.01 | $BaO$ | 0.073 |
| $K_2O$ | 2.899 | $ZnO$ | 0.0124 | $Rb_2O$ | 0.014 |
| $CaO$ | 4.649 | $Fe_2O_3$ | 5.835 | | |

黏土矿物的比表面积的大小对其吸附能力有显著的影响,比表面积越大则其吸附能力越强。黄土的 BET 吸附等温线和脱附等温线如图 5.26 所示。

根据国际纯粹与应用化学联合会(IUPAC)提出的等温线分类,黄土的等温线与典型的 Ⅳ 型等温曲线较为吻合。Ⅳ 型等温曲线由介孔(试验中测得黄土的平均孔径为 8.768nm,属于介孔 2~50nm)固体产生,其典型特征是等温线的吸附分支与等温线的脱附分支不一致,可以观察到迟滞回线,在 $p/p_0$ 较高区域以等温线的最终转而向上结束。其迟滞回线属于 H3 型,H3 型迟滞回线由片状颗粒材料如黏土吸附所产生,且在较高压力区内没有表现出任何吸附限制。

从图 5.26 中可以看到,相对压力在 0.05~0.35 范围内等温线基本呈线性变化,据此可以由 BET 吸附理论计算出黄土的比表面积。BET 等温吸附式如下:

$$\frac{p}{V(p_0-p)} = \frac{1}{V_\infty C} + \frac{C-1}{V_\infty C}\frac{p}{p_0} \tag{5-40}$$

式中,$V$ 为吸附气体的体积;$p$ 是被吸附气体的压力;$p_0$ 为试验温度下液体的饱和蒸汽压力;$V_\infty$ 是相当于在固体表面上铺满单分子层时被吸附气体在标准状态下的体积;$C$ 是与吸附热有关的常数。

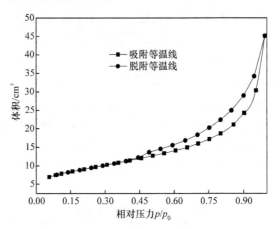

图 5.26　吸附等温线和脱附等温线($N_2$)

对大多数吸附系统而言,$p/p_0$ 在 0.05~0.35 范围内,$\dfrac{p}{V(p_0-p)}$ 对 $\dfrac{p}{p_0}$ 作图都是直线,其斜率为 $\dfrac{C-1}{V_\infty C}$,截距为 $\dfrac{1}{V_\infty C}$,这样从斜率和截距可求得单分子层吸附量为 $V_\infty=1/($斜率$+$截距$)$。

假定吸附分子式密堆积,可用式(5-41)算出固体的比表面积为

$$S=\frac{V_\infty N_A}{22400}\frac{A}{m} \tag{5-41}$$

式中,$N_A$ 为 Avogadro 常量,$N_A=6.022\times10^{23}$;$m$ 为吸附试验中所用土样的质量,$m=0.281$g;$A$ 为氮气的分子截面积,$A=1.62\times10^{-19}\,\mathrm{m}^2$。据此计算出黄土的比表面积 $S=31.96\,\mathrm{m}^2/\mathrm{g}$。

由于黄土不是由单一矿物组成的,其吸附结合水的能力主要由其亲水黏土矿物决定,非黏土矿物对其水合能力的影响很小。因此,下面计算结合水膜厚度时,有必要知道黄土中所包含的黏土矿物(伊利石、蒙脱石)的比表面积。

设黄土中所包含的方解石、石英、伊利石、长石、蒙脱石的比表面积分别为 $S_1$、$S_2$、$S_3$、$S_4$、$S_5$,其相对含量分别为 $W_1$、$W_2$、$W_3$、$W_4$、$W_5$,则黄土的比表面积为

$$S=\sum_{i=1}^{5}S_iW_i \tag{5-42}$$

对于粒径小于 $74\mu\mathrm{m}$ 的上述矿物的比表面积分别为 $5.42\mathrm{m}^2/\mathrm{g}$、$6.82\mathrm{m}^2/\mathrm{g}$、$118.9\mathrm{m}^2/\mathrm{g}$、$4.25\mathrm{m}^2/\mathrm{g}$、$576\mathrm{m}^2/\mathrm{g}$。由此计算所得的黄土比表面积为 $31.88\mathrm{m}^2/\mathrm{g}$,

与 BET 所测的黄土比表面积 31.96m²/g 基本相等,表明试验所用的黄土中各种矿物的比表面积按文献中取值与其实际值比较吻合。因此,计算黄土中黏土矿物的比表面积可以按文献中所给出的比表面积取值,黄土中参与吸附结合水的伊利石和蒙脱石的比表面积为

$$S_0 = (S_3W_3 + S_5W_5)/(W_3 + W_5) = 278.4m^2/g \qquad (5\text{-}43)$$

图 5.27 为黄土吸附水蒸气的等温吸附线,可以看出,黄土的绝对含水量随着相对湿度的增加而不断增加,也就是黄土吸附水汽的总量随着相对湿度的增加而增加。从 Frendlich 吸附方程可以给出定性的解释,其方程式如下:

$$q = mAc^{1/n} \qquad (5\text{-}44)$$

式中,$q$ 为吸附量;$c$ 为平衡时溶液浓度;$m$ 为吸附剂的质量;$A$ 为分配系数;$n$ 为经验常数。对等温吸附试验而言,式(5-44)中的变量仅为 $c$,而 $c$ 随着相对湿度的增加而增加,吸附量 $q$ 随着 $c$ 的增加而增加。

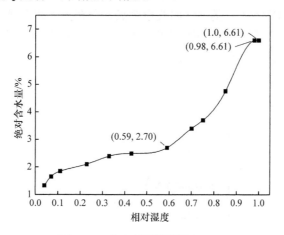

图 5.27  黄土吸附等温线($H_2O$)

黄土的吸附等温线上存在两个明显的拐点 RH=0.59 和 RH=0.98,所对应的绝对含水量分别为 2.70% 和 6.61%。据此可以把黄土的吸附等温线划分为三个区间:RH<0.59、RH=0.59~0.98、RH=0.98~1.0。在 RH=0.04~0.59 这个湿度区间内,其吸附等温线的变化较为平稳,近似为线性变化,并且与 Langmuir 单分子层吸附曲线非常吻合,表明在该区间内黏土矿物所吸附的水汽为单分子层,该过程黏土矿物与水以静电引力相互作用为主,属于物理化学吸附。静电引力来自于黏土矿物表面的负电荷和周围水分子的偶极子、阳离子。在 RH=0.59~0.98 这个湿度区间内,黄土的吸附等温线迅速上扬,并与 BET 多分子层吸附曲线较为吻合,表明在该区间内,黄土中的黏土矿物与水汽发生了多分子层吸附。黏土矿物与水分子之间的作用力以范德瓦耳斯力为主,范德瓦耳斯力是一种存在于土体原子尺度内的分子相互作用力,该过程属于物理吸附。当 RH>0.98 时,黄土基

本不再吸附水汽,说明在该湿度环境下,黄土自气相中吸附水汽已达到平衡。

　　综上所述,在上述三个不同的湿度区间内,黄土的吸附等温线表现为从单分子层吸附逐渐过渡到双分子层吸附、多分子层吸附,不同湿度区间内的吸附机制各不相同。

　　图 5.28 为黄土在不同相对湿度下吸附水汽达到平衡后的黄土的 TG 曲线。从图中可以看到,在 RH 为 0.33 和 0.59 的湿度环境下水合后的黄土的 TG 曲线只存在一个明显的热失重温度变化区间 125~245℃;对于在 RH 为 0.85、0.98 的湿度环境下水合后的黄土的 TG 曲线,存在两个明显的热失重温度变化区间 65~125℃和 125~245℃。由于篇幅的限制,这里只选取了按等温吸附试验所划分的各个湿度区间中的部分 TG 曲线。RH≤0.59 时的所有 TG 曲线均与 RH=0.33,059 相类似,只存在一个明显的热失重区间 125~245℃;对于 0.59<RH≤0.98 时的 TG 曲线均与 RH=0.85,0.98 相类似,存在两个明显的热失重区间 65~125℃和 125~245℃。RH=1.0 的 TG 曲线也明显地存在上述两个热失重区间,当温度小于 65℃时,与其他湿度环境下的 TG 曲线相同,其热失重量均非常小。据此可以把黄土的 TG 曲线划分为三个温度区间:125~245℃、65~125℃和室温~65℃。

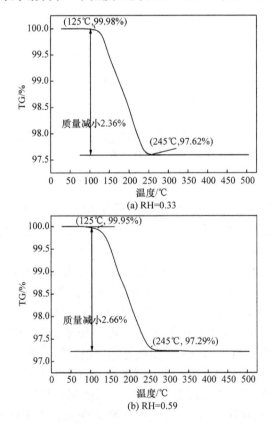
(a) RH=0.33

(b) RH=0.59

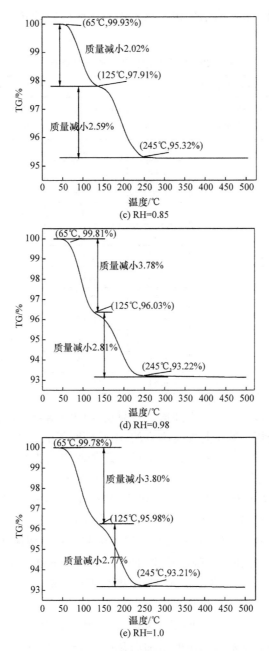

图 5.28　不同相对湿度下水合后黄土的热重曲线

如果把黄土在等温吸附法的三个不同湿度区间内所吸附的水分别定义为强结合水、弱结合水和自由水,并把热重试验中所划分的三个温度区间分别定义为强结合水、弱结合水和自由水的热失重区间,则可以分别计算出干黄土粉在不同湿度环境下吸附结合水的量和水合后的黄土在不同温度区间内的热失重量,计算结果如表 5.20 所示。

**表 5.20　等温吸附结果与热重分析结果**

| 相对湿度 | 等温吸附结果 | | | 热重分析结果 | | |
|---|---|---|---|---|---|---|
| | 强结合水含量/% | 弱结合水含量/% | 结合水含量/% | 强结合水含量/%（125~245℃） | 弱结合水含量/%（65~125℃） | 结合水含量/% |
| 0.04 | 1.33 | — | 1.33 | 1.29 | — | 1.29 |
| 0.07 | 1.65 | — | 1.65 | 1.63 | — | 1.63 |
| 0.11 | 1.85 | — | 1.85 | 1.86 | — | 1.86 |
| 0.23 | 2.10 | — | 2.10 | 2.14 | — | 2.14 |
| 0.33 | 2.40 | — | 2.40 | 2.42 | — | 2.42 |
| 0.43 | 2.49 | — | 2.49 | 2.51 | — | 2.51 |
| 0.59 | 2.70 | — | 2.70 | 2.66 | — | 2.66 |
| 0.70 | 2.70 | 0.07 | 2.77 | 2.69 | 0.09 | 2.78 |
| 0.75 | 2.70 | 1.00 | 3.70 | 2.65 | 1.01 | 3.66 |
| 0.85 | 2.70 | 2.06 | 4.76 | 2.59 | 2.02 | 4.61 |
| 0.98 | 2.70 | 3.91 | 6.61 | 2.81 | 3.78 | 6.59 |
| 1.00 | 2.70 | 3.91 | 6.61 | 2.77 | 3.80 | 6.47 |

从表 5.20 中可以看到,按上述假定计算所得的强结合水、弱结合水在等温吸附试验中和热重分析试验中是非常吻合的,由此证明了上述假定的正确性。因此,可以把黄土在 RH≤0.59 的湿度环境下所吸附的水定义为强结合水,其热失重区间为 125~245℃,其绝对含水量为 0~2.70%;黄土在 0.59<RH≤0.98 的湿度环境下所吸附的水定义为弱结合水,其热失重区间为 65~125℃,其绝对含水为 2.70%~6.61%;当 RH>0.98 时,黄土所吸附的水为自由水。由于 RH=0.98 接近于自由水的饱和蒸汽压力,所以在该湿度区间内黄土吸附水汽所形成的自由水的量非常有限,因此在等温吸附法中,RH=0.98 与 RH=1.0 时黄土的绝对含水量相等,均为 6.61%;在热重分析中当温度小于 65℃时,RH=0.98 与 RH=1.0 的湿度环境下水合黄土的热失重量也仅为 0.19% 和 0.22%。

由比重瓶法得到水合黄土的密度如图 5.29 所示。从图 5.29 中可以看出,水合后黄土的密度随着绝对含水量的增加而减小,二者近似为线性关系。水合后黄土的体积可由式(5-45)计算:

$$V_{hs} = m_{hs}/\rho_{hs} \tag{5-45}$$

式中,$V_{hs}$ 为水合黄土的体积;$\rho_{hs}$ 为水合后黄土颗粒的密度;$m_{hs}$ 为水合后黄土的质量。其计算结果如图 5.30 所示。可以看到,水合后黄土的体积随着绝对含水量的增加而增加,二者为线性关系。黄土体积的增加主要是因为土颗粒周围包裹有结合水。

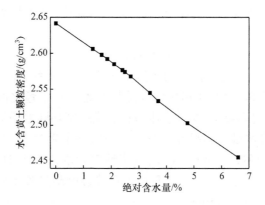

图 5.29　黄土密度与绝对含水量的关系

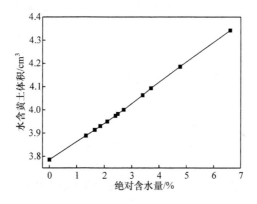

图 5.30　黄土体积与绝对含水量的关系

计算结合水相关的物理力学性能的表达式如下。

(1) 结合水的体积(忽略干黄土体积随含水量的变化)为

$$V_{hw} = V_{hs} - V_s \tag{5-46}$$

式中,$V_{hw}$ 为结合水的体积;$V_{hs}$ 为水合黄土的体积;$V_s$ 为干黄土粉的体积,$V_s = 3.79 \text{cm}^3$。

(2) 结合水膜厚度为

$$h_w = V_{hw}/S_0 \tag{5-47}$$

式中,$h_w$ 为结合水膜厚度;$V_{hw}$ 为结合水的体积;$S_0$ 为黄土中黏土矿物的比表面积,$S_0 = 278.4 \text{m}^2/\text{g}$。该处水膜厚度为假定厚度,其定义为:在既定的相对湿度下,脱水黏土矿物所吸附的水在矿物表面按照其表面积均匀分布时的最小厚度。

（3）结合水密度为

$$\rho_{w} = m_{w}/V_{hw} \tag{5-48}$$

式中，$\rho_{w}$ 为结合水的密度；$V_{hw}$ 为结合水的体积；$m_{w}$ 吸附结合水水的质量，其值可由式（5-49）计算：

$$m_{w} = m_{hs} - m_{s} \tag{5-49}$$

式中，$m_{hs}$ 为水合后黄土的质量，$m_{s}$ 为干黄土粉的质量；$m_{s} = 10g$。

图 5.31～图 5.33 为上述相关计算结果与绝对含水量之间的关系曲线。从图 5.31 和图 5.32 可以看出，结合水体积和水膜厚度均随着绝对含水量的增加而增加，二者与绝对含水量均为线性关系。当绝对含水量为 1.33％时，水膜厚度为 3.61Å，是水分子直径（2.77Å）的 1.3 倍，当绝对含水量为 6.61％时，水膜厚度为 19.9Å，为水分子直径的 7.2 倍。表明黄土在等温吸附过程中所吸附的水分子层从单分子层逐渐过渡到多分子层。

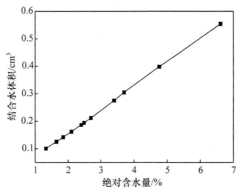

图 5.31　结合水体积与绝对含水量的关系

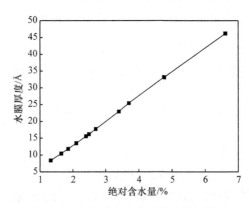

图 5.32　水膜厚度与绝对含水量的关系

图 5.33 表明结合水的密度随着绝对含水量的增加而减小，二者近似为线性关系。强结合水的平均密度为 1.30g/cm³，弱结合水的平均密度为 1.16g/cm³。

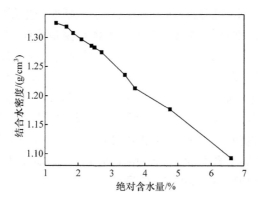

图 5.33　结合水密度与绝对含水量的关系

图 5.33 中,绝对含水量为 6.61% 时的结合水密度为 1.093g/cm³,大于 25℃时纯水的密度是由于图中该密度为绝对含水量 4.76%～6.61% 时的平均密度。

　　本节通过等温吸附法和热重分析法对黄土表面结合水的类型和界限进行了划分,并针对结合水相关的物理力学性能进行了研究。试验结果表明,黄土在相对湿度小于 0.59 的湿度环境下吸附水汽所形成的水为强结合水,黄土在相对湿度为 0.59～0.98 的湿度环境下吸附水汽所形成的水为弱结合水;强结合水所对应的绝对含水量的界限为 0～2.70%,弱结合水所对应的绝对含水量的界限为 2.70%～6.61%;强结合水的热失重区间为 125～245℃,弱结合水的热失重区间为 65～125℃。水合后黄土的密度、结合水的密度均随绝对含水量的增加而减小,水合后黄土的体积、结合水的体积、结合水膜的厚度均随绝对含水量的增加而增加。

## 5.6　考虑制样因素的黄土土水特征曲线试验研究

　　黄土作为一种填土可用于地基、路基、土坝等很多工程建设中。进行填土时,为了保证压实质量,要求土体含水量接近最优含水量,然后对土体进行压实,以提高土的强度,减小其压缩性和渗透性,从而保证地基和土工建筑物的安全。但受施工条件及施工措施的影响,在压实过程中往往面对含水量与最优含水量有很大差异的土体,此时,经常采用增大压实能量、增加压实遍数等方法将不同初始含水量土体压实到相同的干密度。对于不同初始含水量土体压实到相同的干密度的土样,水分迁移可使其达到相同的含水量,但土样的结构不同,这种制样差异得到的土样土水特征曲线也存在差异。

　　为了对此问题进行探讨,选取兰州及西安黄土,配置不同的制样初始含水量黄土压实得到相同干密度的黄土土样,然后增湿(减湿)到相同的含水量,进行压力板试验。基于试验研究地域差异及制样差异对黄土土水特征曲线的影响。

　　试验仪器采用土水特征曲线压力板仪,仪器包括四个主要组成部分:压力板仪组件、压力控制面板、垂直气动加载系统和水体积测量系统。试验采用进气值为5bar(1bar＝$10^5$Pa)的高进气值陶瓷板。所用试样为环刀取样,环刀尺寸为$\phi$70mm×19mm,每个试样施加50kPa、100kPa、150kPa、200kPa的气压,所有试样均先抽气饱和然后进行脱湿试验。在每级气压下,每24h记录一次数据,当左、右水体变量管不在显著变化时,增加气压到下一级所需的基质吸力值。

　　取兰州和西安的黄土,配置含水量分别为14％、16％、18％的黄土,压实制作相同干密度土样,控制干密度为1.7g/cm³,然后分别取黄土土样进行试验。得到兰州、西安土样土水特征曲线如图5.34所示。

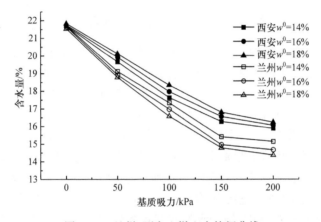

图 5.34　兰州、西安土样土水特征曲线

　　从图5.34中可以看出,对于相同密度、不同制样含水量的兰州土样、西安土样,其土水特征曲线形状相似。随着含水量的增大,基质吸力逐渐减小。随着基质吸力的增大,土水特征曲线的斜率逐渐变小,土样的失水速率逐渐降低。制样含水量对土样基质吸力有影响。在土样含水量相同时,兰州黄土的制样含水量越小,其吸力越大;西安黄土的制样含水量越小,其吸力越小。这一地域差异需要进一步探讨。土样含水量越小,制样差异引起的基质吸力差值越大。当土样含水量较小时,制样差异引起的基质吸力差异超过15％。西安土样土水特征曲线均位于兰州土样土水特征曲线簇的上方,说明在相同含水量条件下西安土样的基质吸力大于兰州土样的基质吸力。在相同含水量条件下,当制样含水量较小时,西安土样的基质吸力比兰州土样的吸力大,当制样含水量较大时,西安土样的基质吸力比兰州土样的基质吸力大。

　　非饱和黄土土水特征曲线影响因素较多,从理论上给出含水量与基质吸力的关系还存在一定的困难。许多研究者根据含水量与基质吸力之间的变化试验结果,采用不同方法拟合土水特征曲线特性,获得土水特征曲线模型。其目的是利用拟合模型推求土水特征曲线，即可通过有限的试验数据，描述、预测非饱和土的土水特征曲线。

　　采用 Fredlund-Xing 模型对试验结果进行分析。兰州土样 Fredlund-Xing 模型拟合曲线如图 5.35 所示，拟合参数如表 5.21 所示。

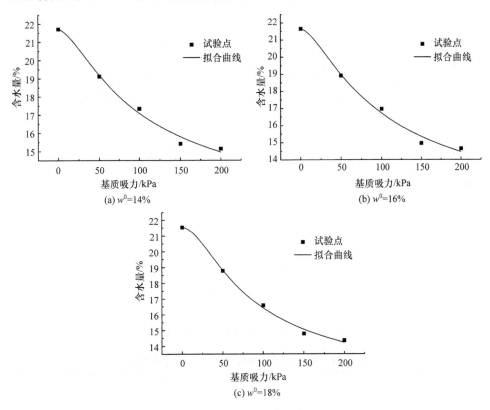

图 5.35　兰州土样 Fredlund-Xing 模型拟合曲线

**表 5.21　兰州土样 Fredlund-Xing 模型拟合参数**

| 制样含水量/% | 干密度/(g/cm³) | 参数 | | | | |
|---|---|---|---|---|---|---|
| | | $\theta_s$/% | $\alpha$ | $n$ | $m$ | $R^2$ |
| 14 | 1.7 | 21.703 | 44.146 | 1.557 | 0.393 | 0.9659 |
| 16 | 1.7 | 21.643 | 43.875 | 1.607 | 0.413 | 0.9699 |
| 18 | 1.7 | 21.536 | 39.927 | 1.837 | 0.367 | 0.9860 |

　　西安土样 Fredlund-Xing 模型拟合曲线如图 5.36 所示，拟合参数如表 5.22 所示。

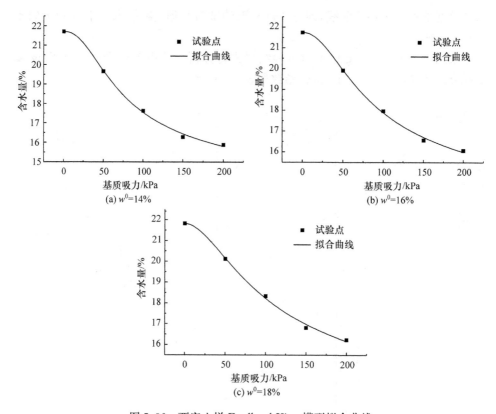

图 5.36　西安土样 Fredlund-Xing 模型拟合曲线

表 5.22　西安土样 Fredlund-Xing 方程拟合参数

| 制样含水量/% | 干密度/(g/cm³) | 参数 | | | | |
|---|---|---|---|---|---|---|
| | | $\theta_s$/% | $\alpha$ | $n$ | $m$ | $R^2$ |
| 14 | 1.7 | 21.707 | 38.252 | 2.334 | 0.233 | 0.9929 |
| 16 | 1.7 | 21.747 | 43.369 | 2.108 | 0.256 | 0.9940 |
| 18 | 1.7 | 21.825 | 51.142 | 1.838 | 0.302 | 0.9909 |

　　从拟合曲线和拟合参数可以看出,Fredlund-Xing 模型可以很好地描述试验土样的土水特征曲线,拟合试验数据的相关性高。因此,认为 Fredlund-Xing 模型为兰州土样、西安土样土水特征曲线的适宜模型,可用来描述和预测兰州土样、西安土样的土水特征曲线。$\alpha$ 值与进气压力有关,对于兰州土样,$\alpha$ 随制样含水量的增大而减小,即随着制样含水量的增大,土样的进气压力增大。西安土样 $\alpha$ 随制样含水量的增大而增大,即随着制样含水量的增大,土样的进气压力值减小。$n$ 与 $m$ 分别与土的孔径分布和特征曲线的整体对称性相关,相同制样结构西安土样的 $n$ 值

大于兰州土样的 $n$ 值,说明,西安土样的孔径分布较兰州土样孔径分布均匀。相同制样结构兰州、西安土样的 $m$ 值较接近,兰州土样的 $m$ 值略大于西安土样的 $m$ 值,说明两种土样土水特征曲线的斜率变化趋势较一致,兰州土样土水特征曲线的斜率略大于西安土样土水特征曲线的斜率。

试验得到一定含水量区间的基质吸力,利用拟合得到的 Fredlund-Xing 模型预测兰州、西安土样在更大含水量区间的土水特征曲线。将土水特征曲线与击实曲线相结合探讨制样含水量对兰州、西安土样土水特征曲线的影响。兰州、西安土样土水特征曲线与击实曲线双纵坐标图,如图 5.37 和图 5.38 所示。图中 $\rho_d$ 为干密度,$w$ 为含水量,$s$ 为基质吸力,$w^0$ 为制样含水量。

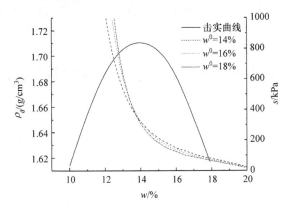

图 5.37　兰州土样土水特征与击实曲线

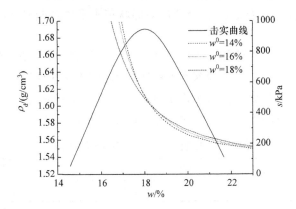

图 5.38　西安土样土水特征与击实曲线

从兰州、西安土样 Fredlund-Xing 方程预测的土水特征曲线可以看出,不同制样含水量的兰州、西安土样土水特征曲线均相交于一点。兰州土样土水特征曲线在含水量 14%、吸力为 375kPa 时相交,西安土样土样特征曲线在含水量 18%、吸力 525kPa 时相交。说明对于不同制样含水量的兰州、西安土样均存在一个相同的含水量和吸力状态,该状态受土样物质组成的影响。

兰州土样骨架颗粒较粗主要由粉粒和粉砂粒构成。西安土样黏粒含量及伊利石含量较高,其颗粒比表面积以及结合水含量较多。西安土样的塑性指数较兰州土样的塑性指数大,黏粒含量高,其结合水含量较高,相应的饱和体积含水量较大。相同含水量时西安土样的基质吸力大。同时,在相同基质吸力条件下,西安土样的储水能力较强。因而,不同制样含水量的兰州土样土水特征曲线交点处的吸力值小于西安土样土水特征曲线交点处的吸力值。

从图 5.37 和图 5.38 可以看出,不同制样含水量的兰州、西安土样土水特征曲线的交点与土样的最优含水量相对应(兰州土样的最大干密度为 1.71g/cm³、最优含水量为 14.3%;西安土样的最大干密度为 1.69g/cm³、最优含水量为 18.2%)。这是一个很有意思的现象,其进一步验证及机理性研究尚需进一步开展。

## 5.7 冻融循环对黄土渗透性各向异性的影响

黄土的渗透性具有明显的各向异性。干密度和冻融作为引起黄土渗透性变化的内因和外因,得到了国内外很多专家学者的研究,并取得了丰硕的研究成果。研究发现,经过冻融循环后土体的渗透系数在 1~2 个数量级变动。在季节性冻土地区,研究黄土渗透性对确定该地区黄土湿陷范围,解决由于水分入渗引起的房屋地基不均匀沉降、黄土滑坡等问题具有重要意义。目前取得的研究成果主要集中在冻融作用对重塑黄土渗透性影响方面,冻融对原状黄土渗透各向异性影响的研究尚不足。基于此,考虑密度影响,就冻融对原状黄土渗透各向异性的影响开展研究工作是必要的。

试验所用黄土取自西安市碑林区某基坑,为 Q₃黄土,呈淡黄色,土质比较均匀,孔隙比较发育。在基坑不同深度处取四种不同干密度原状黄土,土样取出后标定其上、下端,并用保鲜膜包裹,防止水分蒸发。试验所用黄土的物理指标平均值如表 5.23 所示。试验所用黄土的颗粒分析曲线如图 5.39 所示。

**表 5.23 试验用黄土的物理指标平均值**

| 密度/(g/cm³) | 含水量/% | 土粒相对密度 | 塑限/% | 液限/% | 孔隙比 | 饱和度/% |
|---|---|---|---|---|---|---|
| 1.77 | 18.00 | 2.73 | 19.05 | 33.09 | 0.82 | 59.93 |

对不同干密度的原状黄土分别削取水平向试样和竖直向试样,试样直径为61.8mm,高度为 125mm。制取不同干密度的重塑试样,重塑试样的尺寸与原状样的尺寸相同。

为了研究干密度对原状黄土渗透性各向异性的影响,不同干密度的试样经过真空抽气饱和后,采用 GDS 三轴渗透仪测定试样的饱和渗透系数,本节中的渗透

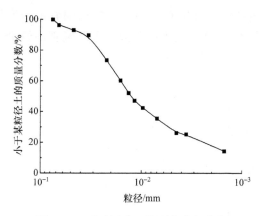

图 5.39　试验用黄土的颗粒分析曲线

系数均指饱和渗透系数。为了研究初始含水量不同的黄土样经过相同冻融次数后的渗透性的各向异性,对干密度相同的原状黄土水平样和竖直样,用水膜转移法调整其初始含水量,从而制备干密度相同,初始含水量分别为 19%、21%、23%、25%的试样。将制备好的试样用保鲜膜包裹,以避免冻融循环过程中水分的散失。把试样装入可控式冻融循环试验箱,设定低温为−20℃,冻结时间为 12h,高温为20℃,融化时间为 12h。在封闭系统下冻融循环 2 次后测定其饱和渗透系数。为了研究不同冻融次数对黄土渗透性各向异性的影响。制备干密度相同、初始含水量为 21%的试样,将制备好的试样用保鲜膜包裹,在封闭系统下冻融循环 2、5、10、15 次后测定其饱和渗透系数。

　　基于试验结果,分析干密度对黄土渗透性各向异性的影响。图 5.40 为重塑黄土渗透系数与干密度的关系曲线。图示表明重塑黄土的渗透系数随着干密度的增加而减小。

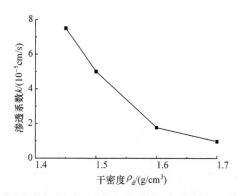

图 5.40　重塑黄土渗透系数与干密度的关系

图 5.41 为原状黄土渗透系数与干密度的变化关系曲线。从图中可以发现原

状黄土的水平向渗透系数 $k_x$ 和竖直向渗透系数 $k_z$ 随着干密度的增加均减小。对干密度相同的原状黄土,其水平向渗透系数大于其竖直向渗透系数,可见,原状黄土的渗透性沿不同方向具有明显差异。

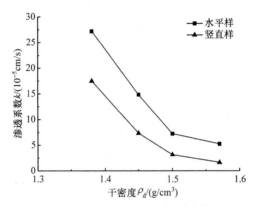

图 5.41　原状黄土渗透系数与干密度关系

图 5.42 为原状黄土水平向与竖直向渗透系数比值 $k_x/k_z$ 和干密度的关系曲线。从图中可以发现原状黄土水平向与竖直向渗透系数比值随着干密度的增加而增大,表明随着干密度的增加,原状黄土渗透性的各向异性趋于显著。

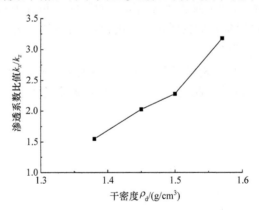

图 5.42　原状黄土渗透系数比值与干密度关系

重塑黄土及原状黄土的渗透系数随着干密度的增大均减小,这是因为渗透系数与孔隙比密切相关,渗透系数随孔隙比增大而减小。而孔隙比随干密度的增大而减小,故渗透系数随干密度的增大而减小。天然沉积的层状黏性土层,由于扁平状黏土颗粒的水平排列,土层水平向渗透系数大于竖直向渗透系数,表现出明显渗透性的各向异性。

图 5.42 表现出黄土渗透系数比值随干密度增加而增大,即黄土渗透各向异性

随干密度增大趋于显著。在某种程度上,事物的宏观现象是其微观结构的外部反映。进一步进行了电镜扫描试验,对不同干密度黄土的微观结构进行定量分析,表明随着干密度的增大,黄土孔隙的面积比例、定向度减小。黄土颗粒的面积比例、定向度增大。面积比例是描述对象所占区域大小的最基本指标。随着干密度的增加,颗粒的面积比例逐渐增大,而孔隙的面积比例逐渐减小,这与宏观孔隙比随干密度增加而逐渐减小是相对应的。定向度用于描述颗粒(或孔隙)排列的有序化程度,定向度越大,表明颗粒(或孔隙)的有序性越差。随着干密度的增加,颗粒的定向度有逐渐增大的趋势,有序性变差;而孔隙的定向度有减小的趋势,有序性变好。微观上孔隙定向度随着干密度增加而趋于减小,即孔隙有序性变好,这在一定程度上可以解释微观图像所表现出的现象。有关黄土孔隙定向度对渗透各向异性的影响还有待于进一步研究。

干密度相同、冻融时含水量不同的重塑黄土试样和原状黄土试样冻融循环 2 次后的渗透系数与冻融初始含水量关系如图 5.43 所示。干密度相同、冻融时含水量不同的原状黄土试样,冻融循环 2 次后的渗透系数与冻融初始含水量关系如

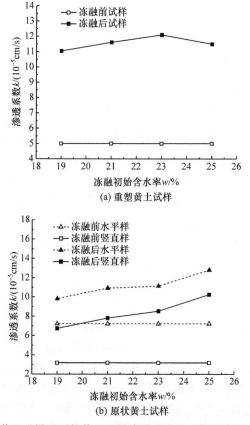

(a) 重塑黄土试样

(b) 原状黄土试样

图 5.43　重塑黄土试样和原状黄土试样冻融后渗透系数和冻融初始含水量关系

表 5.24 所示。试验所取原状黄土的干密度不可能完全相同,表中对原状黄土试样按照干密度从小到大排列可以解决干密度不尽相同的原状样对试验结果的影响。图 5.43(a)中重塑黄土(干密度 $1.50g/cm^3$)在不同初始含水量下冻融 2 次后的渗透系数变化表明,重塑黄土冻融后的渗透系数较冻融前明显增大,且随着冻融初始含水量的增加,重塑黄土冻融后的渗透系数先增大后略有降低。从图 5.43(b)中原状黄土冻融后的渗透系数与冻融初始含水量的关系可以看出,冻融后黄土的水平向渗透系数和竖直向渗透系数较冻融前明显增大,且冻融后黄土的渗透性随着冻融时试样初始含水量的增加而增强。图 5.43 也表明,封闭系统下冻融循环后黄土样渗透系数的变化情况与冻融时试样初始含水量密切相关。试样初始含水量越高,冻融循环破坏作用越强,即在封闭系统下的反复冻融过程中,初始含水量是影响试样渗透性变化的重要因素之一。

表 5.24　原状黄土冻融后渗透系数与冻融初始含水量关系表

| 组号 | 取样方向 | 试样干密度 /(g/cm³) | 初始含水量 $w/\%$ | 冻融次数 | 渗透系数 $k/(10^{-5}\,cm/s)$ | 渗透系数 比值 $k_x/k_z$ |
|---|---|---|---|---|---|---|
| 1 | 水平 | 1.50 | 19 | 2 | 9.82 | 1.46 |
| | 竖直 | 1.50 | 19 | 2 | 6.74 | |
| 2 | 水平 | 1.50 | 21 | 2 | 10.93 | 1.40 |
| | 竖直 | 1.50 | 21 | 2 | 7.82 | |
| 3 | 水平 | 1.51 | 23 | 2 | 11.14 | 1.31 |
| | 竖直 | 1.51 | 23 | 2 | 8.53 | |
| 4 | 水平 | 1.52 | 25 | 2 | 12.80 | 1.25 |
| | 竖直 | 1.52 | 25 | 2 | 10.24 | |

图 5.44 为黄土渗透系数比值与冻融时试样初始含水量之间的关系曲线。从图中可以看出,随着初始含水量的增加,黄土冻融后的渗透系数比值减小,表明随着冻融时试样初始含水量的增加,冻融后黄土渗透性的各向异性减弱。冻融循环过程中不同初始含水量的黄土试样受冻融作用的影响不相同,初始含水量较低时,由于水冻结成冰后产生的冻胀力较小及土体良好的结构对冻胀力的束缚,土样经过冻融后孔隙比有所增加,但变化量不大,其对土体结构性影响也相对较小。随着冻融时试样初始含水量增加,土体中水冻结成冰产生的冻胀力增大,对土颗粒联结的破坏作用增强,冻融循环过程中引起的孔隙净变形量会随着试样初始含水量的增加而增加,冻融对土样结构破坏作用也随着初始含水量的增加而增强。

图 5.45 为重塑黄土(干密度 $1.50g/cm^3$、冻融初始含水量 $w_0=21\%$)经过不同冻融次数后的渗透系数变化曲线。从图中可以看出,重塑黄土冻融后的渗透性较冻融前明显增大,且冻融后的渗透系数随着冻融次数的增加呈增大趋势。

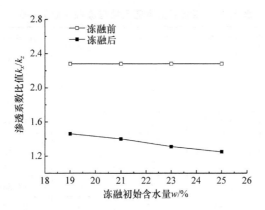

图 5.44　原状黄土冻融后渗透系数比值与冻融初始含水量关系

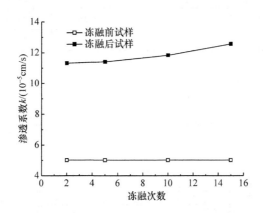

图 5.45　重塑黄土冻融后渗透系数和冻融次数关系

　　表 5.25 中,干密度不尽相同的原状黄土对试验结果的影响已于表 5.24 说明(表中符号意义同前),这里不再赘述。将表 5.25 中的试验数据绘于图 5.46。图 5.46(a)为原状黄土冻融后水平向及竖直向渗透系数随冻融次数的变化曲线。随着冻融次数的增加,黄土水平向及竖直向渗透系数先增大然后趋于稳定。黄土的渗透系数在冻融前 10 次变化显著,此后随着冻融次数增加,黄土的渗透系数趋于稳定。经过 5 次冻融循环后,黄土的竖直向渗透系数大于其水平向渗透系数,说明冻融对竖直向渗透系数的影响大于其对水平向渗透系数的影响。从图 5.46(b)可以看出,黄土渗透系数比值随冻融次数的增加而减小,最后趋于稳定。在前 5 次冻融循环过程中,渗透系数比值变化显著,经过 5 次冻融循环后渗透系数比值趋于稳定。

表 5.25　原状黄土渗透系数与冻融次数关系表

| 组号 | 取样方向 | 试样干密度 /(g/cm³) | 初始含水量 $w/\%$ | 冻融次数 | 渗透系数 $k/(10^{-5}\,\text{cm/s})$ | 渗透系数 比值 $k_x/k_z$ |
|---|---|---|---|---|---|---|
| 1 | 水平 | 1.50 | — | 0 | 7.23 | 2.28 |
| | 竖直 | 1.50 | — | 0 | 3.17 | |
| 2 | 水平 | 1.50 | 21 | 2 | 10.93 | 1.40 |
| | 竖直 | 1.50 | 21 | 2 | 7.82 | |
| 3 | 水平 | 1.51 | 21 | 5 | 10.72 | 0.78 |
| | 竖直 | 1.51 | 21 | 5 | 13.83 | |
| 4 | 水平 | 1.51 | 21 | 10 | 27.27 | 0.70 |
| | 竖直 | 1.51 | 21 | 10 | 38.79 | |
| 5 | 水平 | 1.52 | 21 | 15 | 26.58 | 0.68 |
| | 竖直 | 1.52 | 21 | 15 | 39.32 | |

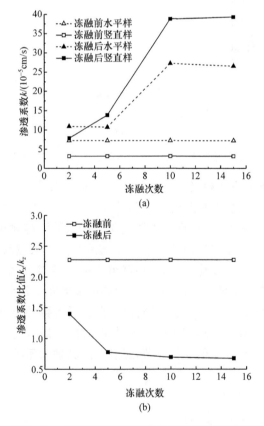

图 5.46　重塑黄土冻融后渗透系数和冻融次数关系

通过扫描电子显微镜拍摄了原状黄土竖直向放大 2000 倍的微观结构,显示冻融循环前土颗粒排列紧密,颗粒之间胶结明显。冻融循环后颗粒间的孔隙得以发育,颗粒之间的接触有松动,土中的胶结结构被破坏,经过一定次数冻融循环后颗粒之间产生孔隙和裂缝。冻融循环过程中不同冻融次数对试样造成的影响不相同。随着冻融次数增加,土中水经历反复的相变和迁移,在水分反复相变和迁移过程中对土颗粒及土孔隙产生作用力,土颗粒和土孔隙在这些作用力下不断调整和变化,形成大孔隙和微裂缝,孔隙内壁的粗糙程度及复杂程度降低,结构性显著弱化。当土体经过相当次数冻融循环后,土中孔隙状态趋于稳定,土中的水分迁移通道形成,土体结构达到新的平衡状态。土体渗透性随冻融次数不断增加也达到新的水平。

干密度可以引起黄土渗透性显著变化,当土的干密度较小时,黄土孔隙比较大,土体孔隙直径也相对较大,连通性较好,水流容易通过,故渗透性强。随着土体干密度的增大,黄土孔隙比减小,土体孔隙直径减小,连通性变差,水流通过孔隙的阻力增大,渗透性减弱。土体干密度较小时,孔隙有序性较差,随着土体干密度的增大,孔隙的有序性变好,孔隙的有序性在一定程度上可以影响黄土渗透各向异性的强弱。

冻融可以引起黄土渗透性显著变化。冻融循环过程中,随着温度在正负范围内波动,土中水会发生相变,由液相变成固相或由固相变成液相。当水由液相转变为固相时,冰晶生长、体积膨胀,对周围的土颗粒产生挤压,使土颗粒发生位移甚至破碎,同时也会改变孔隙的形态,使中、小孔隙合并而生成大孔隙,从而导致土中的大孔隙含量增加。在冻融循环过程中,土中水经历反复的相变和迁移,土颗粒和土孔隙受土中水分的状态变化而不断调整和变化,最终导致土体结构性的改变。从而使黄土渗透性的各向异性显著改变。

# 第6章　非饱和土体水分迁移工程问题分析

非饱和土体大面积暴露于空间,受降雨、蒸发等自然因素的影响,实际工程非饱和土体水分会发生迁移,引起土体水分场及工程性质的变化,从而导致一系列工程病害的发生。非饱和土地区大部分土体工程病害与水有关。因此,对非饱和土体水分场(水分迁移结果)进行分析,对于保证工程安全是十分必要的。本章基于第4章和第5章的内容,针对非饱和黄土路基、边坡及地基工程,对其水分迁移过程及水分场变化规律进行探讨。

## 6.1　非饱和黄土路基水分场的数值分析

黄土路基病害产生的原因有很多,其中水是一个重要的影响因素。黄土地区每年的降水很不均匀。一般来说夏秋多雨、冬春干旱,这就造成了黄土含水量往往随季节呈动态变化。由于黄土路基周边边界条件的差异,黄土路基中含水量的变化并不是均匀的。黄土含水量对土体强度有显著的影响,因此含水量不均匀变化可导致强度不均匀,从而使变形不均匀,不均匀变形可导致黄土路基出现一系列的病害。因此,对黄土路基含水量随气候的变化过程进行研究是必要的。有关黄土路基含水量随气候变化的文献尚比较少。基于此,参考相关文献,本章基于非饱和土水分迁移模型,对非饱和黄土路基水分场变化问题进行研究,重点对非饱和黄土水分迁移参数进行探讨,建立适用于非饱和黄土路基水分场计算的数值模型,实现对黄土路基水分场变化过程的计算,为进一步研究路基水分场变化引起的变形和稳定性问题提供基础资料。

由于气候变化造成路基中的含水量分布不断随时间变化,所以黄土路基中的水分场是非稳态的。路基问题可简化为二维问题,二维非稳态渗流问题的有限元方程为

$$[D]\{h\}+[E]\left\{\frac{\partial h}{\partial t}\right\}=\{F\} \tag{6-1}$$

式中,$[D]$为刚度矩阵;$\{F\}$为反映边界条件的流量矢量列阵;$[E]$为容量矩阵;$\{h\}$为水头列阵。

采用向后差分格式,式(6-1)即

$$\left([D]+\frac{[E]}{\Delta t}\right)\{h\}_{t+\Delta}=\frac{[E]}{\Delta t}\{h\}_t+\{F\} \tag{6-2}$$

式中，$\Delta t$ 为时间步长。

　　刚度矩阵元素是节点坐标和渗透系数 $k_w$ 的函数，容量矩阵元素是单元面积和系数 $m_2^w$ 的函数，$m_2^w$ 是基质吸力变化引起的水的体积变化系数。对计算区域进行网格划分后，单元面积和节点坐标也就确定。

　　对降雨入渗问题，主要考虑重力势和基质吸力对水分迁移的影响，水头 $h$ 由重力水头和基质吸力水头 $h_u$ 组成。对于蒸发问题，需考虑温度影响，水头 $h$ 由重力水头、温度水头和基质吸力水头 $h_u$ 组成。基质吸力 $u_a-u_w$ 是孔隙气压力与孔隙水压力的差值，其值随土中含水量的减小而增大，饱和土的基质吸力等于零，基质吸力一般通过实测得到，知道基质吸力 $u_a-u_w$ 后，便可按式(6-3)计算吸力水头 $h_u$：

$$h_u=\frac{u_a-u_w}{\rho_w g} \tag{6-3}$$

　　基质吸力与含水量关系曲线常采用式(6-4)描述：

$$\theta(h_u)=\theta_r+\frac{\theta_s-\theta_r}{[1+|\alpha h_u|^n]^m} \tag{6-4}$$

式中，$h$ 为吸力水头，cm；$\theta$ 为体积含水量；$\theta_r$ 为残留体积含水量；$\theta_s$ 准饱和体积含水量；$\alpha$、$m$、$n$ 为系数，$m=1-1/n$。

　　基质吸力和土体密度和温度有关，作者实测得到了考虑密度和温度影响的基质吸力与含水量的关系。研究夏秋季节降雨入渗问题时，可不考虑温度变化影响，温度取定值，但考虑密度变化影响。考虑密度变化影响，得到式(6-4)参数的如下：

$$\theta_r=0.36\rho_d-0.38 \tag{6-5}$$
$$\theta_s=1-0.38\rho_d \tag{6-6}$$
$$\alpha=e^{7.12-7.51\rho_d} \tag{6-7}$$
$$n=0.36+0.41\rho_d+0.22\rho_d^2 \tag{6-8}$$

式中，$\rho_d$ 为干密度，g/cm³。

　　基于式(6-4)，按式(6-9)确定水的体积变化系数 $m_2^w$：

$$m_2^w=-\frac{d\theta}{d(u_a-u_w)}=-\frac{1}{\rho_w g}\frac{d\theta}{dh_u} \tag{6-9}$$

将式(6-4)代入式(6-9)得

$$m_2^w=mn(\theta_s-\theta_r)\alpha\frac{|\alpha h_u|^{n-1}}{\rho_w g(1+|\alpha h_u|^n)^{m+1}} \tag{6-10}$$

　　将式(6-5)～式(6-8)代入式(6-10)，计算得到黄土干密度分别为 1.3g/cm³、1.4g/cm³、1.5g/cm³ 和 1.6g/cm³ 时体积变化系数 $m_2^w$ 与体积含水量 $\theta$ 关系曲线，如图 6.1 所示。从图中可以看出，因 $m_2^w$ 是基质吸力的函数，而基质吸力与含水量密切相关，$m_2^w$ 随体积含水量 $\theta$ 的变化而变化。除此之外，$m_2^w$ 还明显受干密度的影响，三种密度时体积变化系数 $m_2^w$ 与体积含水量 $\theta$ 关系曲线的差异性明显表示了这一点。比较几种密度计算结果可以发现,在相同基质吸力条件下,密度变化引起的 $m_2^w$ 值的变化在低基质吸力(饱和度较大)时比较大,在高基质吸力时比较小。

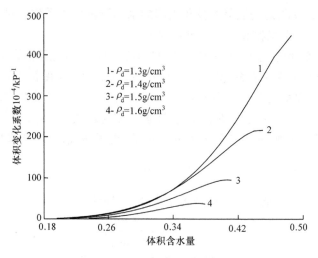

图 6.1　体积变化系数与体积含水量关系曲线

基于水平土柱入渗法测试结果,考虑密度影响,得到非饱和黄土水分扩散率与含水量的关系

$$D = e^{(a\theta^2 + b\theta + 5.7\rho_d - 12)} \tag{6-11}$$

式中,$a$、$b$ 为系数,$a = 84.5\rho_d - 57.1$,$b = 61.8 - 56.0\rho_d$。

非饱和土的渗透性系数等于比水容和扩散率的乘积,比水容即 $m_2^w$ 与水重度的乘积。基于式(6-10)和式(6-11)确定系数 $m_2^w$ 和扩散率后,便可进一步确定非饱和黄土的渗透性系数为

$$k_w = \rho_w g m_2^w D \tag{6-12}$$

根据式(6-12),计算得到干密度分别为 $1.3\text{g/cm}^3$、$1.4\text{g/cm}^3$、$1.5\text{g/cm}^3$ 和 $1.6\text{g/cm}^3$ 时非饱和黄土渗透系数与体积含水量 $\theta$ 关系曲线,如图 6.2 所示。从图 6.2 可以看出,非饱和黄土含水量的变化可导致其渗透系数产生几个数量级的变化。渗透系数除与含水量有关外,还与密度有关,密度对渗透系数有显著影响。计算曲线出现的波浪变化,是由于采用了量级坐标,采用笛卡儿坐标则不会出现这种波浪变化。采用量级坐标是为了使各个量级数值均在坐标中得到反映。

求解方程(6-2)时,因为计算参数 $k_w$ 和 $m_2^w$ 均是含水量或基质吸力的函数,而基质吸力又与各节点处的水头有关。因此,必须用迭代法求解,先将初始水头(含水量)代入式(6-10)和式(6-12)计算参数 $k_w$ 和 $m_2^w$,以此求解各节点的水头值 $\{h\}$,进而再按式(6-13)求解基质吸力值:

$$\{u_a - u_w\} = (\{h\} - \{h_g\})g\rho_w \tag{6-13}$$

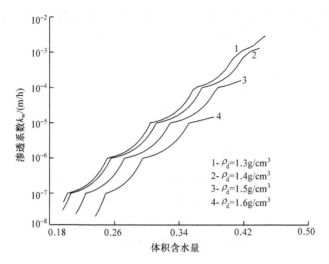

图 6.2 非饱和黄土渗透系数与体积含水量关系曲线

然后根据实测的基质吸力与渗透系数关系曲线,依据每一时间步长初始水头和计算水头的平均值,调整计算参数 $k_w$ 和 $m_2^w$,进行迭代计算,直到收敛为止。

为了保证收敛及加速收敛速度,采用低松弛因子 $\eta$,按式(6-14)进行调整:

$$h^{(n+1)} = \eta \overline{h^{n+1}} + (1-\eta)h^{(n)} \tag{6-14}$$

式中,$\eta$ 为低松弛因子,$\eta$ 值小于 1,而且随迭代次数的增加而减小;$n$ 为迭代次数,$\overline{h^{n+1}}$ 为第 $n+1$ 次迭代计算值,$h^{(n+1)}$ 为调整值。根据调整值再求水头,重复上述步骤,直到在相继的两次迭代中,各个节点的水头之差均小于事先规定的容许值。

由于计算参数 $k_w$ 和 $m_2^w$ 均是水头的函数,参数 $k_w$、$m_2^w$ 和水头之间呈现非线性关系。迭代计算时依据每一时间步长 $\Delta t$ 初始水头和计算水头的平均值,调整参数 $k_w$ 和 $m_2^w$ 进行计算。若时间步长 $\Delta t$ 较大,依据 $\Delta t$ 时段水头平均值得到的 $k_w$ 和 $m_2^w$ 将难以反映 $\Delta t$ 时段的渗流特征,从而导致比较大的计算误差。因此,时间步长 $\Delta t$ 的选取应适当。从保证计算参数 $k_w$ 和 $m_2^w$ 的准确度来说,时间步长 $\Delta t$ 越小越好。

时间步长 $\Delta t$ 具体取值宜通过试算确定。若需计算经过时间 $t$ 的水头分布,先分别以不同时间步长 $\Delta t$ 将时间 $t$ 划分为若干时间段,分别计算时间 $t$ 的水头分布。然后比较采用不同时间步长 $\Delta t$ 计算结果的差异性,即可确定适宜的时间步长 $\Delta t$。本节以黄土路基为例进行了试算,计算某断面经过 200h 的水头分布,取时间步长 $\Delta t$ 分别为 0.1h、1h、10h、100h,将时间 200h 分别划分为 2000 个、200 个、20 个、2 个时间段,分别计算经过 200h 的水头分布。计算结果如图 6.3 所示。从图中可以看出,当时间步长 $\Delta t$ 比较大时,明显减缓了水分迁移进程,时间步长 $\Delta t$ 取 100h 时的水头分布明显滞后于时间步长 $\Delta t$ 取 0.1h、1h 和 10h 的水头分布,产生比较大的计算误差。但当时间步长 $\Delta t$ 分别取 0.1h 和 1h 时的水头分布几乎相同,

表明当时间步长 $\Delta t$ 小于 1h 时,时间步长选取导致的计算误差已经比较小。因此,本节计算时取时间步长 $\Delta t$ 为 1h。

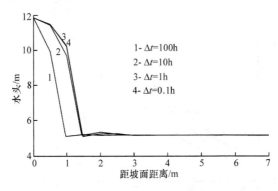

图 6.3　不同时间步长计算结果

求得某一时刻各个节点的水头值后,便可根据式(6-13)确定各个节点的基质吸力值,再依据基质吸力与含水量关系曲线,确定各个节点的含水量,即确定到该时刻的水分迁移结果。基于体积含水量 $\theta$ 按式(6-15)求得质量含水量 $w$:

$$w = \frac{\theta \rho_w}{\rho_d} \tag{6-15}$$

基于前述计算模型,开发了有限元程序,程序计算流程如图6.4所示。

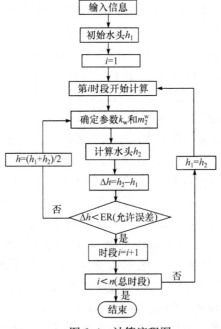

图 6.4　计算流程图

首先对本节有限元程序计算结果的可靠性进行验证。以文献非饱和土土坝渗流为例进行计算,该文献算例虽然是非饱和土领域的经典算例,但对参数的选取存在不妥,例如,将水体积变化系数 $m_2^w$ 取为恒值 $0.001\text{kPa}^{-1}$,并不合理。应用本节程序进行验证计算时,为了便于比较,代入文献参数计算,计算结果与文献是一致的,说明本节计算程序是可靠的。与文献相同的计算结果此处不再罗列。

然后,应用本节程序及试验所得参数,即可对非饱和黄土渗流问题进行计算分析,对计算参数的探讨为计算分析奠定了基础,对密度的考虑拓宽了方法的应用范围。黄土路基土体密度所处范围较大,特别是黄土路堑,其原状黄土孔隙比处于 $0.7 \sim 1.2$ 范围,相应干密度范围为 $1.2 \sim 1.6\text{g/cm}^3$。黄土路堤填土密度也受压实质量和压实条件影响。考虑密度影响,可便于分析不同密度黄土路基水分迁移进程和水危害的差异性。该方面研究有待进一步进行,此处仅给出某断面黄土路堤在降雨入渗条件下的水分迁移结果。

取黄土路堤高度 4m,路面宽度 10m,边坡坡度 1∶1.5。路基坡角以外取 10m,天然地面以下深度取 10m。由于对称条件,沿路基中线取一半区域进行计算分析,计算区域网格划分如图 6.5 所示。取路面为不透水边界,路肩、坡面、坡角以外天然地表为雨水入渗边界,左右边界均为零流量边界(因路基和天然土层的对称性),下边界因埋藏较深也取为零流量边界。黄土干密度取为 $1.5\text{g/cm}^3$,初始含水量 $w=18\%$。为了便于比较,给出了干密度为 $1.5\text{g/cm}^3$ 时的黄土路基计算结果,初始含水量仍取 $w=18\%$。模拟不利连阴雨天气,连续降雨 20 天,降雨停止后 10 天内为阴天。降雨期间入渗边界始终处于饱和状态,边界节点基质吸力水头等于 0,于是取入渗边界水头等于位置水头(第一类边界条件)。降雨停止后,入渗边界即变为蒸发边界,但经过多日降雨,空气湿度大,阴天边界蒸发量小,可取其为零流量边界。计算得到从降雨开始 30 天内的路基水分场变化过程,如图 6.6 所示。

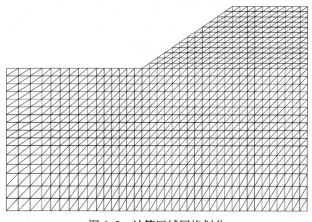

图 6.5　计算区域网格划分

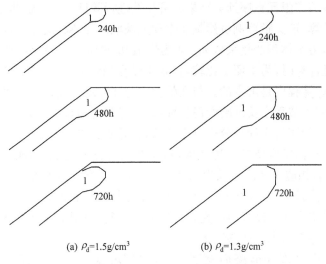

(a) $\rho_d = 1.5 \text{g/cm}^3$　　　　　(b) $\rho_d = 1.3 \text{g/cm}^3$

图 6.6　路基含水量 $w$ 大于 24％区域(图中 1)

　　图 6.6 给出了初始含水量 $w=18$％的黄土路基,自降雨开始,经过不同时间路基土体增湿后含水量 $w>24$％的区域(湿软区域)。工程实践证明,黄土含水量 $w>24$％后,其塑性和变形能力增加,挤密桩地基中的缩孔现象是明显的例证。图 6.6 表明,随着时间的延长,湿软区域明显增大。湿软区域大小受土体密实度的显著影响,密实度越小,雨水入渗水分迁移进程越快。其他条件相同时,密度较小路基湿软区域大小明显大于密实度较大的路基。比较大的湿软区域易导致路基路面出现不均匀变形和纵向裂缝病害,甚至会导致路基塌散。故增加路基土体密实度,对防止雨水入渗危害也是有利的。

　　图 6.7 给出了干密度为 $1.5 \text{g/cm}^3$ 黄土路基路肩下含水量分布的变化过程。降雨期,雨水逐渐下渗,从上向下土体含水量逐渐增加。降雨停止后,表面已无雨水补给,上部土体水分在重力作用下向下扩散,导致上部土体含水量逐渐减小,下部土体继续经历浸湿过程,其含水量逐渐增加。

　　图 6.8 给出了土路肩和硬路肩两种情况,不同密实度的路基 2m 深度处的含水量分布曲线。由图可知,降雨过程中随着雨水从坡面入渗,在同一深度处,路基土体含水量逐渐增加,而土体密实度对雨水入渗的进程及程度都有显著的影响,密实度越小,雨水入渗水分迁移的进程越快,土体含水量变化的幅度越大。另外,不同材质的路肩,雨水入渗影响导致含水量分布变化的范围有一定的差别,土路肩下含水量变化的范围明显大于硬质路肩。因此,采用硬路肩或增加土体密实度,均有利于减轻雨水渗入路基,从而预防和减少路基的水毁病害。

　　本节考虑含水量和密度影响,给出了非饱和黄土路基水分场的计算模型,探讨和确定了模型参数。指出非饱和黄土水体积变化系数 $m_2^w$ 并非恒值,不仅随含水

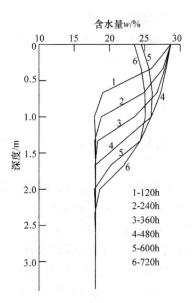

图 6.7　路肩下含水量变化曲线

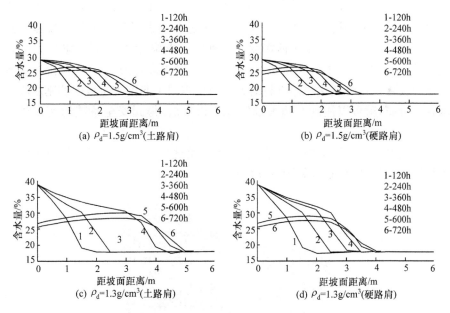

图 6.8　路基 2m 深度处含水量横向分布

量的变化而变化,还明显受干密度的影响。在含水量相同时,密度变化引起的 $m_2^w$ 值的变化在高含水量时比较大,在低含水量时比较小。密度对非饱和黄土渗透系数 $k_w$ 也有显著影响。进一步考虑参数 $k_w$、$m_2^w$ 和水头之间的非线性关系,探讨了时间步长的取值问题。然后,应用编制的有限元程序,模拟不利降雨条件,对黄土路堤入渗过程进行了计算分析。揭示出黄土路基湿软区随时间的增大过程,湿软区域大小受土体密实度的显著影响,密实度较小路基湿软区域大小明显大于密实度较大的路基。比较大的湿软区域易导致路基路面病害。增加路基土体密实度,对防止雨水入渗危害也是有利的。

## 6.2 考虑降雨影响的非饱和黄土边坡水分场分析

边坡稳定性分析是岩土工程中一个十分重要的研究课题。大量实例证明,有90%左右的边坡破坏均发生在雨季。《中国典型滑坡》一书中列举的90多个滑坡实例,有95%以上的滑坡都与降雨或地下水渗流有密切关系,其中有相当一部分滑坡发生在雨季。这充分说明了降雨入渗是影响边坡破坏和稳定性的重要因素。黄土高原沟壑纵横,边坡问题特别突出,受干旱、半干旱气候的影响黄土边坡基本属于非饱和土边坡。基质吸力在控制非饱和土体力学性能方面起着十分重要的作用,可以增大土的抗剪强度,但基质吸力受含水量的影响较大,降雨造成基质吸力的降低及雨水入渗引起土体重度增加是雨季滑坡发生的主因。目前在非饱和土边坡降雨入渗情况下的稳定性研究方面,研究者进行了大量研究工作。模拟降雨过程,综合考虑边坡高度、坡度土体密度等多种因素影响,尚缺乏对边坡问题的系统研究。基于此,本节考虑边坡高度、坡度、土体密度等多种因素影响,就降雨影响下的黄土边坡含水量的变化规律进行研究。只要求得了非饱和土坡中的基质吸力或含水量的分布,就可以用现有边坡稳定性分析方法,得到安全系数的变化过程及规律。

计算模型及参数选取同6.1节,这里不再赘述。以非饱和黄土简单土坡为对象进行计算分析,网格划分如图6.9所示。

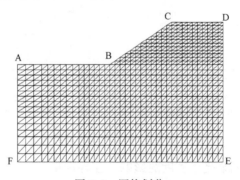

图 6.9 网格划分

在降雨入渗过程中,坡面 ABCD 始终处于饱和状态,吸力水头为零,总水头即位置水头,坡面 ABCD 边界水头已知,属于第一类边界条件。边界 AF 和 DE 水平入渗量为零,只发生垂直入渗。边界 EF 因埋深较大,不考虑入渗影响,取为常水头边界。

　　对不同坡度、坡高、干密度、初始含水量、降雨历时影响下的黄土边坡进行了渗流计算,得到坡顶以下 4m 深度处含水量水平方向分布曲线及坡顶点竖直线上含水量竖向变化曲线。以坡度 60°、干密度 1.4g/cm³、初始含水量 15%、降雨历时 360h 的坡度 60°、干密度 1.3g/cm³、初始含水量 13%、降雨历时 360h 的边坡为例,探讨坡高对降雨入渗的影响,计算结果如图 6.10 和图 6.11 所示。从图 6.10 和图 6.11 可以看出,无论沿水平方向还是竖直方向,降雨引起的含水量分布不受坡高影响,坡高对渗流速度基本无影响。因此,坡高对边坡土体含水量分布的影响相对较小。但坡高增高,边坡含水量增大区域随坡高的增加而增加,不利于边坡稳定。

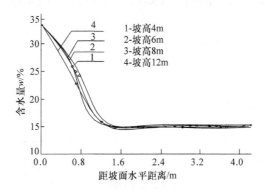

图 6.10　坡顶下 4m 深度处含水量分布(坡高不同)

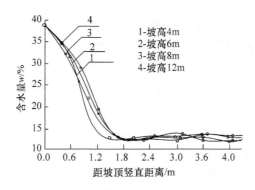

图 6.11　坡顶点竖直线上含水量分布(坡高不同)

　　坡度是决定边坡稳定的一个重要因素,以坡高 6m、干密度 1.4g/cm³、初始含水量 15%、降雨历时 360h 的边坡为例,探讨坡度对降雨入渗的影响,计算结果如图 6.12 和图 6.13 所示。从图 6.12 和图 6.13 可以看出,随着坡度增加,土体浸润区增加,坡度从 45°增加到 60°,含水量沿深度分布的变化不大。

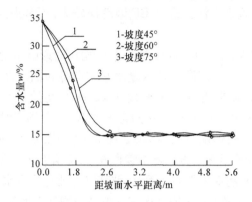

图 6.12　坡顶下 4m 深度处含水量分布(坡度不同)

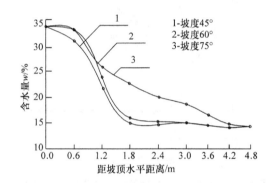

图 6.13　坡顶点竖直线上含水量分布(坡度不同)

以坡高 6m、坡度 60°、初始含水量 15%、降雨历时 720h 的边坡为例,探讨干密度对降雨入渗的影响,计算结果如图 6.14 和图 6.15 所示。从图 6.14 和图 6.15可以看出,初始干密度越大,坡顶点竖直线上土体浸润区越小,区内土体含水量越小;坡顶以下同一水平线处,浸润区土体含水量随初始干密度增大而逐渐降低。随着干密度增加,渗流速度变小,增湿区域逐渐变小。增湿区域大小代表坡体因降雨引起的总水量增加值。从图中可以看出,降雨渗入坡体的总水量取决于干密度的大小。因此,边坡其他因素不变,干密度越大,越有利于抵抗降雨入渗,稳定性越好。黄土结构强度和凝聚力与其初始含水量有显著的相关关系,在非稳定渗流中能否正确考虑初始含水量将对结果产生显著影响。

以坡高 6m、坡度 60°、干密度 1.4g/cm³、降雨历时 360h 的边坡为例,探讨初始含水量对降雨入渗的影响,计算结果如图 6.16 和图 6.17 所示。图 6.18 给出了坡高 6m、坡度 60°、干密度 1.4g/cm³ 的不同初始含水量边坡中某点含水量随时间的变化过程。从图 6.16 和图 6.17 可以看出,初始含水量越大,降雨入渗区域越大,

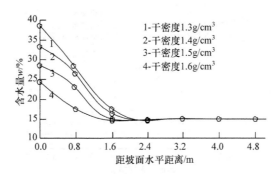

图 6.14　坡顶下 4m 深度处含水量分布(干密度不同)

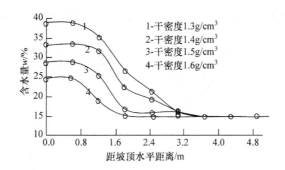

图 6.15　坡顶点竖直线上含水量分布(干密度不同)

浸润区域土体含水量也越大,说明初始含水量越大,雨水浸润速度越快。从图 6.18 可以看出,初始含水量越小,降雨入渗引起的土体增湿速度越小,初始含水量大时,因降雨入渗,土体含水量迅速增加,直至饱和。在干旱、半干旱地区,土体含水量较少,降雨入渗时,渗流速度较慢,浸润区和含水量都增加缓慢,有利于边坡抵抗降雨入渗,对边坡稳定有益;而在湿润区,土体含水量较多,降雨入渗时,渗流速度较快,浸润区和含水量都迅速增加,且增加量越来越大,不利于边坡抵抗降雨入渗,对边坡稳定有害。

以坡高 6m、坡度 60°、干密度 1.3g/cm³、含水量 21% 的边坡和坡高 6m、坡度 60°、干密度 1.4g/cm³、含水量 15% 的边坡为例,探讨降雨历时对降雨入渗的影响,计算结果分别如图 6.19 和图 6.20 所示。从图 6.19 和图 6.20 可以看出,对于同一边坡,坡面始终处于饱和状态,降雨历时越长,坡面增湿区土体含水量越大,入渗深度不断增加,浸润区域也逐渐增加。土体初始含水量的增加将会使得基质吸力不断降低,稳定性受到较大影响。

实际工程中,当黄土的含水量大于 25% 时,即处于湿软状态,抗剪强度大幅降低,流变性能显著。以坡高 6m、坡度 60°、初始含水量 19% 的边坡为例,探讨降雨历时对含水量大于 25% 区域的影响,计算结果如图 6.21 所示。从图 6.21 可以看

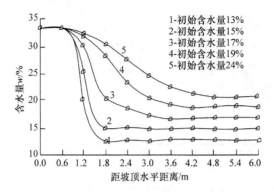

图 6.16　坡顶下 4m 深度处含水量分布(初始含水量不同)

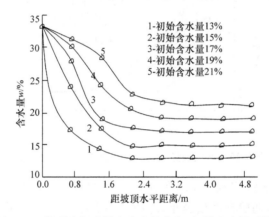

图 6.17　坡顶点竖直线上含水量分布(初始含水量不同)

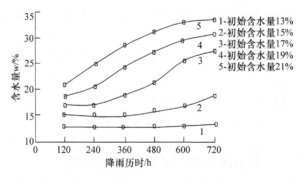

图 6.18　含水量随时间变化曲线

出,随着降雨历时不断延长,边坡土体湿软区域不断增加;干密度越小,渗流速度越快,湿软区域的增加也加快。

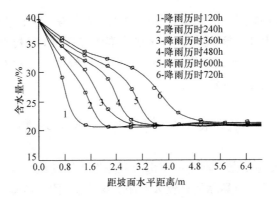

图 6.19　坡顶下 4m 深度处含水量分布（降雨历时不同）

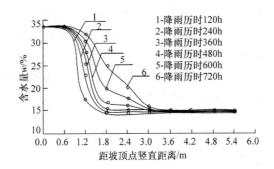

图6.20　坡顶点竖直线上含水量分布（降雨历时不同）

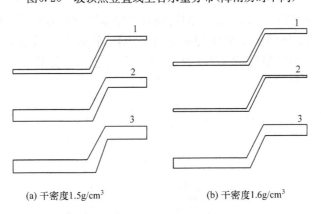

图 6.21　含水量大于 25% 的区域

　　本节通过非饱和土体水分迁移计算,研究了降雨对非饱和黄土边坡含水量的影响。揭示出坡高对边坡土体含水量分布影响较小,但边坡含水量增大区域随坡高的增加而增加。坡度越陡,降雨引起的坡体浸润区深度增加越大,不利于边坡稳定。土体干密度增加,降雨增湿区域变小,边坡稳定性较好。随初始含水量增加,降雨入渗区域和区内土体含水量增加。降雨历时越长,入渗深度不断增加,边坡土体湿软区域不断增加,对边坡稳定性影响较大。在干旱、半干旱地区,土体含水量较少,降雨入渗时边坡浸润区大小和含水量都增加缓慢,有利于边坡抵抗降雨入渗;在湿润地区,土体含水量较高,降雨入渗时边坡浸润区大小和含水量都增加较快,不利于边坡抵抗降雨入渗。

## 6.3　管沟渗水下的黄土地基水分场数值分析

黄土工程界普遍依据地基全部或部分湿陷性土层的饱和浸水湿陷量衡量场地优劣和制定工程对策,与实际常有较大差距。事实上,黄土地基湿陷事故大多与地下管沟渗水有关,管沟等线源渗水使黄土地基局部含水量增大,地基局部土层沿深度方向和宽度方向达到不同增湿含水量,含水量增加则强度降低,并引起不均匀增湿湿陷变形。黄土地基发生湿陷事故的原因,与其说是湿陷量大,还不如说是湿陷差异过大。研究管沟渗水引起的增湿湿陷变形问题,需首先确定管沟渗水下的黄土地基水分场的变化,即确定黄土地基增湿范围和增湿幅度,再进一步计算分析黄土地基增湿湿陷变形。此方面研究工作目前比较缺乏。基于此,本节就管沟渗水下的黄土地基水分场的变化问题开展研究工作。

管沟入渗条件下黄土地基中的水分场是非稳态的,管沟入渗问题可简化为二维问题,计算模型及参数同前。

为了探讨土体密度(孔隙比)对管沟渗水下的黄土地基水分场的影响,分别取土体孔隙比 $e$ 分别为 0.7、0.9、1.1 的均质黄土地基进行计算分析。黄土地基初始含水量 $w_0$ 分别取 15% 和 20% 两种情况进行计算,管沟水分别按无压考虑。无压模拟开畅管沟或小量漏水,代表管沟周边饱和但无积水。计算场地地下水位深度取 18m。计算结果如图 6.22～图 6.24 所示。

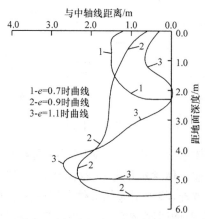

图 6.22　渗水 12 个月饱和含水量等值线($w_0$＝15%)

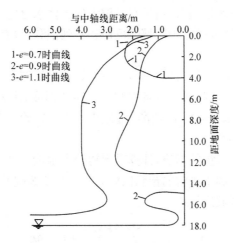

图 6.23　渗水 36 个月饱和含水量等值线($w_0 = 15\%$)

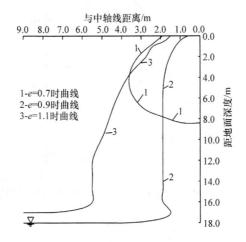

图 6.24　渗水 36 个月饱和含水量等值线($w_0 = 20\%$)

由图 6.22～图 6.24 可以看出,随着土体孔隙比的增加,地沟水入渗的速率加快。在相同的时间内,土体越不密实,入渗的深度就越深,宽度方向上变化相对较小,最大渗流宽度一般在 4～7m 范围内。土体密度越大,入渗增湿饱和范围越大,饱和区域越深。水分有向入渗锋面聚集的现象,表现出非饱和土对水的入渗有阻隔作用。

图中还表现出在孔隙比 $e = 1.1$ 时,饱和等值线的范围略小于孔隙比为 0.9 时的分布曲线,这主要是当 $e = 1.1$ 时的渗透能力大于 $e = 0.9$ 时的渗透能力,所以导致入渗水流前端水分扩散范围大,但大量水分却无法聚积,而使土体含水量不能达到饱和。

　　当地沟水与地下水连通时,由于在孔隙大的土体水分已形成入渗通道,入渗速率相对较快,则孔隙比大的土中间部分反而达不到饱和,只有与水源接近的小部分土仍处于饱和。

　　比较图6.23和图6.24可以发现,土体初始含水量较大时,入渗增湿饱和区域明显增大,直至与地下水相通。一旦饱和渗水通道形成,水分速度明显加快,迅速通过渗水通道下渗,水分向两侧扩散明显减少。土体初始含水量越大,水分入渗速度越大,入渗范围越大。

　　为了探讨时间对入渗的影响,计算得到初始含水量为20%时黄土地基在土体孔隙比分别取值0.7和1.1时的饱和区域分布。图6.25和图6.26给出了经历不同入渗时间的饱和区域边界线。

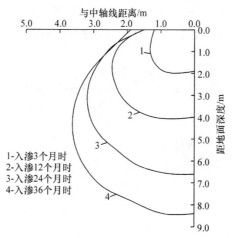

图6.25　黄土地基 $e=0.7$ 时入渗饱和区域边界线

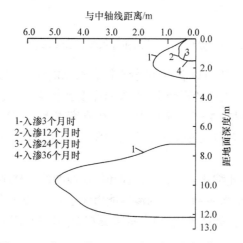

图6.26　黄土地基 $e=1.1$ 时入渗饱和区域边界线

从图 6.25 和图 6.26 可以看出,随着时间的增长,入渗范围都是增加的。但当地沟水与地下水连通后(图 6.26),饱和区域边界线范围反而减小,这主要是由于入渗通道的形成,使得地沟水能够更快地进入地下,从而使土体的范围无法达到饱和,但实际上,整个土体中在受渗流影响的土体范围中含水量确实升高。虽然饱和区域减小,但饱和区域以外增湿,高含水量区域很大,该高含水量区域渗水速度快,管沟水快速通过该区域渗入地下,导致该区域反而无法达到饱和。

进一步探讨管沟入渗引起的地基含水量变化,计算得到在不同初始含水量 $w_0$ 和不同孔隙比 $e$ 条件下管沟渗水引起的黄土地基含水量等值线,如图 6.27～图 6.29 所示。

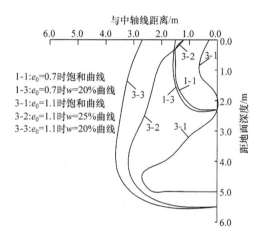

图 6.27　$w_0=15\%$ 经 12 个月入渗含水量等值线

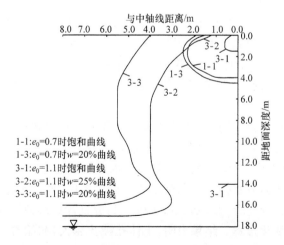

图 6.28　$w_0=15\%$ 经 36 个月入渗含水量等值线

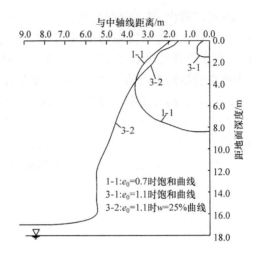

图 6.29　$w_0 = 20\%$ 经 36 个月入渗含水量等值线

从图 6.27～图 6.29 可以看出,当土体密度较大($e = 0.7$)时,饱和边界线和 20% 含水量等值线几乎是相同的,入渗锋面特征非常明显,锋面以内为饱和区,锋面以外土体几乎未有增湿或保持原有含水量水平。当土体密度较小($e = 1.1$)时,饱和边界线和 20% 含水量等值线明显不同,地基土体中存在明显的饱和区域和增湿区域,不存在入渗锋面分界特征。

前文对无压渗水情况进行了计算分析,进一步考虑有压渗水进行计算分析。无压模拟开畅管沟或小量漏水,代表管沟周边饱和但无积水。有压模拟封闭管沟大量漏水,代表地沟充满水且有附加压力,附加压力按 2m 高水头考虑。计算结果如图 6.30～图 6.32 所示。

比较图 6.27～图 6.29 和图 6.30～图 6.32 可以发现,有压下的管沟入渗饱和区域和增湿区域均有明显增大。管沟中积水压力的大小对土的渗流影响很大,不仅是在深度方向上,而且也影响宽度方向。当压力水头为 2m 时,土体在宽度和深度方向上相对无压时有 1.5～2.5m 的增加。并且当地沟水压力增大后,渗流水头增大,则渗流速率加快。

本节基于实际工程管沟漏水的情况,考虑黄土地基土体初始含水量、孔隙比、管沟内积水压力等因素影响,给出了二维非饱和黄土地基管沟入渗的有限元计算模型,确定了模型参数,并编写程序对管沟渗水下的黄土地基水分场进行了计算分析。管沟内积水压力分别按无压和有压两种情况考虑,地基土体初始含水量分别取 15% 和 20%,孔隙比分别取 0.7、0.9 和 1.1,分别计算得到均质黄土地基入渗 3 年的地基水分场变化过程。结果表明,土体孔隙比越大,初始含水量越大,入渗速度越快,地基增湿区域越大,但随着增湿区域的增大,入渗水量扩散作用增强,饱和区域反而减小。土体孔隙比越小,初始含水量越小,入渗速度越慢,地基增湿区域

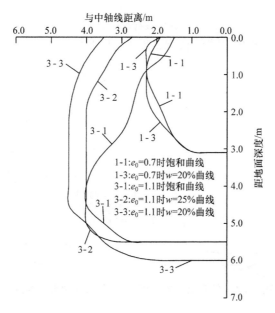

图 6.30　有压 $w_0 = 15\%$ 经 12 个月入渗含水量等值线

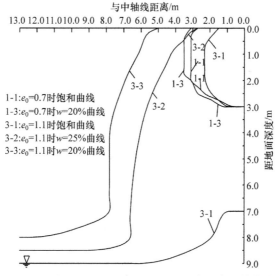

图 6.31　有压 $w_0 = 15\%$ 经 36 个月入渗含水量等值线

越小,显示了低饱和密实土体较强的阻水作用,水分难以下渗,主要集中于管沟周围,水分扩散作用较弱,饱和区域反而大。随着时间的增长,入渗增湿范围增加。但当地沟水与地下水连通后,由于入渗通道的形成,地沟水能够更快地进入地下,增湿范围反而减小。管沟中积水压力的大小对黄土地基水分入渗影响很大,压力越大,入渗越快,增湿范围越大。

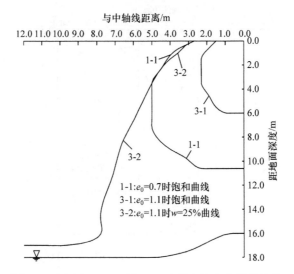

图 6.32　有压 $w_0 = 20\%$ 经 36 个月入渗含水量等值线

# 第7章 非饱和土体水热耦合问题研究

地表浅层土体是工程活动的主要对象,由于受气候及土体自重和其他附加荷载的影响,土体中的温度场、水分场、应力场和位移场均是变化的,而且相互影响。土体中的温度变化会引起水分迁移使含水量变化,含水量的变化又会引起土的导热系数、比热容发生变化,从而影响传热过程及温度分布。温度引起土体冻融相变还会使水分向冻融界面运移,水分运移过程中会携带热量使温度分布发生变化,应力场和位移场的变化可使土体冻融温度、孔隙比、孔隙水压力发生变化,从而影响温度场和水分场分布。同样,温度场和水分场分布的变化导致的土体冻融状态、含水量的变化又对应力场和位移场产生影响。因此,对浅层土体水(水分场)、热(温度场)、力(应力场和位移场)问题进行研究时,必须考虑其相互影响,进行水热力耦合研究。本章对土体水热力耦合问题研究意义及现状进行评述,给出研究建议,进一步就非饱和土体水热耦合模型及参数问题进行探讨,并就温度作用下非饱和黄土水分迁移特征进行探讨。土体水热力耦合的进一步研究参见第8章。

## 7.1  土体水热力耦合问题研究意义、现状及建议

对于路基、岸坡、沟渠、市政等方面土体工程,设计的基本要求是满足强度要求和变形要求,这需要确定土体应力场和位移场,但应力场和位移场不仅受温度场和水分场的影响,也影响温度场和水分场的分布。因此,基于水、热、力耦合,研究确定土体应力场和位移场是工程建设的需要。对于保温、散热、保湿等需要确定温度场和水分场的工程,也应考虑应力场和位移场的影响进行水热力耦合研究,但当应力场和位移场相对稳定时,忽略应力场和位移场的影响,只进行水热耦合研究。水热力耦合问题研究在冻土工程、黄土工程、膨胀土工程、供热工程等领域均有重要意义。

在我国东北、华北、西北等地区广泛分布着季节冻土,在东北大、小兴安岭,西部高山和青藏高原等地分布着多年冻土,多年冻土是指冻结状态持续三年以上的土层,面积约 215 万 $km^2$,其中青藏高原多年冻土区面积 149 万 $km^2$,约占我国多年冻土总面积的 70%,这一地区蕴藏着丰富的矿产、土地、生物及旅游资源。在季节冻土和多年冻土地区,当大气温度降低,使土体温度达到土中水的冰点温度时,土中孔隙水和外来补给水便冻结形成冰晶或冰夹层等,引起土体体积增大,产生冻胀现象。当大气温度升高使冻结土体温度变为正温时,土中的冰消融,出现融沉现

象,液态水的增加使土体强度显著降低,从而影响工程的安全,液态水的增加还可导致水分迁移。在冻结融沉过程中由于水热状态变化,引起土体应力应变发生变化,可使工程结构产生破坏,如建筑地基土的冻胀和融沉引起房屋裂缝、倾斜等现象,在冻土地区屡见不鲜。20世纪50年代青藏公路的建成,已经拉开了开发这一地区的序幕,伴随着西部大开发战略的实施,冻土区的开发和发展必将跃上一个新台阶,大规模的工程建设活动必将进行,为了保证已有和将建工程的安全,需要对冻土工程水热力耦合问题进行深入的研究,考虑三者间的相互影响,模拟水热动态掌握冻结融沉过程,对保证工程安全是十分必要的。

　　膨胀土是在环境湿度及土中含水量明显变化情况下表现出显著胀缩特性的特殊黏土,黏粒成分主要由亲水矿物组成。膨胀土分布范围很广,我国广西、云南、湖南、湖北、四川、陕西、河北等地均有分布,由于膨胀土具有显著的吸水膨胀和失水收缩的变形特性,建造在这些地区膨胀土地基的构筑物,随季节性气候的变化会反复不断地产生不均匀的升降,使构筑物破坏。从现有资料分析,膨胀土分布地区年降雨量的大部分集中在雨季,旱季延续时间较长。如地下水埋藏较深,则表层膨胀土受气候影响,土中水分处于剧烈的变动之中。雨季土中水分增加,干旱季节则减小。构筑物的修筑改变了土温分布和蒸发入渗条件,使土体含水量出现不均匀分布,含水量的不均匀分布导致胀缩变形的不均匀,这是膨胀土地区构筑物出现病害的根本原因。对病害的调查资料表明,建筑物向阳面的病害较阴面严重,位于地壳表层的膨胀土,由于太阳辐射的影响处于随时间变化的不稳定的地热场内,膨胀土上的轻型房屋的竖向位移随地温梯度变化呈周期性的上升和下降。因此,水热力三者均是影响膨胀土地区构筑物安全的重要因素,考虑三者的相互影响进行水热力耦合研究,对于预测膨胀土的膨胀收缩变形,保证工程安全是重要的。

　　黄土高原是我国西部大开发和环境保护建设的战略要地。黄土高原公路、铁路、市政、水利等领域的工程活动日益活跃,环境工程建设事业蓬勃发展,所有工程项目基本上修筑于浅层黄土之上,工程设计采用一定的土性指标,但由于浅层土体大面积暴露于空间,受到辐射、蒸发、降水、边坡坡率等外界因素的影响,浅层黄土的工程性质是变化的,直接表现为黄土的含水量和温度的变化以及由此引起的土体强度和冻融状态等的变化,这种变化对工程的稳定性有重大影响,常常导致一系列病害的发生,使路基工程出现沉陷、波浪、纵裂、水沟失稳等病害,水利工程出现冻胀、塌岸、砌体开裂等病害,市政工程出现冻胀、沉陷、网裂等病害,降水使黄土边坡体的水量分布发生变化并导致坡体滑动的现象时有发生,给国民经济造成很大损失,严重影响了工程效能的发挥。产生上述诸多病害的原因有:浅层黄土温度场因外界因素影响发生变化,温度变化引起水分迁移使含水量重分布,黄土因含水量增大产生湿陷,含水量增大使黄土强度降低,冻融使土体自身体积发生变化,阴阳坡面水、热差异引起变形差异等。可见,影响浅层黄土工程稳定性的主要原因,是土的含水量和温度随气候等的动态变化以及由此引起的土性变化和土体变形,土体在不利水热条件作用下,物理力学性能发生变化,土体温度场变化引起冻融使土体自身体积发生变化;温度变化引起水分迁移以及降雨入渗等使路基含水量重分布,黄土含水量增大时其强度降低和产生湿陷变形;阴阳坡面水热差异引起变形差异等。因此,为了保证工程安全,应对浅层黄土水热随外界因素的变化过程及由此导致的土体变形进行研究,这仍需进行水热力耦合研究。

在农业和畜牧业领域,土壤的水分运动对于分析评估土壤墒情有重要意义。掌握土壤水分运动规律,定量分析水分的迁移对于保证作物的正常生长、建立合理的排灌制度发展节水农业、有效防止土壤盐碱化等起着重要作用。因此,就土壤水分运动规律和定量评价问题进行了大量研究工作,研究过程发现,土壤中的水分场和温度场是相互影响的,土壤中温度场的不均匀分布会对水分迁移施加驱动力,促使水分运动,土壤水分运动使含水量分布发生变化,土壤含水状态的改变使其导热参数发生变化,从而影响温度分布。由于温度是影响水分运动的不可忽视的因素,研究水分运动必须考虑水分场和温度场的相互影响,即进行土壤水热耦合运移的研究。土壤水热耦合运移研究对于预测土壤水分分布和能量分配,并采取相应措施提高作物产量等是必需的。

随着我国推广"集中供热""热电联产""三联供"等节能、环保政策的实施,以及现代文明城镇建设的加速和对节能、环保的高要求,直埋蒸汽管道市场需求越来越大。国外一般最大管径 $\phi500\text{mm}$,用量也不大,而目前我国济南、石家庄、西安、大连、河南,以及江浙地区所采用的直埋蒸汽管道已超过 $\phi500\text{mm}$,有的已达 $\phi900\text{mm}$,在直埋蒸汽管道开发和应用领域,我国并不比发达国家落后。但蒸汽管道直埋技术的基础理论研究滞后于开发,设计计算不准确,造成部分蒸汽管道直埋不久便出现"跑、冒、漏、伤"、"带病运行"问题,遗患于后,危及安全生产。蒸汽管道直埋技术是一项涉及热力学、材料力学、岩土力学、流体力学等多学科的系统工程,而且投入生产后是动态运行。蒸汽管道直埋敷设向周围土壤稳态传热,土壤可视为保温结构的一部分。土壤的导热系数随含水量变化很大,由于蒸汽管道传热使管道周围土体温度升高,引起周围土体含水量减小,含水量减小使导热系数显著减小,使得管道周围土壤热阻值提高,可使管道保温结构出现破坏。目前工程设计时取 $1.5\text{W}/(\text{m}\cdot\text{K})$ 确定导热系数及实测当地土体导热系数都不是科学的,因为不能确切反映管道所处的土体含水量的动态变化,造成计算结果误差很大。因此,对管道周围土体通过水热耦合研究,确定其含水量和温度分布,对于解决管道周围土壤热阻值提高造成的危害是有意义的。

综上所述,土体水热力耦合研究涉及面广,应用广泛。通过土体水热力耦合研究,可实现对土体温度场、水分场、应力场和位移场的科学预测,这对正确认识浅层土体工程性质的变化、合理选取设计参数、采取有效的工程措施保证工程的安全、预测病害现象,具有重要的理论、经济和社会价值。同时,研究浅层土体中的水热分布的动态变化,可以及时预报土层水、热状况,这对促进农业生产和绿化事业也有重要意义。

到目前为止,国内、外众多学者在水、热、力研究基础上对土体水热力耦合问题进行了大量研究工作,研究对象主要针对冻土和土壤,对黄土和膨胀土虽未提出耦合概念,但实际上也已进行了大量相关研究工作。

李宁、程国栋等将冻土力学按研究内容分成两类,即应用冻土力学与试验冻土力学。试验冻土力学以室内试验为主,从 20 世纪 50 年代到 80 年代,陆续系统地对冻土在不同负温、不同土性、不同初始含水量、不同荷载下的强度与变形性质进行了试验研究,并提出了相应的试验拟合数学力学模型。研究表明,冻土的力学性能主要取决于胶结冰的存在,当冻土受围压作用时,首先在颗粒接触处的冰发生融化,然后向低应力去迁移,如果围压相当大,土颗粒结构将发生破坏,孔隙冰产生整体压融,从而导致冻土强度的降低。应用冻土力学在寒区工程建设活动日益活跃下得到了全面发展,针对冻土工程冻胀、融沉病害问题的研究课题纷纷展开。徐绍新等对位于冻土上的建筑物承受的切向、法向、水平向冻胀力的影响因素及取值范围进行了系统研究。朱林楠等对冻土退化环境下的道路工程的设计原则与设计方法,提出了严格保护、部分保护、不保护等四项设计原则与方法;喻文学、吴紫汪、黄小铭、王铁行等对多年冻土地区路基临界高度进行了研究。

冻土中的热质迁移主要以热传导方式及水分迁移与水分相变吸、放热引起。热质迁移与水分迁移具有十分明显的耦合机理。Kay 等将由水分迁移导致的热质迁移统一归纳到等效热传导项中,并且发现对于易冻土在零温度附近由于相变潜热引起的热迁移远远大于单纯的热传导引起的热质迁移。Taylor、Luthin 于 1976 年通过分析研究表明,土体中水分在迁移过程携带热量引起的热迁移只是由热传导引起热迁移的 1/100～1/1000。Cary 提出了一个描述水分、溶质和热质相耦合的间接热传导模型,但没有考虑冻结锋面上溶质的逸出与渗透热引起的水分流动影响有研究成果发表。

对水分迁移问题的研究主要集中在迁移动力与迁移模型上。在迁移动力上,国外的学者曾提出过多种假说,每一种假说,都只代表某种特定条件下水分迁移的原动力。Beskow 等提出了细颗粒土中的薄膜水迁移理论。Bouyocos 和 Taber 等提出的结晶力理论,实质上是对土冻结过程中薄膜水迁移理论的一种补充。Beskow 又把薄膜水迁移理论发展为吸附—薄膜理论,Hoekstra 等的试验支持了这种理论。这种理论假说把吸附力和薄膜水迁移理论结合起来,认为水从水分子较活跃、水化膜较厚处向水分子较稳定、水化膜较薄处移动。目前,此理论假说得到了大多数学者的承认。水分势能等于压力、重力、温度、基质、溶质和电力等构成的分势的总和,其中任何一种分势梯度都可能引起水分迁移。温度梯度通常由基于平衡态热力学原理描述温度与压力之间的相互关系的 Clapeyron 方程来表述。

在冻土的水、热、力研究基础上，耦合作用机理的理论模型研究也取得不少成果，国内、外众多学者提出了各种冻土的水热力的耦合模型。通过现场或室内冻胀试验所确定的冻胀经验公式，直接引入热学模型，Arakawa 等提出了冻胀经验模型。Chen 和 Wang 等在冻胀的物理本质基础上，考虑冻胀经验公式，从而建立起各种半经验模型。Harlan、Guymon 等学者在非饱和土中水分迁移与非完全冻结土中的水分迁移理论分析的基础上，提出了冻土中热质迁移与水分迁移相互作用的流体动力学模型。Mu 和 Ladanyi 等在 Harlan 流体动力学模型的基础上，把迁移的水分量简单等效成一附加变形而作用在应力场上，从而建立起准三场模型。Konrad 和 Morgenstern 等学者为了进一步描述正冻土在外荷载作用下的水分迁移规律及成冰机制，基于次冻胀理论与冰分凝理论，建立了刚冰模型。苗天德等在混合物理论基础上提出了正冻土中水热迁移耦合模型。Duquennoi 提出了热力学水、热、力三场耦合模型，并由 Fremond 和 Mikkoa 进一步发展完善，该模型中考虑了由冻胀、水热迁移与水分冻结引起的孔隙吸力，可以模拟水、热、力的耦合过程，但该模型对正冻土的热力学性质只进行了初步描述，不能很好地解释冻土的成冰机制，且模型中的众多参数的物理意义不明确，也无法确定，限制了该模型的进一步发展和应用。李宁、陈飞熊等通过冻土多孔多相微元体的平衡方程，提出了考虑土骨架与冰颗粒之间的相互作用力（冻胀力）的冻土介质的特殊的有效应力原理，在多孔固液介质（包括准饱和时的气相）的质量守恒方程，多孔多相介质的热、能守恒方程的基础上，建立了全面考虑冻土中骨架、冰、水、气四相介质水、热、力与变形真正的耦合作用的数理方程，并在引进国外大型岩土工程分析软件的平台上，开发出了饱和与准饱和冻土介质温度场、水分场、变形场三场耦合问题的有限元分析软件，并应用 Aboustit 一维砂土柱热弹性固结问题解析解进行了对比验证。针对一寒区碎石桩复合地基的工程算例显示了该项研究的应用效果。

国内外学者对土壤中水分和热量运移的有关问题进行了大量定量研究。农业生产实践很早就揭示出土壤持水量显著受土温的影响，Gardner 根据毛管理论指出温度与土壤水势的正相关关系。Hopmans、张一平、张富仓等研究了温度对土壤水势的影响，认为温度升高，土壤水吸力降低，土壤水势增加，水势温度效应与土壤质地、土壤水分运动过程及含水量密切相关，在不同含水量下，温度对水势的影响是不同的。研究表明：含水量高时，温度对水势的影响较小；含水量低时，温度对水势的影响较大。温度通过影响土壤水分运动参数而影响土壤水分的运动，温度升高，水分运动加快。温度影响下，土壤水分运动包含液态水运动和气态水运动，土壤中液态水和气态水运动是同步进行的混合运动。Smith 通过试验发现密封土柱中水分从高温处向低温处迁移，而且液态水迁移量大于气态水迁移量，但 Gurr

等得到液态水迁移量小于气态水迁移量的结论。土壤初始含水量与水分迁移量密切相关,Smith、Gurr 等的研究表明,土壤水分迁移量与其初始含水量密切相关。

　　土壤中水热运动是相互影响的,土壤水分运动影响土壤热容量及导热率,从而影响土壤温度,土壤温度的变化影响水分运动。Klute 在等温方程基础上建立了非等温扩散流方程,以此方程为基础,形成了两类耦合的数值模型:质能平衡基础上的模型和不可逆热力学基础上的线性方程。Philip 和 Vries 提出建立在质能平衡基础上的水、气、热耦合运移模型,该模型水热耦合方程以含水量和温度为未知函数。Milly 对该模型作了改进,采用基质势梯度代替含水量梯度,修正后的模型可用于非均质土壤。Nassar 等在 Philip 模型的基础上,建立了水、热、溶质三者耦合运移的模型,对受温度梯度影响的封闭土柱中水、热、溶质耦合运移进行研究。Taylor 和 Lary 建立了不可逆热力学基础上的线性方程,用以研究水流对热流的影响。Cassle 等在实验室对 Philip 和 Taylor 两类模型进行了验证,发现在低水分的细砂土中 Philip 模型能较好地预测水分通量,而 Taylor 等的模型显示水分通量的计算值偏低。Jackson 等在田间状况下对 Philip 模型进行了验证,结果认为在水分适中的情况下,水分通量的计算值和预测值较为一致,而过干或过湿的土壤,不考虑热流影响的等温模型则更能反映土壤水分的通量。林家鼎等对无植被土壤内水分流动、温度分布及土壤表面的蒸发效应进行了研究;蔡树英等用室内蒸发试验验证土壤水、汽、热运动的耦合数值模型,认为与等温模型相比,耦合模型更确切地反映温度变化条件下的土壤水热运动规律;随红建、康绍忠、孙景生、任理等将土壤水热运移与作物生长状况相联系,分别对不同覆盖条件下的田间水热运移进行了数值模拟研究。

　　对于黄土,含水量的变化是影响其变形和强度特性最本质的因素。对含水量变化引起的湿陷变形、减湿和增湿变性及强度变化,陈正汉、刘祖典、张苏民、张伯平、党进谦等进行了深入的研究,谢定义提出了水敏性概念,表述黄土浸水或增湿时发生强度大幅骤降和变形大幅突增的特性,这一概念比常用的湿陷性一词更能体现黄土变形和强度与水关系的特殊本质。由于黄土的水敏性,黄土体在发生水分迁移时,可导致强度变化和变形的发生,黄土的变形使密度变化又导致导水性发生变化,从而影响水分迁移进程,这是一个水力耦合问题。李述训、程国栋等通过试验表明,冻结均匀的兰州黄土融化后,相变界面附近的含水量明显增大,经冻融循环作用后,冻土层内最大融化深度附近的含水量大于附近区域的含水量。目前虽未提出黄土水热力耦合概念,但相关的水敏性等方面研究为水力耦合研究奠定了基础。

　　膨胀土含有亲水性黏土矿物,具有吸水膨胀、失水收缩的特性。膨胀土与水相互作用时,随着含水量的增加,其体积显著增大。若在土体积增大过程中膨胀受到限制,则土中产生膨胀力。反之产生收缩应力。因此,膨胀土的膨胀与收缩变形是由于膨胀土与水相互作用引起土内应力改变的结果。对于膨胀土而言,水分的变化引起变形与荷载的变化引起的变形一样重要。当膨胀土外界因素变化导致土体温度变化时,温度升高造成的干燥和水分迁移导致的体积变化便会发生。针对膨胀土上的轻型房屋竖向位移随地温梯度变化呈现周期性的上升和下降,陈希泉等研究了在温度梯度作用下,水分在膨胀土中转移的性状和数量,以及影响该过程的主要因素。对膨胀土开展水热力耦合研究未见报道。

迄今为止,就土体水热力耦合问题已经进行了大量研究工作,为进一步进行水热耦合的研究奠定了坚实的基础,已经提出了多个水热力耦合模型和水热耦合模型。但迄今为止还没有完全解决水热力耦合作用机理性问题,因此,应进一步完善水热力耦合作用的机理性研究。目前认为,水分迁移的动力包括重力势、基质势、温度势等,基质势主要依据土水特征曲线,根据含水量确定,忽略了土体密度(对应变形)、温度对基质势的影响,这不符合水热力耦合研究思想;温度势采用克拉伯龙方程表述,但克拉伯龙方程不含土性指标,不能考虑土的组成、含水量、密度等基本土性特征,因而是不完善的;温度、密度和含水量对水分迁移综合影响的规律尚无量化研究;对气态水与液态水的混合迁移问题,在气态水和液态水迁移水量的大小关系方面存在相反的结论;确定应力和变形参数时,尚不能根据含水量和温度的动态变化动态地确定参数值,例如,目前的冻土强度研究大都局限在冻结土的范围内,而对于寒区工程更为重要的是冻融过程中土体的变形与强度特性,仅仅对已冻结土的变形与强度性质的研究不仅远不能满足实际工程的需要,也不能反映温度变化和水分迁移对土性的影响。

土体水热力耦合模型本质上是计算过程考虑三者的相互影响,土体水热力参数及变量的确定很大程度上决定模型模拟的结果,水热力耦合作用机理性研究是确定水热力耦合参数及变量的前提,由水热力耦合作用机理性研究的不足,目前确定水热力耦合参数及变量时对三者间的相互影响考虑不足,导致计算时虽采用的是水热力耦合模型,但计算过程却并非水热力耦合计算。目前已经提出了多个水热力耦合模型,采用温度场、水分场、应力和变形分析的有限元程序进行迭代计算也可实现三者的耦合计算,因此,通过水热力耦合作用机理性研究确定水热力耦合参数及变量,应是现时进行水热力耦合研究的中心问题。水热力耦合作用机理性研究是多方面的,例如:探索温度、密度和含水量影响下的水分迁移规律,以及考虑温度、密度和含水量的水分迁移参数和各个水势分量的确定方法;探讨温度和含水量对土体应力、变形参数和强度指标的影响规律;探讨密度、含水量、应力水平对热参数的影响;开展受水热影响的气态水迁移问题研究等。

# 7.2　非饱和土体水热耦合参数研究

非饱和土体工程病害问题比较复杂,解决此问题需要进行土体水热力耦合问题研究。对非饱和土体水热力耦合问题的研究还处于探索阶段。但从 20 世纪 50 年代后期至今,已经提出了多个水热耦合计算模型,成功地解决了寒区岩体工程水热耦合问题。但对非饱和土而言,由于土体中的水分迁移速度很小,模型中考虑了土体水分迁移携带热量对温度场的影响,而对更为重要的水分迁移对热物理参数的影响考虑不足。同时,大多数理论模型在建立过程缺乏试验论证,参数难以选取,而且对土体工程特性考虑不足,考虑土的类别、含水量及非饱和土的特性差别,还缺乏对水分迁移机理及温度对水分迁移影响的深入研究。如何将影响水分迁移的各种因素综合考虑到计算中去一直未能解决,这就限制了模型的应用。土体水热耦合计算不仅对确定土体温度场和水分场有重要意义,而且是进一步进行水热力耦合研究的基础,对推动工程理论发展以及改进设计方法都有重要意义。基于此,针对现有方法的不足,本节对非饱和土体水热耦合问题进行研究。

## 7.2.1　含水量对热参数的影响

水分迁移会引起温度场的变化:一方面,水分在迁移过程携带热量对温度场产生影响;另一方面,水分迁移必然引起土的含水量发生变化,从而引起土的热参数发生变化,这必然影响导热过程并对温度场产生影响。这二者对温度场的影响程度是不同的。对岩体而言,水分迁移量即渗流量一般较大,前者是主导影响因素;但对土体而言,特别是对降水很少的青藏高寒区土体,后者是主导影响因素。Taylor 和 Luthin 在 1976 年通过分析研究表明,土体中水分在迁移过程携带热量引起的热迁移只是由热传导引起热迁移的 $1/100 \sim 1/1000$。土体中水分迁移进程是比较缓慢的,含水量变化会使热参数发生明显变化。例如,对于密度为 $1600\mathrm{kg/m^3}$ 的融化状态粉质黏土,当含水量从 5% 增至 10% 的,导热系数从 $0.46\mathrm{W/(m \cdot ℃)}$ 增至 $0.74\mathrm{W/(m \cdot ℃)}$。热参数变化在长时间内引起的导热量变化是比较大的,因此实际土体工程应重点考虑水分迁移对土体热参数的影响以及由此对温度场的影响。

土体温度场计算所采用的热参数有导热系数 $\lambda$、比热容 $C$ 和相变潜热 $L$,参数 $\lambda$、$C$、$L$ 与土质、土密度和含水量有密切的关系,一般情况应该实测。受气候因素等影响,非饱和土体含水量是变化的,土的密度也因冻融循环而变化,这就要求测试各种密度及含水量组合下的热参数值,显然这种测试工作量是相当大的。为了减小测试工作量,便于在温度场计算中及时根据含水量确定热参数,也为了探讨参数 $\lambda$、$C$、$L$ 随密度及含水量的变化规律,前文得到青藏高原普遍存在的粉质黏土和砾砂土热参数计算式如式(2-1)~式(2-8)所示。从上列各式可以看出,热参数 λ、$C$、$L$ 均是含水量的函数,随含水量的变化而变化,当水分迁移使含水量变化时,热参数随即发生变化,热参数的变化对传热过程产生影响,从而影响温度场分布。

对黄土导热系数和比热容的测试结果表明,在含水量一定的情况下,导热系数和比热容随密度增大而增大;在密度相同的情况下,导热系数和比热容也随含水量的增大而增大。为了进一步探讨导热系数和比热容与土体含水量、密度的关系,也为了应用的方便,对实测结果进行回归分析,得到根据非饱和黄土含水量、密度确定导热系数和比热容的关系为式(2-18)和式(2-19)所示。

### 7.2.2　温度场对水分迁移的影响

温度的变化引起基质吸力变化从而对水分迁移产生影响,由于土颗粒大小、颗粒形状、颗粒级配等的影响,温度变化对不同土层土的基质吸力影响是不同的,对所有土层根据克拉伯龙方程采用同一影响关系式显然是不适宜的,不同土层应采用不同的影响关系式。实际工程中,因土体温度分布往往是不均匀的,为了研究水分迁移现象,就要求知道各种温度下的基质吸力值。

土体收缩膜(水气分界面)承受大于水压力 $u_w$ 的空气压力 $u_a$。使收缩膜弯曲,压力差($u_a - u_w$),即基质吸力,可按式(7-1)确定:

$$u_a - u_w = 2T_s/R_s \tag{7-1}$$

式中,$T_s$ 为表面张力;$R_s$ 为收缩膜曲率半径。$R_s$ 根据土中孔隙直径和饱和度确定,孔隙直径根据土的类别参照有关文献确定。

温度的变化会引起收缩膜表面张力发生变化,如表 7.1 所示。当温度从 0℃ 增加到 20℃时,表面张力从 75.7mN/m 减小到 72.75mN/m。由于土体孔隙直径很小,如黏土的孔隙直径一般小于 $10^{-3}$ mm,收缩膜曲率半径也很小,则表面张力小的变化也可引起基质吸力显著变化。基质吸力的变化即孔隙水压力变化必然对水分迁移产生影响。参照温度引起的表面张力变化量及各类土的孔隙直径,可以估计,温度变化引起的水分迁移现象在细粒土中要比在粗粒土中明显。

表 7.1　收缩膜表面张力随温度的变化

| 温度/℃ | 0 | 10 | 15 | 20 | 25 | 30 | 40 |
|---|---|---|---|---|---|---|---|
| 表面张力/(mN/m) | 75.7 | 74.2 | 73.5 | 72.75 | 72.0 | 71.2 | 69.6 |

对表 7.1 中的数值进行分析回归,可得收缩膜表面张力计算关系式:

$$T_s = 75.7 - 0.15T \tag{7-2}$$

将式(7-2)代入式(7-1),得基质吸力随温度变化的关系式:

$$u_a - u_w = (151.4 - 0.3T)/R_s \tag{7-3}$$

对冻土工程而言,进行水分迁移计算时,主要应考虑重力、基质吸力、温度和相变,相变只发生在相变区域。温度除影响基质吸力从而影响水分迁移外,还在相变界面处对水分迁移产生影响。可参考式(4-34)考虑相变引起的水头大小。

在冻结区域土中,由于自由水和外层弱结合水已经冻结成冰,强结合水受土颗粒很强的约束力,已经失去了流体的性质,如同固体一样。在外力作用下,有可能迁移的水只有内层弱结合水,这一层水由于其受颗粒的约束力仍较大,再加上迁移通道狭窄,水在负温下的黏滞性又大,因此冻土中的水分迁移是很小的,可以忽略不计,这已为试验所证实。基于此,取冻结土中的渗透系数为零,但对冻融界面下方附近的非饱和冻结土,其渗透系数则不能取为零。非饱和冻结土中的水冻结成固相冰,固相之间还有孔隙,这时,冻土层上方融土底部的水便会在重力作用下向下入渗,在下方非饱和冻结土一定距离内冻结成冰,使土层的饱和度增大。在土变饱和的过程中,由于土中孔隙的大小不一,其水分冻结成冰在时间上也是不一致的,先冻结的孔隙冰抬升上伏土层,使后冻孔隙增大,后冻孔隙增大后,水分便会继续入渗,后冻孔隙冻结后,又会增大前冻孔隙,孔隙增大,则水分入渗,这个过程不断进行,便形成冻结缘或融化缘。当然,这个过程并不是恒速进行的,随着冻融循环次数的增加,冻胀力增大,冻胀增量和水分迁移量减小,直至变为零,则冻结缘和融化缘停止发育。这一方面还需作进一步研究,如水渗入冻土层多大距离才会冻结等问题,目前还很难把握。

对于黄土工程,式(7-3)虽然给出了考虑温度影响的基质吸力的确定方法,但由于非饱和土收缩膜曲率半径的确定比较困难,该式尚难以应用。因此,本节对非饱和黄土基质吸力进行了测试,分析得到综合考虑温度和密度影响的黄土土水特征曲线表述为式(5-34)。依据此关系式可以确定非饱和黄土的基质吸力。

## 7.3　非饱和土体水热耦合计算

前文已得到了有限元法计算非稳态相变温度场的基本方程和计算水分场的基本方程:

$$([K]+\frac{[N]}{\Delta t})\{T\}_t=\frac{[N]}{\Delta t}\{T\}_{t-\Delta t}+\{P\}_t \tag{7-4}$$

$$([D]+\frac{[E]}{\Delta t})\{h\}_t=\frac{[E]}{\Delta t}[h]_{t-\Delta t}+\{F\} \tag{7-5}$$

水热耦合计算实际上就是这两个方程的耦合计算,计算分时段进行,每一时段计算时均应考虑两个方程间的相互影响。导热系数、比热容、相变潜热等热参数不能采用定值,而应充分考虑水分迁移的影响,根据式(2-1)~式(2-8),引入含水量进行计算。确定水头时,也应根据计算时段温度值计算。水热耦合计算采用迭代法,但不宜单纯采用迭代法,单纯迭代虽然程序简单,但收敛性能较差。为了改进收敛性能,应在两次迭代之间先用矩阵消元法直接求解,再用低松弛因子来确定下次迭代值。

如果第 $i$ 次迭代消元计算得到 $T^{(i)}$、$h^{(i)}$,经过验算表明此值不满足精度要求,则必须继续进行迭代计算,但不宜直接将 $T^{(i)}$、$h^{(i)}$ 作为迭代值,应先对 $T^{(i)}$、$h^{(i)}$ 作下述修正:

$$\overline{T}^{(i)} = \omega T^{(i)} + (1-\omega)\overline{T}^{(i-1)} \tag{7-6}$$

$$\overline{h}^{(i)} = \omega h^{(i)} + (1-\omega)\overline{h}^{(i-1)} \tag{7-7}$$

式中,$\overline{T}^{(i-1)}$、$\overline{h}^{(i-1)}$ 为第 $i-1$ 次代入迭代值;$\omega$ 为松弛因子,对冻土路基的非稳态相变温度场问题,应取 $\omega < 1$,即采用低松弛迭代。在计算过程中,为了加速收敛,应根据迭代次数不断调整 $\omega$ 值。$T^{(i)}$、$h^{(i)}$ 经修正后得到新值 $\overline{T}^{(i)}$、$\overline{h}^{(i)}$,将新值 $\overline{T}^{(i)}$、$\overline{h}^{(i)}$ 作为迭代值进行计算,计算得到的值经修正后再代入迭代式计算,依此类推,直至计算值能够满足精度要求为止。

水热耦合计算的总体流程如图 7.1 所示。图中“是”表示满足精度要求,“否”表示不满足精度要求。计算时应选取合适的时间步长 $\Delta t$ 和单元的尺寸 $\Delta x$。一般来说,减小 $\Delta t$ 能使求解的稳定性和精度提高,但在单元边长 $\Delta x$ 保持不变的情况下,并非 $\Delta t$ 越小越好,$\Delta t$ 的最小值应满足:

$$\frac{k\Delta t}{C\Delta x^2} > 0.1 \tag{7-8}$$

如果 $\Delta t$ 小于此式规定的最小值,就会产生振荡现象,因此,$\Delta t$ 的选取,应在满足此式的条件下,越小越好。

正如前文所述,温度场计算时采用四边形单元,而水分迁移计算时则采用三角形单元,温度场计算得到各节点的温度值,水分迁移计算得到的各节点的水头及含水量。在水热耦合计算时,虽然温度场和水分迁移场计算采用了不同的单元形式,但只要保证二者的节点坐标、节点数目及编号是统一的,则不影响水热耦合计算。温度场计算时采用四边形单元划分网格,在水分迁移计算时,仍采用温度场的四边形网格划分,但将每个四边形单元划分为两个三角形单元,这样,二者节点信息是完全一样的,只是单元信息有了变化,这不影响耦合计算。

以青藏公路 K3278+440 段路基为对象进行水热耦合计算。计算场地为砾砂土,路基走向东北,热边界条件的确定见有关文献,热参数根据前文应动态取值。砾砂土的孔隙直径通常大于 0.2mm,路基中可能出现的温度变化引起的基质吸力变化不大,同时由于试验条件所限,本节在计算过程中,取温度水头为 0,土的基质吸力与渗透系数的关系以及基质吸力与含水量的关系,根据天然沉积砂的实测结果确定,蒸发和降水量根据气象资料取值。在水热耦合计算中,温度场的迭代精度取 0.01℃,含水量的迭代精度取 0.1%。

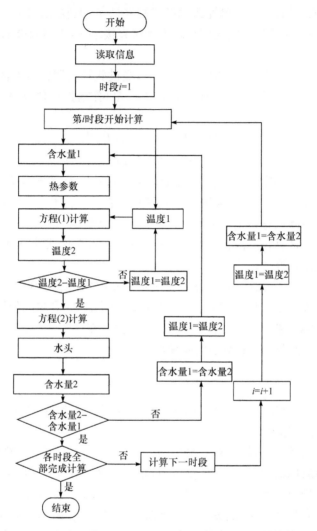

图 7.1　水热耦合计算流程图

　　融化(冻结)缘的厚度取为 30cm,将此作为已知条件,计算过程中,将融化(冻结)缘内土作为融土进行计算,并假定其中的最终含水量分布呈线性分布,线性地从融化(冻结)界面处变化到融化(冻结)缘底面冻土的含水量,当融化(冻结)缘中某处的含水量达到该处的最终含水量时,取该处的渗透系数为 0。

　　试验场路基计算中,将全年划分为 36 个时间段,时间步长为 10 天。计算得到路基修筑后十年内的温度和含水量分布。计算结果表明,含水量的分布与温度场的分布均逐时段、逐年发生变化,这主要是由外界因素逐时段变化和填筑路基蓄热以及路基土体初始含水量不平衡分布造成的,对于含水量、温度的变化及分布规律,本节不作深入探讨,仅给出应用前文方法计算得到的结果。图 7.2 和图 7.3 为计算得到的路基修筑后第三年 9 月下旬的温度场分布和含水状态分布。

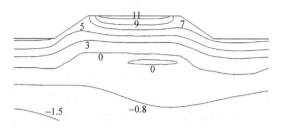

图 7.2　路基修筑后第三年 9 月下旬的温度场分布(单位:℃)

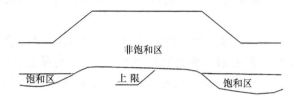

图 7.3　路基修筑后第三年 9 月下旬含水状态分区

图 7.2 揭示了实测中发现的冻土路基温度场的非对称分布,此时的冻融界面即可认为是冻土路基上限。图 7.3 对计算得到的含水量分布进行分区,将上限以上土体分为非饱和区和饱和区,从图中可以看出,修筑路基使上限上升,但路基中部上限以上土体为非饱和区,两侧上限以上存在厚度不等的饱和区。对冻土路基的大量钻孔勘察结果表明,路面下未发现地下水,但在路基两侧坡脚钻孔深度不大即可发现地下水面,计算揭示了勘察结果。9 月下旬以后,路基中会出现双向冻结,即不仅从路基表面向内继续冻结,而且从上限向上逐步冻结,在冻结过程中,由于饱和土的冻胀系数远大于非饱和土,路基两侧的冻胀量大于中部,两侧饱和区厚度不一样,两侧的冻胀量也不一样,这种不均匀的冻胀变形对路基是很不利的,可使冻土路基出现纵向裂缝等病害。

本节提出了冻土路基水热耦合问题的计算模型,并给出了水热耦合计算的总体流程图,实例计算揭示了冻土路基温度场和含水状态的横向差异,含水状态的横向差异及由此引起的不均匀冻胀变形可使冻土路基出现纵向裂缝等病害,纵向裂缝是青藏公路冻土段存在的主要病害之一,有关纵向裂缝病害成因问题,还需要进行专题详细研究。

## 7.4　温度作用下非饱和黄土水分迁移研究

浅层黄土中的水分运动长期以来一直受到人们关注,掌握水分运动规律,定量

　　分析水分的迁移可以更好地掌握土体的性能,这对于保证工程的安全是很有意义的。因此,研究者在力求揭示水分运动规律的同时建立各种水分模型定量分析水分的迁移,用于预报和预测水分的变化。随着水分运动研究的深入,研究者发现,土体中的水分和热量是相互作用、相互影响的,土壤中热量的差异和改变会引起水分迁移,由于温度是影响水分运动不可忽视的因素,传统的等温模型就不能准确地反映温度变化条件下浅层黄土中的水分运动,尚需要进一步研究温度对水分迁移的影响。基于此,本节通过试验研究温度变化时黄土中水分分布的变化。

　　根据研究目的,在不同的温差下对不同密实度、不同含水量的土样进行测试。

　　首先制备土样。本试验土样取自西安市南郊水厂,属于上更新世风积黄土($Q_3^{2eol}$),呈黄褐色~浅黄褐色。大孔发育,可见虫孔,极少量植物根,偶见蜗牛壳碎片,硬塑~可塑。

　　把土样通过 2mm 筛孔过筛风干然后换算成烘干土,根据需配制含水量分别求得需加入水量,喷洒拌匀,放入密封容器平衡约 5 天,确保土壤含水量均匀。然后将土样装入外径 20cm、高 10cm 的圆形容器。装土过程中以不同能量压实,装完土样后称重并确定土样密度。土样两端加盖密封,将两个土柱对称布置在主加热炉两侧,这样主加热炉产生的热量向左右两边平均传递,为使温度分布均匀,试件两侧各有匀温铜板紧贴,另外在主加热炉周边有一辅助加热炉,以保证主加热量全部垂直炉面传递给试件。为确保热量一维传递,在试件的周围设有保温层,主炉的两面各有测量表面温度的热电偶,辅助加热炉匀温铜板上也装有测温热电偶,一共有六个热电偶。试件的冷端用自来水冲刷冷却,如图 7.4 所示。

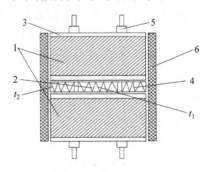

图 7.4　导热仪装置

1-试件;2-主加热炉;3-流水冷却盘;4-辅助加热炉;5-冷却水喷灌;6保护层

试验步骤如下。

　　(1) 连接主加热炉、辅助加热炉电路,检查电流表、电压表,接进主加热炉电路无误,如图 7.5 所示。将电偶的康铜丝按次序全部接至连接器上,电偶的康铜丝和冷端的康铜丝拧到一起接至冰水混合物中。接通主加热器开始加热,同时打开自来水进行冷却。用自耦调压变压器调节功率使建立起趋近于试验所需的温度 $t_1$,

同时调节辅助加热器功率使 $t_2 = t_1$,在调节过程中,改变 $t_2$ 还会影响 $t_1$,所以需要不断地进行调节。

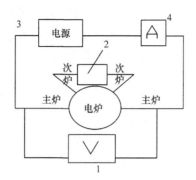

图 7.5　线路连接

1-T19-V 型电压表;2-自耦调压变压器;3-晶体管直流稳压器;4-C31-A 型电流表

(2) 温度由 UJ36 型电位差计来确定。将被测未知的电压接在未知的两个接线柱上(注意极性),把倍率开关拧至所需要的位置,同时接通电位差计工作电源和检流计放大器电源。3min 后,调节检流计指零。将电键开关指向"标准"调节多圈变阻器,使检流计指零,再将电键开关转向"未知",调节滑线读数盘,使检流计再次指零,温度按式(7-9)确定:

$$T = 2.5sm \tag{7-9}$$

式中,$s$ 为滑线盘读数;$m$ 为倍率;$T$ 为温度。

(3) 因为热量的传递,土样内含水量开始重新分布,含水量重分布又影响温度分布,所以初期电压值是变化的,大概每隔 1h 读一次数,当连续 2～3h 在一定的电压下读数一直不变,说明含水量分布已经达到稳定,记录各电偶的温度。如果每次读数都在变化,就要调节电压,直到稳定为止。

(4) 将试件卸下,测试土样中的含水量分布,含水量测定采用烘干法。

(5) 制备不同密实度、不同初始含水量的土样,改变热端温度,重复以上试验过程。

测试得到不同温差作用下的含水量分布如图 7.6～图 7.8 所示。图 7.6 为初始含水量为 14.83% 时的土样在不同温差作用下的含水量分布。图 7.7 为初始含水量为 5.6% 时的土样在不同温差作用下的含水量分布。图 7.8 为初始含水量为 20% 时的土样在不同温差作用下的含水量分布。图中显示出,对于初始含水量均布的土样,受到温差作用后,土样中含水量的分布已经发生了明显的变化,温度梯度引起水分迁移从而改变了原有含水量分布,显示了温度对水分分布的显著影响,工程活动中对这一点应引起重视。图 7.6 中曲线 1 为温差 10℃的测试结果,曲线 2 为温差 20℃的测试结果,曲线 3 为温差 30℃的测试结果。图 7.7 和图 7.8 中曲线 1 为温差 10℃的测试结果,曲线 2 为温差 30℃的测试结果。对于温差为 10℃的土样,其含水量的分布曲线比较平缓,而温差为 30℃的土样,其含水量的分布曲线就相对陡得多,温差为 20℃的土样,其含水量的分布曲线居于中间。同时从图中可以看出,在冷端分布为温差越小,含水量越大,在热端分布为温差越大,含水量越小,这说明温差越大,温差引起的含水量分布的变化越大。

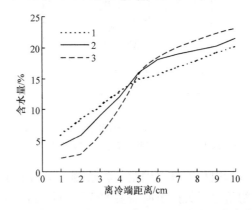

图 7.6　初始含水量为 14.83%时的土样含水量分布曲线图

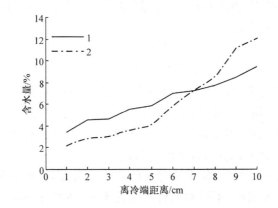

图 7.7　初始含水量为 5.6%时的土样含水量分布曲线图

　　为了研究初始含水量对土中含水量分布的影响,对于初始含水量分别为 14.83%、5.6%、20%的三个土样,其干密度和土样两端的温差基本上是相同的,测试得到其含水量分布如图 7.9 所示。

　　图 7.9 中曲线 1 是初始含水量为 14.83%时土样含水量分布曲线,曲线 2 是初始含水量为 5.6%时的土样含水量分布曲线,曲线 3 是初始含水量为 20%时的土样含水量分布曲线。上述三个土样在温差基本相同、密实度接近的情况下进行比较,发现土样 1 的含水量变化最为显著。土样 3 含水量较大,土样饱和度较高,温差引起的含水量差较小;土样 2 含水量较小,因土样初始含水量小,温差引起的

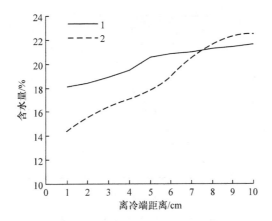

图 7.8　初始含水量为 20% 时的土样含水量分布曲线图

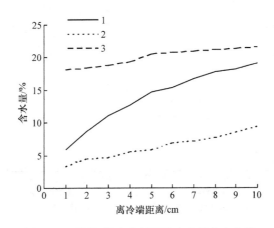

图 7.9　不同初始含水量下的含水量分布曲线

含水量差值较小,但含水量差与初始含水量之比还是比较大的;土样 1 的含水量处于二者之间,温差引起的含水量差大。这说明,当初始含水量适中时,温差引起的含水量差值较大。

　　对初始含水量相同但密实度不同的土样,在温差作用下含水量分布如图 7.10所示。图中显示在同一温差下,对于不同密实度的土样,在冷端分布为密实度越小,含水量越小,在热端分布为密实度越大,含水量越小,相反,密实度越大,在冷端的含水量越大,而在热端密实度越小的含水量越大。而且可以看出,密实度越小的土样含水量的变化越大,温度对水分迁移的影响越大。

　　进一步考虑密度影响,在不同温度梯度作用下,对不同密度和初始含水量土样进行试验,共得到 17 个土样的测试结果,如图 7.11 所示。图中数字为土样编号,土样编号及试验指标如表 7.2 所示。

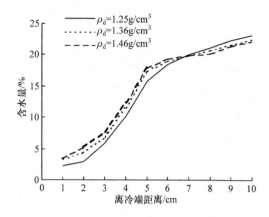

图 7.10　不同密实度的分布曲线

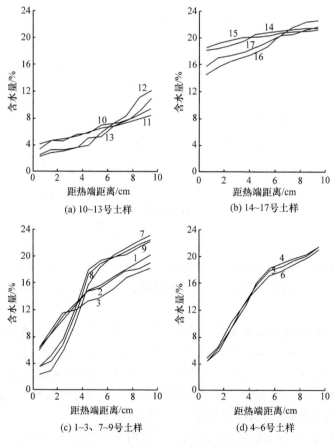

图 7.11　各试验土样的含水量分布

**表 7.2　试验土样编号及试验指标**

| 土样编号 | 初始含水量/% | 温差/℃ | 干密度/(g/cm³) |
|---|---|---|---|
| 1 | 14.8 | 13 | 1.25 |
| 2 | 14.8 | 12 | 1.36 |
| 3 | 14.8 | 11 | 1.42 |
| 4 | 14.8 | 22 | 1.24 |
| 5 | 14.8 | 20 | 1.33 |
| 6 | 14.8 | 20 | 1.43 |
| 7 | 14.8 | 34 | 1.27 |
| 8 | 14.8 | 30 | 1.33 |
| 9 | 14.8 | 32 | 1.46 |
| 10 | 5.6 | 13 | 1.32 |
| 11 | 5.6 | 12 | 1.46 |
| 12 | 5.6 | 31 | 1.37 |
| 13 | 5.6 | 28 | 1.56 |
| 14 | 20 | 13 | 1.21 |
| 15 | 20 | 12 | 1.39 |
| 16 | 20 | 31 | 1.16 |
| 17 | 20 | 27 | 1.33 |

从图 7.11 可以看出,对于初始含水量均布的土样,在两端施加温差后,土样中的含水量分布发生明显变化,冷端的含水量增大,热端的含水量减小,变化稳定后的含水量分布是不均匀的,近似呈直线分布。在温差作用下,土样两端的含水量差与初始含水量、土样密度和温差有关,总体来说,温差越大,土体密度越小,水分迁移特征越明显,土样两端含水量差越大。当初始含水量较大时,土样饱和度较高,温差引起的含水量差较小;当初始含水量较小时,因土样含水量小,温差引起的含水量差较小;当初始含水量适中时,温差引起的含水量差较大。

对试验结果进行分析回归后,得到温度影响下含水量分布的表述关系式如下。

初始含水量为 14.8% 时的土样:

$$\mathrm{grad}w = -50.57(2+\gamma_{\mathrm{d}})^{-3}(\mathrm{grad}T)^{0.3} \tag{7-10}$$

初始含水量为 5.6% 时的土样:

$$\mathrm{grad}w = -103.66(2+\gamma_{\mathrm{d}})4.5\,(\mathrm{grad}T)^{0.8} \tag{7-11}$$

初始含水量为 20% 的土样:

$$\mathrm{grad}w = -52.47(2+\gamma_{\mathrm{d}})^{-3}(\mathrm{grad}T)^{0.85} \tag{7-12}$$

式中,$\mathrm{grad}w$ 为平均含水量梯度;$\mathrm{grad}T$ 为平均温度梯度;$\gamma_{\mathrm{d}}$ 为土样干密度。

考虑初始含水量的影响,在式(7-10)～式(7-12)的基础上作进一步分析,可得综合考虑温度梯度、初始含水量和干密度综合确定含水量梯度的表述关系式:

$$\text{grad}w = a(2+\gamma_d)^b \, (\text{grad}T)^c \tag{7-13}$$
$$a = 0.426w^2 - 14.46w + 171.29$$
$$b = (-3.13w^2 + 80.2w - 801) \times 10^{-2}$$
$$c = (1.15w^2 - 28.9w + 205.6) \times 10^{-2}$$

式中,$w$ 为平均含水量。

采用式(7-13)进行计算,各个试验土样的计算和实测含水量梯度值如表 7.3 所示。从表中可以看出,计算结果与实测结果是比较一致的,说明式(7-13)拟合试验结果的效果较好。

表 7.3　实测与计算含水量梯度值

| 土样编号 | 温度梯度 /(℃/cm) | 实测含水量 梯度/(℃/cm) | 计算含水量梯度 /(℃/cm) | 计算误差/% |
|---|---|---|---|---|
| 1 | 1.3 | 1.472 | 1.600 | 8.70 |
| 2 | 1.2 | 1.314 | 1.414 | 7.61 |
| 3 | 1.1 | 1.206 | 1.307 | 8.37 |
| 4 | 2.2 | 1.862 | 1.889 | 1.45 |
| 5 | 2.0 | 1.844 | 1.692 | −8.24 |
| 6 | 2.0 | 1.685 | 1.548 | −8.13 |
| 7 | 3.4 | 1.956 | 2.092 | 6.95 |
| 8 | 3.0 | 1.774 | 1.909 | 7.61 |
| 9 | 3.2 | 1.589 | 1.735 | 9.19 |
| 10 | 1.3 | 0.605 | 0.577 | −4.63 |
| 11 | 1.2 | 0.435 | 0.450 | 3.45 |
| 12 | 3.1 | 0.996 | 1.080 | 8.43 |
| 13 | 2.8 | 0.855 | 0.778 | −9.01 |
| 14 | 1.3 | 0.330 | 0.351 | 6.36 |
| 15 | 1.2 | 0.267 | 0.256 | −4.12 |
| 16 | 3.1 | 0.815 | 0.807 | −0.98 |
| 17 | 2.7 | 0.582 | 0.565 | −2.92 |

在温度梯度作用下,当土体水分场达到稳态分布时,土体含水量梯度可以由式(7-13)表达。即当非饱和土体仅受温度梯度作用时,若水分场和温度场均处于稳态分布,则非饱和土体水分分布可由式(7-13)确定。

本节通过在黄土土样两端施加不同温差,对不同密实度不同含水量的土样进行水分迁移试验,测试得到黄土土样在温度梯度作用下的稳态含水量分布。测试结果揭示出,温度对土样中含水量分布的影响非常显著,当有温度梯度存在时,就会有热引起的水流。在温度梯度作用下的稳态含水量梯度方向与温度梯度相反。在温差作用下,温度梯度越大,土体密度越小,水分迁移特征越明显,土样两端含水量差越大。当初始含水量较大和较小时,温差引起的含水量差均较小;当初始含水量适中时,温差引起的含水量差较大。考虑含水量和密度的影响,得到水热稳态分布温度梯度引起含水量梯度的表述关系式,该式考虑了土体密度、温度梯度、含水量和含水量梯度对水势的综合影响大。

## 7.5 冻结作用下非饱和黄土水分迁移问题研究

我国黄土高原区域广阔,受干旱、半干旱气候条件影响,该区域浅层黄土基本上处于非饱和状态。浅层黄土直接暴露于大自然,自然因素对土体物理力学性能产生影响,夏秋雨水入渗使土体含水量增加,冬季土层冻结使水分向冻结界面富集。由于抗剪强度主要由含水量决定,随着含水量的增加,抗剪强度降低,由此导致的工程病害频发。冬季土层冻结驱使水分向冻结界面迁移,使冻结界面附近含水量增加甚至形成冰层,易导致工程冻胀病害,春季融化后在冻结界面出现高含水量层,易导致边坡、岸坡出现溜方、滑塌等病害。对此病害问题工程界给予高度重视,已有多位研究者通过试验揭示了冻结作用驱使水分向冻结界面迁移的现象。但是,冻结作用如何驱使水分迁移,土体密度、含水量、时间如何影响水分迁移进程,液态水迁移和气态水迁移分别对水分迁移进程的影响如何,这些问题尚需明确,本节给出此方面研究内容。

试验用非饱和黄土土样液限30.2%,塑限17.8%,塑性指数12.4。为了满足本次试验需要,首先自制了试验装置,如图7.12所示。图7.12(a)为非饱和黄土水分混合迁移试验装置,试验时不区分液态水和气态水迁移结果,实测得到总的水分迁移结果。试验土样为长度30cm、直径7.5cm的圆柱形土样,四周包裹绝热材料,保证土样沿轴向单向导热,土样顶面和底面为温度控制端,底面(以下称为冷端)控制为负温使土样冻结,顶面控制为正温。试验时配制不同密度、不同含水量的土样若干个,测定每个土样经历不同冻结时间的水分分布,进而探讨水分向冻结界面迁移的情况。图7.12(b)为设置格栅的非饱和黄土水分迁移试验装置,该试验装置与前述水分混合迁移试验装置和试验方法基本相同,区别在于中间设置了间隔为1cm的格栅,设置格栅的目的是阻断液态水迁移通道,只允许气态水通过,将采用此试验装置的水分迁移结果与未设格栅的混合迁移结果进行对比分析,便可分析液态水迁移和气态水迁移对水分迁移进程的影响。试验时,土样底面温度和顶面温度分别控制为-10℃和19℃,并在土样中每隔7.5cm埋设温度传感器,测试土样温度的分布。试验时共配制 10 个土样进行试验,土样如表 7.4 所示。土样 1～5 用于水分混合迁移试验,土样 6～10 用于设置格栅的水分迁移试验。

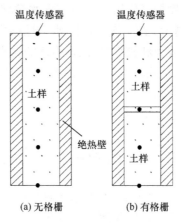

(a) 无格栅　　　　　(b) 有格栅

图 7.12　试验装置

**表 7.4　试验土样**

| 试验编号 | 初始含水量 $w$/% | 干密度 $\rho_d$/(g/cm³) | 冻结时间/d |
|---|---|---|---|
| 1、6 | 13.6 | 1.28 | 7 |
| 2、7 | 13.6 | 1.40 | 7 |
| 3、8 | 20.8 | 1.28 | 7 |
| 4、9 | 20.8 | 1.40 | 7 |
| 5、10 | 20.8 | 1.40 | 14 |

　　试验结果如图 7.13～图 7.17 所示,图中分别给出了温度分布和含水量分布。从图中可以看出,在土样冷端施加负温后,一定长度的土样冻结,冻结区域含水量明显增大,未冻结区域含水量明显减小,冻结锋面处含水量增加最大。在土样冷端施加负温后,冻结锋面自外向内逐渐推进,直至现有冻结锋面。由于未冻结区域水分向冻结锋面迁移,在冻结锋面推进过程中,导致现有冻结区域含水量明显增大。因此,冻结区域含水量增大是未冻结区域水分向冻结锋面迁移的结果,并不代表水分向冻结区域内迁移。在未冻结区域,土样含水量减小,几乎是均匀分布的。这表明,相对于未冻结区域水分迁移进程,水分向冻结锋面的迁移是比较缓慢的。未冻结区域水分向冻结锋面发生迁移后,其在未冻结区域引起水分差异,导致未冻结区域内部发生水分迁移,并迅速使未冻结区域水分趋于均布。

　　图 7.13 和图 7.14 为相同初始含水量、不同干密度土样的试验结果。由图中可以看出,干密度对土样含水量的变化以及冻结锋面的位置有一定影响。在含水量一定的情况下,干密度越大,单位体积土体含水量越大,冻结时释放热量越多,延

缓冻结锋面推进进程。但干密度越大,导热越快,将加速冻结锋面推进进程。此二者相互制约,对冻结锋面推进的影响需由试验结果确定。试验结果表现为干密度越大,冻结锋面推进越慢,冻结区域越小,反之,干密度越小,冻结锋面推进越快,冻结区域越大。冻结锋面推进越快,冻结区域含水量增加越小,图中干密度较小时土样冻结区域含水量增加值小于干密度较大土样。当土样中温度达到稳态分布后,冻结锋面位置不再变化,锋面处的含水量也随干密度的不同而不同,干密度大,锋面处的含水量相对较少,干密度小,锋面处的含水量相对较大。

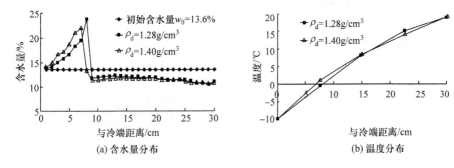

图 7.13　初始含水量为 13.6% 时土样冻结 7d 含水量分布和温度分布

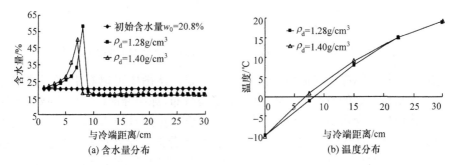

图 7.14　初始含水量为 20.8% 时土样冻结 7d 含水量分布和温度分布

　　图 7.15 和图 7.16 为相同干密度、不同初始含水量土样的试验结果。由图可以看出,初始含水量对土样含水量的变化有影响,但对冻结锋面位置影响不大。在干密度一定的情况下,初始含水量越大,冻结锋面土体含水量增加越大。当初始含水量较大时,冻结锋面处土体含水量已经远超过饱和含水量,此处有冰层存在。试验过程中,在密度较大土样冻结锋面处肉眼发现有明显的冰层,而含水量较低的土样中未见明显的冰层。在干密度一定的情况下,土体含水量越大,冻结时释放热量越大,延缓冻结锋面推进进程。但含水量越大,导热越快,将加速冻结锋面推进进程。试验结果表明此二者几乎相互抵消,初始含水量对冻结锋面位置影响不大。

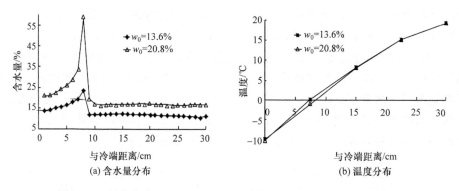

图 7.15　干密度为 1.28g/cm³ 时土样冻结 7d 含水量分布和温度分布

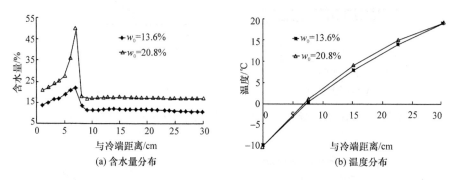

图 7.16　干密度为 1.40g/cm³ 时土样冻结 7d 含水量分布和温度分布

图 7.17 是不同冻结时间水分迁移试验结果。从图中可以看出,在土样干密度、初始含水量一定的情况下,当温度达到稳态分布,冻结锋面稳定后,随着时间增加,冻结锋面处的含水量(含冰量)增加,但后期含水量随时间的增加值明显小于前期,说明在冻结锋面冰层形成初期,未冻结区域水分向冻结锋面迁移量大,冰层形成以后水分迁移量小。由图还可以看出,冻结锋面稳定后,冻结区域土样含水量随时间变化很小,但土样未冻结区域含水量随时间稍有不同,时间长的土样含水量稍

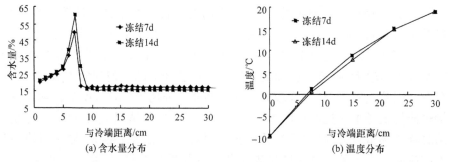

图 7.17　不同冻结时间含水量分布和温度分布

低于时间短的土样含水量,这主要是一定冻结梯度下,随着时间的增长,土样未冻结区域水分向冻结锋面迁移且迁移量增加,引起土样未冻结区域含水量随时间的增长而减少。

进一步配制不同密度、不同初始含水量的土样并设置格栅进行试验研究,格栅的设置阻断了液态水迁移通道,试验结果如图 7.18～图 7.20 所示。试验结果表明,在设置格栅情况下,土样密度、初始含水量、时间对冻结作用导致的水分迁移进程均有影响。在初始含水量一定的情况下,干密度越大,冻结区域越小,反之亦然,干密度较小时土样冻结区域含水量增加值小于干密度较大土样。干密度大,锋面处的含水量相对较小,干密度小,锋面处的含水量相对较大。在干密度一定的情况下,初始含水量越大,冻结锋面土体含水量增加值越大。初始含水量对冻结锋面位置影响不大。当冻结锋面稳定后,随着时间增加,冻结锋面处的含水量(含冰量)增加,但后期含水量随时间的增加值明显小于前期,在冻结锋面冰层形成初期,未冻结区域水分向冻结锋面迁移量大,冰层形成以后水分迁移量小。冻结锋面稳定后,冻结区域土样含水量随时间变化很小。可见,无论是否设置格栅,土样密度、初始含水量、时间对冻结作用导致的水分迁移进程的影响规律是相同的。

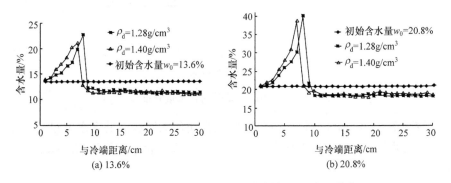

图 7.18　不同初始含水量土样冻结 7d 含水量分布

为了便于比较,图 7.21 和图 7.22 给出了水分混合迁移和设置格栅水分迁移的对比试验结果。从图 7.21(a)和(b)可以看出,当土样初始含水量比较小时,混合迁移试验结果和设置格栅水分迁移试验结果几乎是相同的,表明格栅阻断液态水通道对冻结作用导致的水分迁移进程影响不大。此时,通过格栅的气态水迁移量与混合迁移水量几乎相同,说明低含水量下气态水迁移现象是显著的,向冻结锋面迁移水量主要来源于气态水迁移。图 7.21(c)和图 7.22(a)显示出,当土样初始含水量比较大时,混合迁移试验结果和设置格栅水分迁移试验结果是不同的,和混合迁移试验结果相比较,设置格栅阻断液态水迁移通道后向冻结锋面迁移水量明显减小,表明格栅阻断液态水通道对冻结作用导致的水分迁移进程影响较大。试验过程也揭示出,和混合迁移结果相比较,设置格栅后冻结锋面处的含冰量明显减

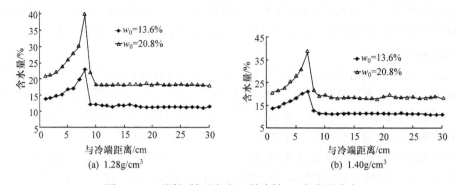

图 7.19　不同初始干密度土样冻结 7d 含水量分布

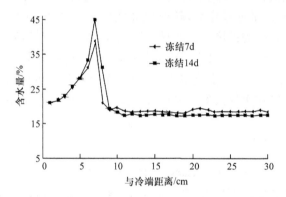

图 7.20　不同冻结时间含水量分布

少。比较图 7.22(a)和(b)可以发现,虽然混合迁移冻结锋面处含水增量大于设置格栅时的含水增量,但无论是否设置格栅,冻结锋面处含水增量均随时间的增加而增加。

　　本节首先自制了冻结作用导致水分迁移的试验装置,采用未设置格栅试验装置得到了液态水和气态水混合迁移结果,采用设置格栅试验装置得到了阻断液态水迁移通道情况下水分迁移结果。试验结果表明,土样密度、初始含水量、时间对冻结作用导致的水分迁移进程均有影响。冻结过程冻结锋面的推进使冻结区域含水量明显增大,未冻结区域含水量明显减小,冻结锋面处含水量增加最大。相对于未冻结区域水分迁移进程,水分向冻结锋面的迁移是比较缓慢的。干密度较小土样冻结区域含水量增加值小于干密度较大土样,干密度大,冻结锋面处的含水量增量相对较少。初始含水量越大,冻结锋面土体含水量增加值越大,并形成冰层。随着时间增加,冻结锋面处的含水量增加,但后期含水量随时间的增加值明显小于前期,在冻结锋面冰层形成初期,未冻结区域水分向冻结锋面迁移量大,冰层形成以后水分迁移量小。当土样初始含水量比较小时,设置格栅阻断液态水通道对冻结

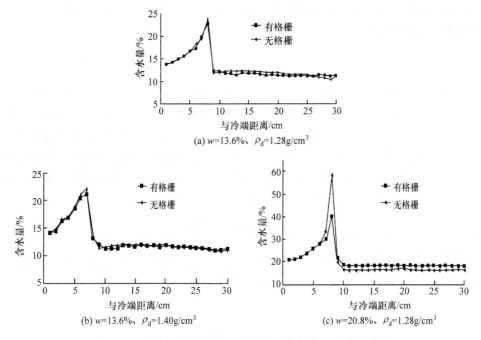

(a) $w$=13.6%、$\rho_d$=1.28g/cm³

(b) $w$=13.6%、$\rho_d$=1.40g/cm³

(c) $w$=20.8%、$\rho_d$=1.28g/cm³

图 7.21 不同初始含水量及干密度土样冻结 7d 含水量分布

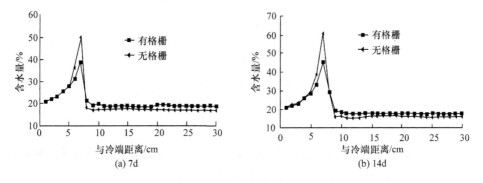

(a) 7d

(b) 14d

图 7.22 $w_0$＝20.8％、$\rho_d$＝1.40g/cm³ 土样冻结不同时间含水量分布

作用导致的水分迁移进程影响不大,向冻结锋面迁移水量主要来源于气态水迁移。当土样初始含水量比较大时,和混合迁移试验结果相比较,设置格栅阻断液态水迁移通道后向冻结锋面迁移水量明显减小。

## 7.6 冻结作用下非饱和黄土水分迁移模型试验研究

本节通过室内大尺寸冻结模型试验,开展冻结作用下非饱和黄土水分迁移试验研究,在探讨冻结作用下非饱和黄土水分迁移规律的同时,也为室内小尺寸试验研究提供对比资料。

1. 试验方案

试验用黄土基本物理指标见表7.5。试验装置见图7.23。试验土样装在长度为55cm、直径为25cm的圆柱形管内,四周包裹绝热材料,保证土样沿轴向单向导热。试验过程中,在试样两端采用冷浴装置施加温度梯度,控制冷浴循环器的型号为 NESLAB LT-50DD,控温范围为−50～40℃,控温误差为±0.03℃,其中冷端控制为负温使土样冻结。在试样上,每间隔5cm布置一个热电阻温度传感器,适时监测试样中温度的变化,传感器量测精度为±0.1℃。

表7.5　基本物理指标

| 土粒密度 /(g/cm³) | 液限/% | 塑限/% | 塑性指数 | 颗粒组成/% | | |
|---|---|---|---|---|---|---|
| | | | | ≥0.075mm | 0.075～0.005mm | ≤0.005mm |
| 2.70 | 30.9 | 18.1 | 12.8 | 13 | 65 | 22 |

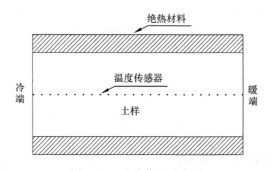

图7.23　试验装置示意图

为了研究土体密度、含水量、冻结温度(冻结速率)对非饱和黄土水分迁移的影响规律,试验共选用13组土样,具体试验条件见表7.6。

表7.6　试验条件

| 土样编号 | 干密度/(g/cm³) | 初始含水量/% | 暖端温度/℃ | 冷端温度/℃ | 时间/d |
|---|---|---|---|---|---|
| 1 | 1.30 | 19.4 | 20 | −13 | 14 |
| 2 | 1.50 | 19.4 | 20 | −13 | 14 |
| 3 | 1.65 | 19.4 | 20 | −13 | 14 |
| 4 | 1.30 | 16.2 | 20 | −13 | 14 |
| 5 | 1.50 | 16.2 | 20 | −13 | 14 |
| 6 | 1.65 | 16.2 | 20 | −13 | 14 |

续表

| 土样编号 | 干密度/(g/cm³) | 初始含水量/% | 暖端温度/℃ | 冷端温度/℃ | 时间/d |
|---|---|---|---|---|---|
| 7 | 1.30 | 13.3 | 20 | −13 | 14 |
| 8 | 1.50 | 13.3 | 20 | −13 | 14 |
| 9 | 1.65 | 13.3 | 20 | −13 | 14 |
| 10 | 1.30 | 19.4 | 20 | −7 | 14 |
| 11 | 1.30 | 19.4 | 20 | −10 | 14 |
| 12 | 1.30 | 19.4 | 20 | −7℃冻结 5d<br>−10℃冻结 5d<br>−13℃冻结 5d | 14 |
| 13 | 1.30 | 19.4 | 20 | −7℃冻结 7d<br>−13℃冻结 7d | 14 |

### 2. 试验步骤

将试验用黄土过 2mm 的筛,按照试验需要配成不同含水量的土,保湿静置 2d 后根据设计干密度每 5cm 一层分层装进管内,保证土样干密度是一致的,然后用塑料薄膜密封土样两端,使土样处于封闭系统。

在管壁一侧沿长度方向每隔 5cm 预设小孔,土样装填后,从预设小孔植入温度传感器,然后管周包裹绝热材料。

将土样水平放置,按试验条件要求施加温度,冻结过程记录温度随时间变化。

根据设计每个试样冻结 14d(根据试验数据知 14d 可使试样温度场稳定),冻结时间结束后立即取出土样,在土样融化前取不同位置的土测其含水量分布。

采用上述步骤完成所有土样的试验。

按照上述试验步骤,完成了对不同密度、不同初始含水量的非饱和黄土在不同冻结温度(冻结速率)下水分迁移试验,图 7.24～图 7.26 为代表性的温度场试验结果。

从图 7.24～图 7.26 可以看出,所有土样的温度场均基本稳定,温度变化大致分为三个阶段:急剧降温阶段,主要在 0～48h,越靠近冷端用时越短;缓慢降温阶段,主要在 48～240h;稳定阶段,240h 至试验结束。对比图 7.24(a)～(c)三个图可以发现,干密度越大,导热系数越大,温度到达稳定阶段所需的时间越短。干密度一样,含水量越大,导热系数越大,但是冻结过程中放出的热量也越大,对比图 7.24(a)、(d)、(e)可知,含水量越大,温度到达稳定阶段所需的时间越长。对比图 7.24(a)和图 7.25、图 7.26 可知,冻结温度越低,急剧降温阶段所需时间越短。

从图 7.24(f)和(g)中可以看出,变温后温度变化曲线均有简短的突降阶段,越靠近冷端此变化越明显,这主要是因为冷端温度降低后土样短时间内释放大量热量,温度在短时间内突降。

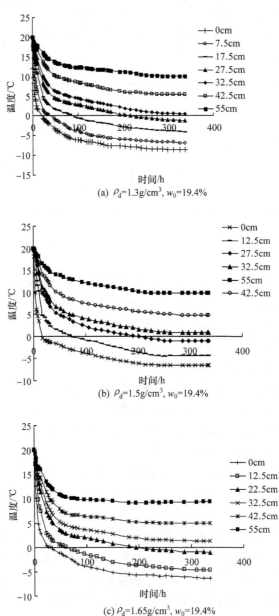

(a) $\rho_d$=1.3g/cm³, $w_0$=19.4%

(b) $\rho_d$=1.5g/cm³, $w_0$=19.4%

(c) $\rho_d$=1.65g/cm³, $w_0$=19.4%

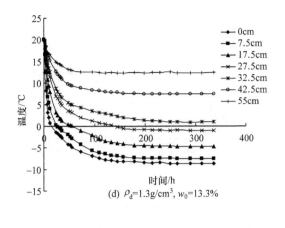

(d) $\rho_d$=1.3g/cm$^3$, $w_0$=13.3%

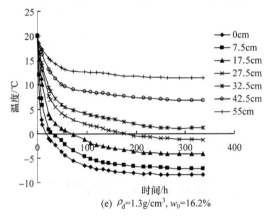

(e) $\rho_d$=1.3g/cm$^3$, $w_0$=16.2%

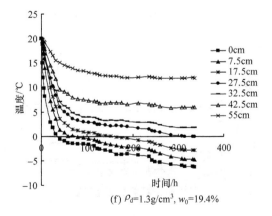

(f) $\rho_d$=1.3g/cm$^3$, $w_0$=19.4%

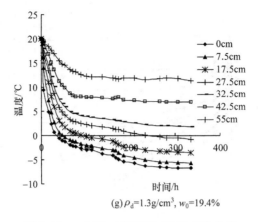

(g) $\rho_d$=1.3g/cm³, $w_0$=19.4%

图 7.24　　－13℃时温度随时间的变化曲线

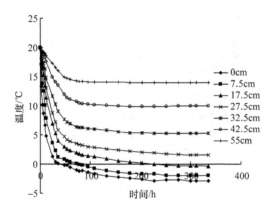

图 7.25　　－7℃时温度随时间的变化曲线

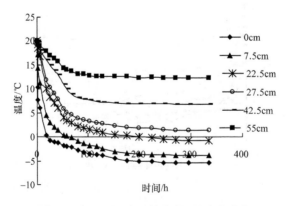

图 7.26　　－10℃时温度随时间的变化曲线

　　水分场的试验结果如图 7.27~图 7.28 所示。从图 7.27~图 7.28 中可以看出,对每一个土样,在冷端施加负温一定时间后,土样分成两个部分:冻结区域和未冻结区域;在冻结锋面处含水量增加最大。冻结锋面在土样冷端开始施加负温后处于非稳态,自冷端向暖端逐渐推进,直到稳态冻结锋面。冻结区域含水量增大,未冻结区域含水量减小是由于在非稳态冻结锋面变化过程中,未冻结区域水分向冻结锋面迁移,未冻结区域没有水分补给而产生的结果。每个土样冻结区冷端 2cm 左右内含水量局部增大,这是因为土样冻结前其温度为室温,从图 7.24~图 7.26 的温度场变化可以看出,当试验开始时,冷端从室温降温到 0℃需要一段时间,温度变化剧烈,水头差较大且有充足的水分补给,所以在冷端端部出现了局部含水量增大的现象。

　　图 7.27 是不同初始含水量、不同干密度土样的试验结果。图中显示出,干密度越大,冻结锋面的含水量增幅越大,已冻结区的水分增量越小,这是因为干密度越大,土样导热越快,冻结锋面到稳态位置的时间越短,温度稳定时,冻结锋面在稳态位置的时间越长,冻结锋面聚集的水分越多;对于冻结区域,在冻结锋面推进的过程中由于干密度大的土样渗透系数小,且冻结锋面推进快,因此水分迁移少。进一步发现,土样干密度不同,冻结界面位置不同,干密度越大,冻结界面位置靠近冷端,这也可从图 7.24(a)~(c)看出干密度越大,0℃对应的稳定位置越靠近冷端。产生这一现象主要与已冻区土体含水量分布差异有关。干密度较大时,已冻区含水量增幅较小,导热系数增幅较小,妨碍了冻结界面向前推进;反之,干密度较小时已冻区导热系数增幅较大,有利于冻结界面向前推进。干密度对水分迁移进程的上述影响在不同初始含水量土样的试验结果中均得到体现。

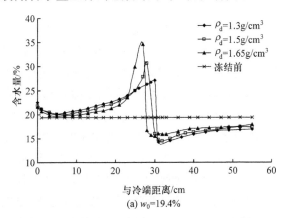

图 (a) $w_0=19.4\%$

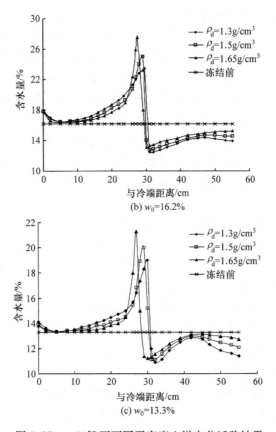

图 7.27　-13℃下不同干密度土样水分迁移结果

　　图 7.28 是干密度为 1.3g/cm³、不同初始含水量土样冻结后的试验结果。从图中可以看出：初始含水量对冻结土样的水分迁移影响显著，但对冻结锋面的位置影响不大，这主要是因为初始含水量越高，导热系数越高，但同时冻结时释放热量越大，根据试验结果二者所起作用几乎相互抵消；水分迁移量在初始干密度不变的情况下随初始含水量的增大而增大，并且在稳定冻结锋面处含水量增加最大，这是由于初始含水量大时渗透系数大，水分迁移速率快；在未冻结区，从邻近冻结锋面到暖端，含水量先增大后减小，初始含水量越小，这种现象越明显。产生这一现象的原因，是冻结界面对未冻区产生抽吸力，且未冻区存在温度梯度。温度梯度使未冻区出现基质吸力差，导致水分从暖端高温区向低温区迁移，出现低温区含水量增大现象，但在紧邻冻结界面的未冻区段，由于冻结界面抽吸力较大，水分迅速向冻结界面迁移，导致该段出现越靠近冻结界面含水量越小的现象。在冻结界面抽吸力作用下，冻结锋面邻近的未冻区水分向冻结锋面迁移，距冻结锋面较远的未冻区在温度梯度和较大水分差作用下加速补给，含水量越大，渗透系数越大，补给越快，

未冻区含水量分布的温度梯度效应越不明显;反之,土体含水量越小,渗透系数越小,补给越慢,未冻区含水量分布的温度梯度效应越明显,造成未冻结区从邻近冻结锋面到暖端出现含水量先增大后减小的现象,初始含水量越小,这种现象越明显。

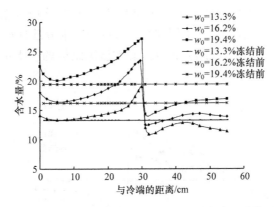

图 7.28　−13℃下不同初始含水量土样水分迁移结果

　　图 7.29 是土样冷端在不同冻结温度下冻结的试验结果。从图中可以看出:冻结温度对冻结区域大小影响显著,冷端冻结温度越低,冻结区域越大,但冻结锋面含水量增加幅度受冻结温度的影响不大。冻结温度越低,土样温度梯度越大,冻结速率越大,土样自冷端向里的冻结速度快,使得冻结锋面在冻结前期停留时间短,水分迁移量小,以致靠近冷端区域含水量增幅较小。

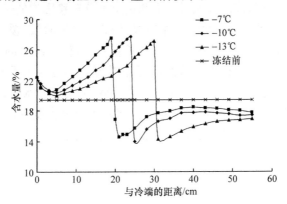

图 7.29　不同温度土样水分迁移结果

　　图 7.30 是不同冻结方式土样试验结果。三个土样经历不同方式的冻结过程,最终冻结温度相同。在相同冻结时间内,土样 1 在冷端始终维持一个负温情况下冻结,土样 12 在冷端经历二次变温情况下冻结,土样 13 在冷端经历一次变温情况下冻结。图中显示出,冷端维持一个负温冻结达稳态后,已冻结区域含水量总体上

呈现自冷端到冻结锋面单调增大的分布。但在冷端变温冻结情况下,已冻结区含水量分布出现谷峰相连的波形分布,波峰数量与变温次数相对应,这主要是因为每次温变都会有较短的快速降温过程,这个过程使得冻结锋面快速推进,冻结锋面的快速推进使得水分向冻结锋面迁移较少,所以出现谷峰相连波形,从图7.24(f)和(g)可以看出,变温后温度曲线有个明显的速降过程,在该位置冻结封面会推进较快。最终冻结温度相同情况下,不同冻结方式也使得水分迁移量发生变化,土样1的水分迁移量较大。因此,冻结方式直接影响已冻结区的含水量分布和水分迁移总量。

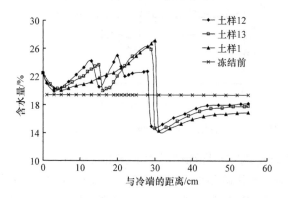

图 7.30　不同冻结方式土样水分迁移结果

　　本节通过室内大尺寸非饱和黄土冻结作用下水分迁移试验,开展了土体密度、初始含水量、冻结温度、冻结方式对非饱和黄土水分迁移影响的研究。试验结果表明:冻结过程中土样温度变化分为三个阶段,即急剧降温阶段、缓慢降温阶段、稳定阶段;干密度越大,稳定冻结锋面的水分迁移量越大,但冻结区的整体水分增量越小;初始含水量越大,水分迁移量越大,并且在冻结锋面处含水量增幅越大;在未冻结区,从邻近冻结锋面到暖端,含水量先增大后减小,初始含水量越小,这种现象越明显。此现象是冻结界面抽吸力、温度梯度和基质吸力梯度共同作用的结果。冻结方式直接影响已冻结区的含水量分布和水分迁移总量。

# 第8章 考虑水热影响的非饱和土变形及强度问题

非饱和土体水热分布的变化导致的土体冻融状态、温度和含水量的变化,进一步引起土体变形和强度参数发生变化,从而对应力场和位移场产生影响。因此,对浅层土体水(水分场)、热(温度场)、力(应力场和位移场)问题进行研究时,必须考虑其相互影响,进行水热力耦合研究。对非饱和土体的水热力耦合研究比较复杂,目前尚存在诸多疑难问题,尚难以实现三者完全耦合的计算分析。本章以冻土和黄土为研究对象,考虑水热影响,对非饱和土体变形和强度问题开展有关研究工作。

## 8.1 考虑水热影响的冻土应力变形数值模型

青藏高原冻土区的工程活动日益增多,对冻土变形问题开展研究是十分必要的。但由于冻土问题的复杂性以及国内外研究现状,目前还缺乏计算冻土变形的方法,还难以实现根据变形和强度指标进行冻土工程的设计,仍然是根据冻土工程中的温度分布进行设计。这种设计指导思想,对冻土工程变形和应力未能加以有效控制,导致一系列病害的发生。青藏公路自修建以来,冻土区路段(760km)病害不断,主要表现为路基沉陷、波浪起伏、扭曲、反拱、横裂、纵裂等,严重影响了青藏公路效益的发挥。克服目前设计方法的不足,就必须加强对冻土应力及变形问题的研究,这对完善设计方法、减少冻土工程病害、保证冻土地区公路和铁路安全高效运行有重要意义。对冻土工程中的应力及变形问题的研究,目前还处于初期阶段。虽然有的研究者采用热弹性力学方法对冻土工程中的应力和变形进行计算,但未能考虑冻土显著的流变性质及一系列参数随气候等的动态变化。有关流变的研究是从第三届国际土力学和基础工程会议(1953)开始的,会上有许多关于此问题的论文,在关于土、雪和冰的蠕变问题综合性报告中指出,蠕变研究的成就将影响土力学将来的发展,因为蠕变变形直接或间接地对土力学的所有过程起作用。此后,关于土流变特性的论文有很多,研究对象基本上是一定构成和物理性质的土。实际工程中,冻土水热随气候是动态变化的,由此引起土性发生变化,考虑水、热及土性的动态变化,还缺乏对冻土工程应力和变形问题的研究。本节在现有土力学弹塑性理论和流变理论的基础上,充分考虑冻土路基水热变化及由此引起的土性变化,对冻土应力和变形问题进行研究。

在荷载作用下,土的变形包括瞬时变形和蠕变变形。再考虑土冻胀和融化时

会引起自身体积发生变化,这种变形只发生在相变过程。考虑这部分变形后,冻土的变形应由三部分组成,即

$$\varepsilon(t)=\varepsilon^{e}(t)+\varepsilon^{c}(t)+\varepsilon^{o}(t) \tag{8-1}$$

式中,$\varepsilon(t)$ 为时间 $t$ 时的总应变;$\varepsilon^{e}(t)$ 为瞬时应变;$\varepsilon^{c}(t)$ 为蠕变应变;$\varepsilon^{o}(t)$ 为温度引起的应变。$\varepsilon^{e}(t)$ 和 $\varepsilon^{c}(t)$ 是由应力引起的,$\varepsilon^{o}(t)$ 则与应力无关。

在冻土体的水热变化过程中,土的性质及应力均随时间而变化,这使得计算相当复杂。为了便于计算,将土的水热变化过程划分为一系列的时间区间 $\Delta t_{i}(i=1,2,\cdots,n)$,当 $\Delta t_{i}$ 足够小时,可认为 $\Delta t_{i}$ 内的水热状态是恒定的,即可认为 $\Delta t_{i}$ 内的土性是不变的,将每个时段的应力也可取为定值,这样在时段之间必然产生应力阶跃现象,即将连续变化的应力简化为阶跃变化的应力,这样就可确定相邻区间的应力变化量 $\Delta \sigma_{i}$,即确定各个时段的应力增量 $\Delta \sigma_{i}$。

变形的计算应该逐时段进行,先计算各个时段的变形量,然后累加得到总的变形量,在任一时段 $\Delta t_{i}$,即从时间 $t_{i-1}$ 到 $t_{i}$,根据式(8-1),应变的增量为

$$\Delta \varepsilon_{i}=\Delta \varepsilon_{i}^{e}+\Delta \varepsilon_{i}^{c}+\Delta \varepsilon_{i}^{o} \tag{8-2}$$

### 8.1.1　瞬时变形

瞬时变形由两部分组成,即弹性变形和塑性变形,瞬时变形可采用邓肯-张模型进行计算,把瞬时变形中的塑性变形部分当做弹性变形处理,通过弹性变形参数的调整来近似地考虑塑性变形。

弹性模量和泊松比均与土性有关,随时间而变化。在每一时段内,水热状态不变,土性不变,但并非一定要测求每个时段的参数值。对水热变化平缓的若干个时段,取温度和含水量分别为其平均温度和平均含水量的土样进行测试,所得参数作为这些时段的参数。

确定弹性参数 $E$、$\mu$ 后,即可计算瞬时变形,由于路基等线型构筑物,可当做平面应变问题考虑,此时,若已知 $\Delta t_{i}$ 时段的应力增量 $\{\Delta \sigma_{i}\}$ 及弹性参数 $E_{i}$、$\mu_{i}$,则可按式(8-3)计算 $\Delta t_{i}$ 时段由 $\Delta \sigma_{i}$ 引起的瞬时应变:

$$\{\Delta \varepsilon_{i}^{ie}\}=\frac{1}{E_{i}}[Q]_{i}\{\Delta \sigma_{i}\} \tag{8-3}$$

式中

$$\{\Delta \varepsilon_{i}^{ie}\}=\{\Delta \varepsilon_{ix}^{ie}\quad \Delta \varepsilon_{iy}^{ie}\quad \Delta \varepsilon_{ixy}^{ie}\}^{T}$$

$$\{\Delta \sigma_{i}\}=\{\Delta \sigma_{ix}\quad \Delta \sigma_{iy}\quad \Delta \tau_{ixy}\}^{T}$$

$$[Q]_{i}=(1+\mu)_{i}\begin{bmatrix}1-\mu_{i} & -\mu_{i} & 0\\ -\mu_{i} & 1-\mu_{i} & 0\\ 0 & 0 & 2\end{bmatrix}$$

由于在变形过程中,土性将发生变化,此类问题变得十分复杂。为了使问题能

够解决,作一些简化处理,时段 $\Delta t_i$ 的瞬时变形,除了由式(8-3)得到的本时段应力增量引起的瞬时变形,还应该考虑由于该时段之前所施加的应力在该时段引起的瞬时变形,如果 $\Delta t_i$ 时段之前任一时段 $\Delta t_l$ 所施加的应力增量为 $\Delta\sigma_l$,则 $\Delta\sigma_l$ 仍有可能在 $\Delta t_i$ 时段产生瞬时变形。

如果土性变软,那么 $\Delta t_{l+1}$ 时段的土弹性模量低于 $\Delta t_l$ 时段的土弹性模量。瞬时变形随应力变化如图 8.1 所示,由于将瞬时变形当做弹性处理,应力-应变关系为直线,其中,直线 1、2 分别对应于 $\Delta t_l$、$\Delta t_{l+1}$ 时段的土,施加应力增量 $\Delta\sigma_l$ 后,在 $\Delta t_l$ 时段产生变形 $\Delta\varepsilon_l^{le}$,变形路径为直线 $OA$。进入 $\Delta t_{l+1}$ 时段,土体变软,在应力 $\Delta\sigma_l$ 作用下,如果没有以前的变形历史,将产生变形 $\Delta\varepsilon_{l+1}^{le}$,变形路径为直线 $OB$。正是由于 $\Delta t_l$ 时段变形的影响,变形路径并非直线 $OB$,而是沿 $A$ 到达 $B$,在 $\Delta t_{l+1}$ 产生瞬时变形 $\Delta\varepsilon_{l+1}^{l'e}$。在土性变软过程中,变形路径如图示折线 $OAB$ 所示,不考虑变形路径对弹性变形计算的影响。虽然由于实际工程中土性是缓慢连续变化的,并非跃变,实际变形路径应该如图中曲线 $OB$ 所示,但从图中可以看出,采用折线 $OAB$ 代替此曲线,不影响计算结果,而且便于计算。根据折线 $OAB$,可得 $\Delta\sigma_l$ 在 $\Delta t_{l+1}$ 时段引起的瞬时变形为

$$\{\Delta\varepsilon_{l+1}^{l'e}\}=\{\Delta\varepsilon_{l+1}^{le}\}-\{\Delta\varepsilon_l^{le}\}=\frac{1}{E_{l+1}}[Q]_{l+1}\{\Delta\sigma_l\}-\frac{1}{E_l}[Q]_l\{\Delta\sigma_l\} \tag{8-4}$$

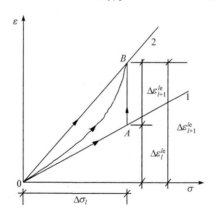

图 8.1　瞬时变形增量与应力增量关系

如果土性持续变软,则 $\Delta t_{l+1}$ 时段以后任一时段 $\Delta t_k$ 内由 $\Delta\sigma_l$ 产生的瞬时变形为

$$\{\Delta\varepsilon_k^{l'e}\}=\{\Delta\varepsilon_k^{le}\}-\{\Delta\varepsilon_{k-1}^{le}\}=\frac{1}{E_k}[Q]_k\{\Delta\sigma_l\}-\frac{1}{E_{k-1}}[Q]_{k-1}\{\Delta\sigma_l\} \tag{8-5}$$

令 $k=i$,则得 $\Delta\sigma_l$ 在 $\Delta t_i$ 时段引起的瞬时变形为

$$\{\Delta\varepsilon_i^{l'e}\}=\frac{1}{E_i}[Q]_i\{\Delta\sigma_l\}-\frac{1}{E_{i-1}}[Q]_{i-1}\{\Delta\sigma_l\} \tag{8-6}$$

如果土在 $\Delta t_l$ 时段之后持续冻结,土体持续变硬,则由于变形冻结过程中,冰胶结作用增强,原有的变形便作为一种记忆保持于土体中,$\Delta \sigma_l$ 在以后各时段均不会引起新的瞬时变形,而且原有的瞬时变形将保持不变,此时

$$\{\Delta \varepsilon_i^{l'\mathrm{e}}\} = 0 \tag{8-7}$$

对于土体软硬变化相间的情况如图 8.2 所示,$\Delta t_l$ 时段施加的荷载直到 $\Delta t_{l'}$ 时段,土性较 $\Delta t_l$ 时段变软之后才会产生瞬时变形,$\Delta t_k$ 时段施加的荷载直到 $\Delta t_{k'}$ 时段,土性较 $\Delta t_k$ 时段变软之后才会产生瞬时变形。对此类问题,仍按式(8-5)计算由 $\Delta t_l$ 时段施加的荷载在以后各时段引起的瞬时变形,但需注意,对土性较 $\Delta t_l$ 时段变硬的时段

$$\{\Delta \varepsilon_i^{l'\mathrm{e}}\} = 0$$

而且,为了便于逐时段进行计算,此时应取

$$E_k = E_{k-1}, \quad \mu_k = \mu_{k-1}$$

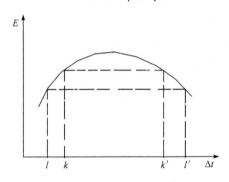

图 8.2　模量随时间变化

以上得到 $\Delta t_l$ 时段施加的应力在 $\Delta t_i$ 时段引起的瞬时变形,同时可得 $\Delta t_i$ 时段之前任一时段施加的应力在 $\Delta t_i$ 时段引起的瞬时变形,经过累加,可得 $\Delta t_i$ 时段之前所有时段施加的荷载在 $\Delta t_i$ 时段引起的瞬时变形为

$$\{\Delta \varepsilon_i^{'\mathrm{e}}\} = \sum_{l=1}^{i-1} \{\Delta \varepsilon_i^{l'\mathrm{e}}\} \tag{8-8}$$

通过上述计算,得到 $\Delta t_i$ 时段总的瞬时变形为

$$\{\Delta \varepsilon_i^{\mathrm{e}}\} = \{\Delta \varepsilon_i^{i\mathrm{e}}\} + \{\Delta \varepsilon_i^{'\mathrm{e}}\} \tag{8-9}$$

### 8.1.2　蠕变变形

对蠕变变形计算,先假定某一时刻 $t_l$ 施加的荷载在以后任一时段 $\Delta t_i$ 引起的蠕变量,等于 $\Delta t_i$ 时段的土在 $t_l$ 时施加的荷载作用下,在 $\Delta t_i$ 时段产生的蠕变量乘以修正系数,每个时段蠕变量的计算,要考虑该时段的应力增量及以前各时段的应力增量。这需根据叠加原理计算,叠加原理有三个主要结果:

（1）每一阶跃加荷作用下的蠕变给出一条单一蠕变曲线；

（2）给定应力值下的蠕变曲线和回复曲线是一样的；

（3）在实施两次阶跃加荷程序时,设第二次阶跃负荷是在第一次阶跃负荷蠕变了一段时间后再加上的,由第二次阶跃负荷引起的附加蠕变量等于仅仅由第二次阶跃加荷程序单独存在时引起的蠕变量。

根据叠加原理及前述对蠕变计算所作的假定,以前任一时刻 $t_l$ 时的应力增量在时段 $\Delta t_i$ 引起的蠕变增量为

$$\Delta \varepsilon_{il}^c = \left[ \varepsilon_l^c(t_l, t_i) - \varepsilon_l^c(t_l, t_{i-1}) \right] \zeta \tag{8-10}$$

式中,$\varepsilon_l^c(t_l, t_i)$ 为 $\Delta t_i$ 时段的土在 $t_l$ 时施加的应力作用下从 $t_l$ 到 $t_i$ 时刻的蠕变量;$t_i$、$t_{i-1}$ 为 $\Delta t_i$ 时段前后时间坐标点。$\zeta$ 为试验修正系数,当土性不变时,$\zeta=1$;当土变硬时,$\zeta<1$;当土变软时,$\zeta>1$。根据根卡方程,得到计算蠕变增量的表达式为

$$\Delta \varepsilon_{ilx}^c = \frac{1}{2} \zeta \left( \frac{1}{G_{li}} - \frac{1}{G_{l(i-1)}} \right) (\Delta \sigma_{lx} - \Delta \sigma_{lm}) + \zeta \left( \frac{1}{k_{li}} - \frac{1}{k_{l(i-1)}} \right) \Delta \sigma_{lm} \tag{8-11}$$

$$\Delta \varepsilon_{ily}^c = \frac{1}{2} \zeta \left( \frac{1}{G_{li}} - \frac{1}{G_{l(i-1)}} \right) (\Delta \sigma_{ly} - \Delta \sigma_{lm}) + \zeta \left( \frac{1}{k_{li}} - \frac{1}{k_{l(i-1)}} \right) \Delta \sigma_{lm} \tag{8-12}$$

$$\Delta \gamma_{lxy}^c = \zeta \left( \frac{1}{G_{li}} - \frac{1}{G_{l(i-1)}} \right) \Delta \tau_{lxy} \tag{8-13}$$

此式采用了荷载的增量形式,已经考虑了变荷载,即适用于加荷情况,也适用于卸荷情况。式中,$\Delta \sigma_{lx}$、$\Delta \sigma_{ly}$、$\Delta \tau_{lxy}$ 为 $t_l$ 时刻施加的应力,$\Delta \sigma_{lm}$ 为其平均应力,$G_k$ 和 $k_k$ 的定义分别为

$$G_{lk} = \frac{\tau_{il}}{\gamma_{ilk}} = \frac{A(t_{lk}) \gamma_{ilk}^{m_1 - m_2} + B(t_{lk}) \sigma_{lm}}{\gamma_{ilk}^{1-m_2}}$$

$$G_{l(k-1)} = \frac{\tau_{il}}{\gamma_{il(k-1)}} = \frac{A(t_{l(k-1)}) \gamma_{il(k-1)}^{m_1 - m_2} + B(t_{l(k-1)}) \sigma_{lm}}{\gamma_{il(k-1)}^{1-m_2}}$$

$$k_{lk} = \frac{\sigma_{lm}}{\varepsilon_{lkm}} = \frac{D(t_{lk})}{\varepsilon_{lkm}^{1-\varepsilon}}$$

$$k_{l(k-1)} = \frac{\sigma_{lm}}{\varepsilon_{l(k-1)m}} = \frac{D(t_{l(k-1)})}{\varepsilon_{l(k-1)m}^{1-\varepsilon}}$$

式中,$\tau_{il}$ 为 $t_l$ 时刻应力的剪应力强度;$\sigma_{lm}$ 为 $t_l$ 时刻平均应力;$\gamma_{ilk}$ 和 $\varepsilon_{lkm}$ 分别为从 $t_l$ 时刻到 $t_k$ 时刻的剪应变强度和体应变;$t_{lk}$ 为从 $t_l$ 时刻到 $t_k$ 时刻的时间长;$A(t)$、$B(t)$、$D(t)$ 为时间函数;$m_1$、$m_2$、$\varepsilon$ 为系数,由三轴试验确定。符合试验资料的时间函数关系式为

$$A(t) = \frac{A_0}{1 + \delta_1 t^{\alpha_1}}$$

$$B(t) = \frac{B_0}{1 + \delta_2 t^{a_2}}$$

$$D(t) = \frac{D_0}{1 + \delta_3 t^{a_3}}$$

式中，$A_0$、$B_0$、$D_0$、$\alpha_i$、$\delta_i (i=1,2,3)$ 为实测系数。

对于冻土，现有的试验已经揭示出其蠕变方程为

$$\gamma_{ilk} = A(T) \tau_{il}^B (t_k - t_l)^C \tag{8-14}$$

式中，$A(T)$ 是与温度有关的蠕变参数；$B$ 和 $C$ 分别为与应力和时间有关的蠕变参数，均随冻土的含水量而变，应取实际含水量的土样。通过试验测定，冻土 $\gamma_{ilk}$ 确定后，即可按下列公式确定土性指标 $G_k$：

$$G_k = \frac{\tau_{il}^{1-B}}{A(T)(t_k - t_l)^C}$$

以上得到了 $t_l$ 时刻施加的应力增量在时段 $\Delta t_i$ 引起的蠕变增量，同样，可得到 $t_i$ 前各个时段应力增量在时段 $\Delta t_i$ 的蠕变增量，叠加后，再加上 $\Delta t_i$ 时段施加荷载在本时段产生的蠕变增量，得到 $\Delta t_i$ 时段的蠕变增量为

$$\Delta \varepsilon_{ix}^c = \sum_{l=1}^{i-1} \zeta \left[ \frac{1}{2} \left( \frac{1}{G_{li}} - \frac{1}{G_{l(i-1)}} \right) (\Delta \sigma_{lx} - \Delta \sigma_{bm}) + \left( \frac{1}{k_{li}} - \frac{1}{k_{l(i-1)}} \right) \Delta \sigma_{bm} \right]$$
$$+ \Delta \varepsilon_{ix}^{ic} \tag{8-15}$$

$$\Delta \varepsilon_{iy}^c = \sum_{l=1}^{i-1} \zeta \left[ \frac{1}{2} \left( \frac{1}{G_{li}} - \frac{1}{G_{l(i-1)}} \right) (\Delta \sigma_{ly} - \Delta \sigma_{bm}) + \left( \frac{1}{k_{li}} - \frac{1}{k_{l(i-1)}} \right) \Delta \sigma_{bm} \right]$$
$$+ \Delta \varepsilon_{iy}^{ic} \tag{8-16}$$

$$\Delta \gamma_{ixy}^c = \sum_{l=1}^{i-1} \zeta \left( \frac{1}{G_{li}} - \frac{1}{G_{l(i-1)}} \right) \Delta \tau_{lxy} + \Delta \gamma_{ixy}^{ic} \tag{8-17}$$

时段 $\Delta t_i$ 施加的荷载在本时段产生的蠕变增量按下列公式计算：

$$\Delta \varepsilon_{ix}^{ic} = \frac{1}{2G_i} (\Delta \sigma_{ix} - \Delta \sigma_{im}) + \frac{1}{k_i} \Delta \sigma_{im} \tag{8-18}$$

$$\Delta \varepsilon_{iy}^{ic} = \frac{1}{2G_i} (\Delta \sigma_{iy} - \Delta \sigma_{im}) + \frac{1}{k_i} \Delta \sigma_{im} \tag{8-19}$$

$$\Delta \gamma_{ixy}^c = \frac{1}{G_i} \Delta \tau_{lxy} \tag{8-20}$$

### 8.1.3　自身体积变形

冻土的自身体积变形主要考虑温度变化引起的冻胀和融沉，定义冻胀率为冻后增大的体积与冻前体积之比。融沉系数是冻土融化后减小的体积与融前体积之比，冻胀和融沉并非简单的互逆过程，冻胀系数和融沉系数常常是不相等的，冻胀

系数或融沉系数均为体变系数,以符号 $\eta$ 表示,可实测得到。对平面应变路基问题,可按式(8-21)计算 $\Delta t_i$ 时段由温度变化引起的应变增量 $\Delta \varepsilon_{ix}^o$ :

$$\left\{\begin{array}{c} \Delta \varepsilon_{ix}^o \\ \Delta \varepsilon_{iy}^o \\ \Delta \varepsilon_{ixy}^o \end{array}\right\} = (1+\mu) \left\{\begin{array}{c} \dfrac{1}{3} \eta \cdot \Delta f_s \\ \dfrac{1}{3} \eta \cdot \Delta f_s \\ 0 \end{array}\right\} \tag{8-21}$$

式中,$\Delta f_s$ 为固相率的变化值,表征相变完成的程度。

前文得到了各个应变增量,将式(8-2)改写为

$$\Delta \varepsilon_i^{ie} = \Delta \varepsilon_i - \Delta \varepsilon_i^c - \Delta \varepsilon_i^o - \Delta \varepsilon_i^{'e} \tag{8-22}$$

将式(8-22)代入式(8-3),可得应力增量与应变增量的关系为

$$\{\Delta \sigma_i\} = [D] (\{\Delta \varepsilon_i\} - \{\Delta \varepsilon_i^c\} - \{\Delta \varepsilon_i^o\} - \{\Delta \varepsilon_i^{'e}\}) \tag{8-23}$$

式中,$[D] = E_i [Q]^{-1}$,$[Q]^{-1}$ 为 $[Q]$ 的逆阵,有

$$[Q]^{-1} = \frac{1-\mu_i}{(1+\mu_i)(1-2\mu_i)} \begin{bmatrix} 1 & \dfrac{\mu_i}{1-\mu_i} & 0 \\ \dfrac{\mu_i}{1-\mu_i} & 1 & 0 \\ 0 & 0 & \dfrac{1-2\mu_i}{2(1-\mu_i)} \end{bmatrix}$$

其中,$E_i$、$\mu_i$ 为 $\Delta t_i$ 时段土的指标。

冻土工程中的应力和应变可采用有限元法求解。根据虚功原理,得到单元节点力增量的计算公式为

$$\{\Delta F\} = \iint [B]^{\mathrm{T}} \{\Delta \sigma_i\} \mathrm{d}x \mathrm{d}y \tag{8-24}$$

式中,$[B]$ 为几何矩阵。

将式(8-23)代入式(8-24),得到 $\Delta t_i$ 时段的表达式为

$$\{\Delta F\}^e = \iint [B]^{\mathrm{T}} [D] \{\Delta \varepsilon_i\} \mathrm{d}x \mathrm{d}y$$

$$- \iint [B]^{\mathrm{T}} [D] (\{\Delta \varepsilon_i^c\} + \{\Delta \varepsilon_i^o\} + \{\Delta \varepsilon_i^{'e}\}) \mathrm{d}x \mathrm{d}y \tag{8-25}$$

又由于应变增量和位移增量有以下关系:

$$\{\Delta \varepsilon_i\} = [B] \{\Delta \delta_i\} \tag{8-26}$$

式中,单元位移增量

$$\{\Delta \delta_i\} = \{\Delta u_i, \Delta V_i, \Delta u_j, \Delta u_m, \Delta V_m\}$$

$u$、$V$ 分别为单元三节点 $i$、$j$、$m$ 的位移,将式(8-26)代入式(8-25)得

$$\{\Delta F\} = [k]\{\Delta \delta\} - \iint [B]^{\mathrm{T}} [D] \{\Delta \varepsilon_i^c\} \mathrm{d}x \mathrm{d}y$$

$$-\iint[B]^{\mathrm{T}}[D]\{\Delta\varepsilon_i^{\mathrm{o}}\}\mathrm{d}x\mathrm{d}y - \iint[B]^{\mathrm{T}}[D]\{\Delta\varepsilon_i^{\mathrm{e}}\}\mathrm{d}x\mathrm{d}y \qquad (8\text{-}27)$$

其中,单元刚度矩阵为

$$[k]=\iint[B]^{\mathrm{T}}[D][B]\mathrm{d}x\mathrm{d}y$$

将式(8-27)右边第 2~4 项移至表达式的左边,即可将其作为由蠕变、温度变化以及前期应力瞬时变形引起的单元节点荷载增量:

$$\{\Delta p_i^{\mathrm{c}}\}=\iint[B]^{\mathrm{T}}[D]\{\Delta\varepsilon_i^{\mathrm{c}}\}\mathrm{d}x\mathrm{d}y = A[B]^{\mathrm{T}}[D]\{\Delta\varepsilon_i^{\mathrm{c}}\}$$

$$\{\Delta p_i^{\mathrm{o}}\}=\iint[B]^{\mathrm{T}}[D]\{\Delta\varepsilon_i^{\mathrm{o}}\}\mathrm{d}x\mathrm{d}y = A[B]^{\mathrm{T}}[D]\{\Delta\varepsilon_i^{\mathrm{o}}\}$$

$$\{\Delta p_i^{\mathrm{e}}\}=\iint[B]^{\mathrm{T}}[D]\{\Delta\varepsilon_i^{\prime\mathrm{e}}\}\mathrm{d}x\mathrm{d}y = A[B]^{\mathrm{T}}[D]\{\Delta\varepsilon_i^{\prime\mathrm{e}}\}$$

把计算区域所有单元的节点力和节点荷载加以集合,得到 $\Delta t_i$ 时段有限元计算的整体平衡方程为

$$[K]\{\Delta\delta_i\}=\{\Delta p_i^{\mathrm{p}}\}+\{\Delta p_i^{\mathrm{c}}\}+\{\Delta p_i^{\mathrm{o}}\}+\{\Delta p_i^{\mathrm{e}}\}$$

式中,$[K]$ 为整体刚度矩阵,由单元刚度矩阵合成;$\{\Delta\delta_i\}$ 为 $\Delta t_i$ 时段的整体节点位移增量列阵;$\{\Delta p_i^{\mathrm{p}}\}$ 为 $\Delta t_i$ 时段由外荷载引起的节点荷载增量列阵;$\{\Delta p_i^{\mathrm{c}}\}$ 为 $\Delta t_i$ 时段的蠕变引起的节点荷载增量列阵;$\{\Delta p_i^{\mathrm{o}}\}$ 为 $\Delta t_i$ 时段土体相变引起的节点荷载增量列阵。

有限元方程的求解可采用二次初应变法,得到冻土工程各个时段的应力和变形分布。

冻土工程产生病害的主要原因,是土体水热随气候等的动态变化及由此引起的土性变化,由于水、热变化是不均匀的,路基中土性的变化也是不均匀的,土性的不均匀变化导致冻土工程土体的变形也是不均匀的,当土体中的不均匀变形超过容许值时,冻土工程便产生破坏。冻土工程土性的动态变化及由此引起的变形差异,是冻土工程设计中应注意的关键问题。考虑水、热及土性的动态变化,本节在现有土力学弹塑性理论和流变理论的基础上,经过理论分析,建立了冻土应力及变形的数值模型,该模型充分考虑了水、热变化引起的土性变化、冻土显著的流变性质、温度引起的自身体积变形及施加荷载所引起的瞬时变形。需要指出的是,由于问题的复杂性,模拟土性变化过程研究应力和变形问题,目前基础资料尚很缺乏,本节模型是基于工程实践认识,在现有土力学理论基础上建立的,其参数选取和进一步完善,还需要作大量的工作。

## 8.2　多年冻土地区路基冻胀变形分析

冻土路基出现病害的主要原因是冻胀和融沉,就此已进行了相关研究工作。现有研究在多年冻土地区主要考虑融沉,在季节冻土地区主要考虑冻胀。但多年冻土地区路基病害发育特征表明,多年冻土地区路基纵向裂缝等病害主要在冬季发育,此时,冻胀是导致病害的主要因素。因此,有必要对多年冻土地区路基冻胀变形进行分析,并进一步对纵向裂缝成因进行分析。青藏公路穿过冻土区的路段,纵向裂缝特别发育,纵向裂缝的存在已严重地影响了路基的稳定性及路面的使用效能,从而严重影响行车安全,局部地段路基已存在随时失稳的可能性。研究冻土问题必须考虑冻土地区恶劣的气候条件,考虑辐射、蒸发、气温、风速等实际边界条件,已经建立了浅层冻土非稳态相变温度场的数值模型,采用这一模型,计算冻土路基随气候冻融变化过程中的温度场分布,不同时期的温度场变化可以反映出冻结相变区的变化,然后考虑土体体积力和土体冻结相变产生的膨胀力,采用考虑拉破坏的热弹性力学方法,分析多年冻土地区路基变形规律。在此基础上,对冻土路基纵向裂缝的成因进行研究。

路基是线形构筑物,可当做平面问题处理,平面非稳态相变温度场的有限元方程为

$$\left([K] + \frac{[N]}{\Delta t}\right)\{T\}_t = \{P\}_t + \frac{[N]}{\Delta t} \cdot \{T\}_{t-\Delta t} \tag{8-28}$$

式中,$[K]$ 为温度刚度矩阵;$[N]$ 为非稳态变温矩阵;$\{T\}$ 为温度列阵;$\{P\}$ 为合成列阵,是综合反映辐射、气温、风速、蒸发等多种边界因素的列阵;$\Delta t$ 为时间步长;$t$ 为时间。

以青藏公路某段路基为对象进行计算。计算场地热边界条件的确定参见相关文献,试验场路基计算中,将全年划分为 36 个时间段,时间步长 10d。计算得到路基修筑后温度场分布。计算结果表明,温度场的分布逐时段、逐年发生变化,这主要是外界因素逐时段变化和填筑路基蓄热以及路基土体初始含水量不平衡分布造成的。图 8.3 为计算得到的青藏公路某段冻土路基修筑后第三年 10 月 10 日至次年 8 月 10 日的逐月冻融线分布,图 8.3 揭示了实测中发现的冻土路基温度场的非对称分布。

考察冻土路基发生病害的规律,可以发现路基纵向裂缝等病害主要发生在冬季,此时,路基中除路基土自重产生的自重应力外,还存在由土体冻结相变产生的冻胀应力,冻胀应力随土体冻结进程变化,当总的应力(自重应力与冻胀应力之和)超过土体强度或变形超过容许值时,路基中就会出现破坏而产生病害现象。因此,需考虑土体自重和冻胀因素,对路基中的应力和变形分布进行分析。路基问题可

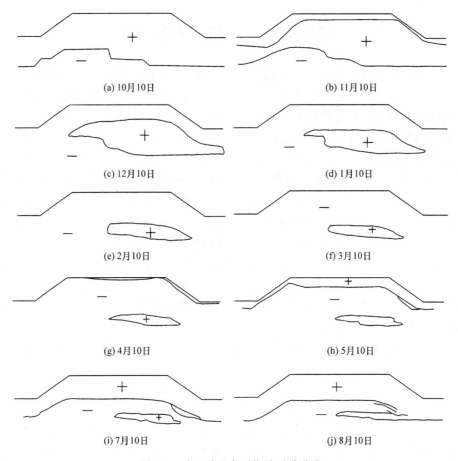

图 8.3　冻土路基各时期冻融线分布

当做平面应变问题处理,采用有限元法进行计算,首先将路基离散化为若干个三角形单元,离散区域左右边界取至路基边坡坡底以外 10 倍路基高度,左右边界水平向设置位移约束,下边界取至天然地面下 10m,竖向设置位移约束。

根据热弹性力学方法,并结合冻土路基特点,冻土路基应力和变形计算的有限元控制方程为

$$[K]\{\delta\} = \{P\}_q + \{P\}_a \qquad (8\text{-}29)$$

式中,$[K]$ 为整体刚度矩阵;$\{\delta\}$ 为位移列阵;$\{P\}_q$ 为体积力产生的整体等效节点荷载列阵;$\{P\}_a$ 为由土体冻胀产生的整体等效节点荷载列阵。

整体刚度矩阵由各个单元刚度矩阵合成,单元刚度矩阵各元素按式(8-30)确定:

$$[k_{nl}] = \frac{E(1-\mu)}{4(1+\mu)(1-2\mu)A}\begin{bmatrix} k_{1nl} & k_{2nl} \\ k_{3nl} & k_{4nl} \end{bmatrix} \qquad (8\text{-}30)$$

式中，$n,l=i,j,m(i,j,m$ 为三角形单元三节点)；$A$ 为三角形单元面积；$E$、$\mu$ 分别为土体弹性模量和泊松比。$k_{1nl}$、$k_{2nl}$、$k_{3nl}$、$k_{4nl}$ 按式(8-31)确定：

$$
\begin{aligned}
k_{1nl} &= b_n b_l + c_n c_l (1-2\mu)/2(1-\mu) \\
k_{2nl} &= \mu b_n c_l/(1-\mu) + c_n b_l (1-2\mu)/2(1-\mu) \\
k_{3nl} &= \mu c_n b_l/(1-\mu) + b_n c_l (1-2\mu)/2(1-\mu) \\
k_{4nl} &= c_n c_l + b_n b_l (1-2\mu)/2(1-\mu)
\end{aligned}
\tag{8-31}
$$

式中，$b_n$、$b_l$、$c_n$、$c_l$ 为三角形单元节点坐标的函数。

体积力产生的整体等效节点荷载列阵由体积力产生的单元等效节点荷载列阵合成，对冻土路基而言，体积力主要考虑重力作用，即水平方向的体积力为零，此时，单元等效节点荷载列阵为

$$
\{P\}_q^e = \begin{bmatrix} 0 & \dfrac{\gamma A}{3} & 0 & \dfrac{\gamma A}{3} & 0 & \dfrac{\gamma A}{3} \end{bmatrix}^T
\tag{8-32}
$$

式中，$\gamma$ 为土的重度。

土体冻胀产生的整体等效节点荷载列阵同样由土体冻胀产生的单元等效节点荷载列阵合成，单元等效节点荷载列阵按式(8-33)确定：

$$
\{P\}_a^e = A[B]^T[D]\{\varepsilon_0\}
\tag{8-33}
$$

式中，$\{\varepsilon_0\}$ 为土体冻胀产生的初应变列阵；几何矩阵 $[B]$ 和弹性矩阵 $[D]$ 分别为

$$
[B] = \frac{1}{2A}
\begin{bmatrix}
b_i & 0 & b_j & 0 & b_m & 0 \\
0 & c_i & 0 & c_j & 0 & c_m \\
c_i & b_i & c_j & b_j & c_m & b_m
\end{bmatrix}
$$

$$
[D] = \frac{E(1-\mu)}{4(1+\mu)(1-2\mu)A}
\begin{bmatrix}
1 & \dfrac{\mu}{1-\mu} & 0 \\
\dfrac{\mu}{1-\mu} & 1 & 0 \\
0 & 0 & \dfrac{1-2\mu}{2(1-\mu)}
\end{bmatrix}
$$

冻土路基土体的初应变产生于土体冻结相变时的冻胀，土在冻结过程中，土体原有水分和从外部迁移来的水分冻结成冰，使土体产生冻胀现象，常采用冻胀系数反映冻胀的强弱。若已知冻胀系数 $\alpha$，则初应变列阵按式(8-34)确定：

$$
\{\varepsilon_0\} = (1+\mu)\begin{bmatrix} \alpha & \alpha & 0 \end{bmatrix}^T
\tag{8-34}
$$

将位移列阵代入应力-应变关系式，得到各单元的应力分布为

$$
\{\sigma\}^e = [D][B]\{\delta\}^e - [D]\{\varepsilon_0\}
\tag{8-35}
$$

式中，$\{\sigma\}^e$ 为单元应力分量列阵；$\{\delta\}^e$ 为单元位移列阵。

冻土路基的冻结是从路基表面向里逐渐深入的冻结过程，路基内部土体的冻结膨胀可导致已冻土体出现拉应力。由于土的抗拉强度较低，当拉应力超过抗拉

强度时会发生拉裂破坏,开裂后将不能承受拉应力。在发生拉裂破坏的情况下,拉应力被消除,土体应力重新分配,计算分析过程需考虑拉破坏引起的应力重分布。

根据各个时段温度分布,按式(8-35)得到计算时段的单元应力 $\sigma_i$,再按式(8-36)求得单元的主应力 $\{\sigma\}$:

$$\{\sigma\} = [T]_1 \{\sigma\}_i \tag{8-36}$$

式中, $\{\sigma\}_i = \{\sigma_x \quad \sigma_y \quad \tau_{xy}\}^{\mathrm{T}}$; $\{\sigma\} = \{\sigma_1 \quad \sigma_2 \quad 0\}^{\mathrm{T}}$;

$$[T]_1 = \begin{bmatrix} \cos^2\beta & \sin^2\beta & 2\sin\beta\cos\beta \\ \sin^2\beta & \cos^2\beta & -2\sin\beta\cos\beta \\ \sin\beta\cos\beta & -\sin\beta\cos\beta & \cos^2\beta - \sin^2\beta \end{bmatrix}$$

式中, $\sigma_x$、$\sigma_y$、$\tau_{xy}$ 分别为正应力和剪应力; $\sigma_1$、$\sigma_2$ 为主应力; $\beta$ 为主应力方向角。

若单元主应力中出现拉应力,且拉应力超过抗拉强度,则将单元主应力调整为

$$[\sigma]' = [D]_{ep}^{t}\varepsilon \tag{8-37}$$

式中, $\varepsilon$ 为主应变。矩阵 $[D]_{ep}^{t}$ 按下列两种情况分别确定。当单元中只有一个拉应力超过抗拉强度时,有

$$[D]_{ep}^{t} = \frac{E}{1-\mu^2}\begin{bmatrix} 0 & 0 \\ 0 & 1 \end{bmatrix}$$

当单元中有两个拉应力超过抗拉强度时,有

$$[D]_{ep}^{t} = 0$$

将调整后的主应力 $[\sigma]'$ 再转变为计算坐标单元应力,即

$$[\sigma]'_i = [T]_1^{-1}[\sigma]' \tag{8-38}$$

然后以消除拉应力前后的应力差作为初应力 $\Delta\sigma_i$,并求得消除拉应力附加荷载列阵 $\{P\}_t^e$:

$$\Delta\sigma_i = \sigma_i - \sigma_i' \tag{8-39}$$

$$\{P\}_t^e = A[B]^{\mathrm{T}}\Delta\sigma_i \tag{8-40}$$

将消除拉应力所得附加荷载列阵代入有限元控制方程,重复上述过程进行计算。

以冻土路基温度场的计算结果为依据(图 8.3),对冻土路基变形进行计算。计算时,显著相变区间取 $0 \sim -2℃$,忽略区间外相变引起的体变,当土体温度从正温降低至 $-2℃$ 及以下时,冻胀系数 $\alpha$ 分别取 0.01 和 0.02,当土体温度从正温降至负温,但负温值高于 $-2℃$ 时,冻胀系数通过线性插值确定。本节冻胀系数 $\alpha$ 指线冻胀率,而在冻土工程领域常采用冻胀系数 $\eta$,定义为冻胀量与冻前地面高度算起的冻结深度的比值。为了探讨二者间的关系,采用计算冻土路基所在场地边界条件,对天然水平场地进行了计算,计算结果表明,土层在冻结过程随着冻结深度增大直至活动层深度,冻胀系数 $\eta$ 与 $\alpha$ 之比在数值上是不变的,且 $\eta$ 与 $\alpha$ 之比主要与泊松比 $\mu$ 有关,如表 8.1 所示。

**表 8.1　$\eta/\alpha$ 随泊松比 $\mu$ 的变化**

| $\mu$ | 0.2 | 0.25 | 0.3 | 0.35 | 0.4 |
|---|---|---|---|---|---|
| $\eta/\alpha$ | 1.5 | 1.67 | 1.86 | 2.08 | 2.33 |

对冻土而言,其泊松比大多在 0.3 左右,计算时泊松比取 0.3,则根据以 $\eta$ 为依据的冻胀分类标准,冻胀系数 $\alpha$ 分别取 0.01 和 0.02,基本上分别对应弱冻胀类型土和冻胀类型土。对冻土路基变形计算,得到的冻结过程不同时期路基表面的隆起量和横向变形分布如图 8.4～图 8.7 所示。

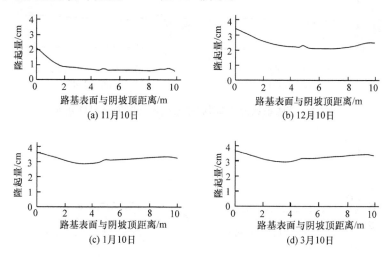

图 8.4　冻胀系数为 1% 时路基表面不同时期隆起量分布

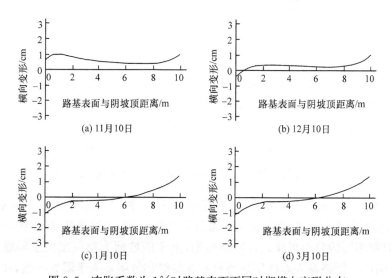

图 8.5　冻胀系数为 1% 时路基表面不同时期横向变形分布

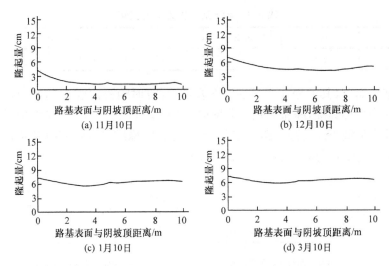

图 8.6　冻胀系数为 2‰时路基表面不同时期隆起量分布

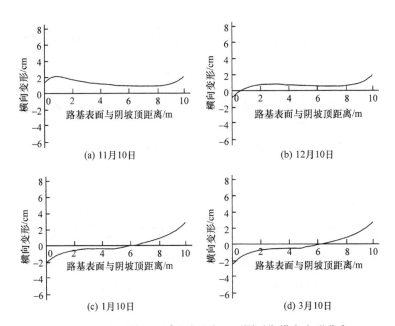

图 8.7　冻胀系数为 2‰时路基表面不同时期横向变形分布

从图 8.4～图 8.7 中可以看出,冻胀系数不同,路基变形存在显著差别,冻胀系数为 2‰时的路基变形量明显大于冻胀系数为 1‰时的路基变形量,但路基表面变形却有着相同的分布规律。在冻结初期,由于阴坡面冻结厚度大于阳坡面的冻结厚度,阴坡一侧路基表面特别是路肩的冻胀隆起量明显大于阳坡一侧,并使路基表面整体产生向阳坡面一侧的水平位移。随着冻结进程的进行,冻胀隆起量快速增加,阴坡一侧路基表面隆起量在路肩部位最大,但在阳坡一侧路肩并未出现最大值,而呈现比较均匀分布,这主要是由于在冻胀过程中,因未冻土核偏向阳坡一侧,未冻土核的继续冻结对阳坡面一侧路基的隆起量产生了影响。路基表面横向变形从初始整体向阳坡面一侧的位移逐步演变为阴阳坡两侧路基表面向着各自方向位移,呈现复杂的非线性分布,出现路基表面向两侧的扩张变形,必然出现较大的拉应力,在曲率较大处极易产生张拉破坏。从图 8.4~图 8.7 中还可以看出,在路面两侧靠近路肩部位容易出现拉破坏。如果再考虑青藏公路的行车特点,即进藏重车多,出藏空车多,形成路面两侧轴载次数严重不对称,由此导致路面两侧下沉不一致,这一现象在土层开始融化后尤为明显,路面两侧下沉差将集中在路面中部表现出来,必然在路面中部又产生较大拉应力,使路面中部出现拉破坏。由上可知,在路面中部及路面靠近路肩部位容易出现拉破坏,拉破坏的表现形式是存在纵向裂缝,青藏公路纵向裂缝主要出现于路面中部及路面靠近路肩部位,这与实际情况是相符合的。

比较图 8.4~图 8.7 还可以发现,冻胀系数的降低可明显减小路基的冻胀变形,使路基中的拉应力(拉应变)大幅度减小,并且因冻胀隆起量变小使融化过程车辆荷载导致的不均匀下沉明显降低,从而使拉破坏现象大幅度减少。因此,采用低冻胀性的土填筑路基,如采用碎石土填筑,对于防治冻土路基纵向裂缝病害应是有效的。若土体有外来水补给时,土体冻结可表现出冻胀土或强冻胀土的特性,对工程安全是不利的,此时,应在现有研究基础上,采取隔水措施以降低冻胀性。

本节模拟气候因素变化过程,得到不同时期冻土路基温度场分布,温度场随时间的变化可以反映出冻结相变区的变化。然后考虑土体体积力和土体冻结相变产生的冻胀力,采用考虑拉破坏的热弹性力学方法,分析得到多年冻土地区路基变形分布和演变规律。在此基础上,对冻土路基纵向裂缝的成因进行研究,揭示出冻土路基纵向裂缝主要出现于路面中部及路面靠近路肩部位,这与实际情况是相符合的。进一步的分析表明,采用低冻胀性的土填筑路基,如采用碎石土填筑,对于降低冻土路基冻胀变形及防治纵向裂缝病害是有效的。

## 8.3　考虑含水量影响的非饱和原状黄土冻融强度试验研究

进行黄土工程病害分析时,经常需要知道含水量变化导致的黄土强度和变形指标的变化,为此需采取原状黄土进行不同含水量水平下的试验研究。因为现场同一土层(土性可认为相同)原状黄土含水量差别较小,很难取出土性相同而含水量不同的原状土样,试验时需人工增湿配制不同含水量的原状黄土土样。目前对土样增湿的方法有预湿法和掩埋法,这两种方法增湿时间均较长,增湿时间超过24h 仍经常发现土样中部硬核存在(增湿不均匀),因此,需对更为有效的黄土增湿方法进行探讨,以期得到快捷有效的增湿方法。本节就含水量变化对原状黄土冻融强度的影响开展研究工作,首先对增湿方法和含水量测试方法进行比较研究,然后利用增湿得到的不同含水量黄土土样,考虑含水量的影响,就冻融引起的黄土强度变化问题进行研究,解决这一问题是对黄土地区窑洞和隧道洞口冻害、水渠冻害、路基路面冻害等进行系统分析的基础。对黄土冻融强度问题已有研究文献进行揭示,但考虑含水量影响的非饱和原状黄土冻融强度问题的研究文献尚缺乏,本节就此问题开展试验研究,期望得到规律性的认识。

增湿的目的是使土样含水量增加,而含水量的增加应该是均匀的,因此增湿后水分扩散均匀的时间是增湿方法最需要探讨的,其次还需要保证增湿并不改变土体的结构,仅仅是含水量增加。为了满足这一要求,现有的预湿法和掩埋法均需要较长时间。作者对非饱和黄土的试验表明,预湿法增湿时间一般长于24h,掩埋法增湿时间一般长于一周,土体含水量越低,土样尺寸越大,增湿时间相应延长。在满足增湿各项要求的前提下,为了缩短增湿时间,提高试验效率,本节提出蒸汽增湿的方法。

蒸汽增湿的设想是将土样放入家用普通高压锅,利用高压锅提供水蒸气,高温水蒸气易于扩散进入非饱和土孔隙,然后将土样从高压锅取出,土样冷却后水蒸气凝结成水,达到增湿的目的。试验时,若高压锅压力阀门打开,则水蒸气处于无压状态(相对于大气压)。若高压锅压力阀门关闭,则水蒸气处于高压状态(试验用高压锅压力为 1.8 个大气压)。无压状态不会影响土体结构,但高压是否对土体结构产生影响,则是一个需要考虑的问题。根据非饱和土的轴平移技术,通过压力室对非饱和土施加高气压,测得的基质吸力值是一样的,并不改变土体结构。基于此,本书认为,施加高压水蒸气也不会改变非饱和土结构,但适用于非饱和土处于气连通状态,具体情况需试验验证。

蒸汽增湿试验步骤为:取非饱和原状土样,放入压力锅,水蒸气增湿,土样保鲜膜封闭,放入保湿缸冷却静置,然后测试土样含水量和密度。以蒸汽增湿前后土样密度是否发生变化来判断是否对土体结构产生影响,以增湿后土样表面和中心含水量之差来判断增湿的均匀性。蒸汽由高压锅获得,利用高压锅可对环刀土样进行加压(1.8 个大气压)与不加压蒸汽增湿的试验探讨。《土工试验规程》规定:采用烘干法测试含水量,若含水量小于 10%,则允许平行差值为 0.5%;若含水量在 10% 和 30% 间,则含水量测试的平行误差不超过 1%。参照这一标准,本节取土样表面和中心含水量之差不大于 0.5% 作为衡量土样增湿均匀性的指标。

首先试验探讨土样在高压锅内蒸汽增湿时间长短的影响,采用无压增湿方式,试验结果如表 8.2 所示。从测试结果可以看出,在无压情况下,分别蒸汽增湿 5min、10min、15min 和 20min,增湿均匀性均满足要求,增湿后测得土样的含水量基本相同,蒸汽增湿时间长短(大于 5min)对增湿效果的影响不大,为了统一试验标准,蒸汽增湿时间取 10min。

**表 8.2  不同蒸汽增湿时间的测试结果**

| 初始含水量/% | 初始干密度/(g/cm³) | 无压蒸汽增湿时间/min | 增湿后干密度/(g/cm³) | 土表/土中增湿后含水量/% | 增湿后平均含水量/% | 增湿率/% |
|---|---|---|---|---|---|---|
| 14.9 | 1.32 | 5 | 1.31 | 18.3/17.8 | 18.1 | 3.2 |
| 14.9 | 1.32 | 5 | 1.32 | 18.2/17.8 | 18.0 | 3.1 |
| 15.0 | 1.32 | 10 | 1.32 | 18.4/18.0 | 18.2 | 3.2 |
| 15.7 | 1.34 | 10 | 1.34 | 19.0/18.7 | 18.9 | 3.2 |
| 14.8 | 1.32 | 15 | 1.32 | 18.2/17.8 | 18.0 | 3.2 |
| 14.9 | 1.34 | 15 | 1.34 | 18.4/18.0 | 18.2 | 3.3 |
| 14.2 | 1.35 | 20 | 1.35 | 17.3/17.0 | 17.2 | 3.0 |
| 14.0 | 1.33 | 20 | 1.34 | 17.0/16.8 | 16.9 | 2.9 |

再探讨蒸汽压力对增湿的影响,试验时高压锅压力阀门的打开和关闭,分别对应水蒸气无压状态和高压状态(1.8 个大气压),试验结果如表 8.3 所示。从试验结果可以看出,蒸汽压力对增湿量影响较大,压力越大,增湿后的含水量越大,土样增湿量越大。压力越大,水蒸气浓度越大,扩散进入土体孔隙的水分越多,冷却凝结水越多,增湿量越大,试验结果也验证了这一点。蒸汽增湿前后对干密度的测试结果表明,含水量较小时,高压蒸汽对土样结构无影响,但含水量较大使气相不再连通时,高压蒸汽对土样结构有影响。因此,采用高压增湿时,应同时检测土体密度变化。简单起见,一般可采用无压增湿方式。

**表 8.3  不同蒸汽压力的测试结果**

| 初始含水量/% | 初始干密度/(g/cm³) | 无压蒸汽增湿时间/min | 增湿后干密度/(g/cm³) | 土表/土中增湿后含水量/% | 增湿后平均含水量/% | 增湿率/% |
|---|---|---|---|---|---|---|
| 14.5 | 1.25 | 无压 10 | 1.25 | 17.3/17.1 | 17.2 | 2.7 |
| 15.0 | 1.25 | 无压 10 | 1.25 | 17.7/17.5 | 17.6 | 2.6 |
| 14.3 | 1.26 | 高压 10 | 1.26 | 19.1/19.0 | 19.1 | 4.8 |
| 14.6 | 1.26 | 高压 10 | 1.26 | 19.5/19.4 | 19.5 | 4.9 |

高压锅蒸汽增湿后,将土样用保鲜膜封闭后放入保湿缸冷却静置,最后测试含水量。因土样自外而里逐渐冷却,冷却过程因土样存在温度差,可导致水分运动使土样含水量不均匀。因此,土样冷却后在保湿缸应再静置一段时间使土样含水量分布均匀。合适的静置时间应通过试验确定。无压增湿试验结果如表 8.4 所示。从表中可以看出,静置时间越长,土样含水量分布越均匀,静置 8h 即可保证土样含水量分布是均匀的。表 8.2 和表 8.3 也为静置 8h 的测试结果。

表 8.4　不同静置时间的测试结果

| 初始含水量/% | 初始干密度/(g/cm³) | 静置时间/h | 增湿后干密度/(g/cm³) | 土表/土中增湿后含水量/% | 含水量相差量/% |
|---|---|---|---|---|---|
| 25.0 | 1.32 | 2 | 1.32 | 32.8/30.2 | 2.6 |
| 25.1 | 1.33 | 2 | 1.33 | 32.5/30.1 | 2.4 |
| 19.9 | 1.35 | 4 | 1.35 | 24.8/23.2 | 1.6 |
| 20.0 | 1.34 | 4 | 1.34 | 24.7/23.2 | 1.5 |
| 25.9 | 1.28 | 8 | 1.28 | 31.9/31.7 | 0.2 |
| 25.8 | 1.28 | 8 | 1.29 | 31.6/31.3 | 0.3 |

　　进一步探讨土样初始含水量对增湿效果的影响,取不同初始含水量土样进行了蒸汽增湿试验,试验结果如表 8.5 所示。试验采用无压蒸汽增湿,锅内蒸汽增湿10min,静置 8h。从表中可以看出,虽然初始含水量不同,但试验结果均满足增湿均匀性要求。但初始含水量越大,增湿后的含水量增加值越大,其机理可能与高温水汽加热土样过程驱使液态水运动有关,有待进一步研究。将增湿率(增湿后的含水量增加值)和初始含水量进行对比分析可以发现,采用无压蒸汽对非饱和黄土增湿,每次的增湿率约为初始含水量的 20%。

表 8.5　不同初始含水量土样的测试结果

| 初始含水量/% | 初始干密度/(g/cm³) | 蒸汽增湿时间/min | 增湿后干密度/(g/cm³) | 土表/土中增湿后含水量/% | 增湿后平均含水量/% | 增湿率/% |
|---|---|---|---|---|---|---|
| 14.5 | 1.25 | 10 | 1.25 | 17.3/17.1 | 17.2 | 2.7 |
| 15.0 | 1.25 | 10 | 1.25 | 17.7/17.5 | 17.6 | 2.6 |
| 21.4 | 1.35 | 10 | 1.34 | 25.6/25.2 | 25.4 | 4.0 |
| 21.6 | 1.34 | 10 | 1.34 | 25.7/25.2 | 25.5 | 3.9 |
| 25.9 | 1.28 | 10 | 1.28 | 31.9/31.4 | 31.7 | 5.8 |
| 25.8 | 1.28 | 10 | 1.29 | 31.6/31.2 | 31.4 | 5.6 |

　　试验结果表明了蒸汽增湿法的有效性。相对于现有的预湿法和掩埋法,蒸汽增湿法大幅缩短了试验时间,增湿后土样水分均匀性较好,用于对非饱和黄土增湿是成功的。蒸汽增湿每次增湿量是一定的,若需增湿量较大时,可采用锅内多次增湿的方法,即锅内增湿—冷却—锅内增湿—冷却—静置的方法,锅内增湿—冷却的时间为 30min 即可,因此多次增湿并不会大幅度增加试验时间。必要时,可先给土样表面滴水,再蒸汽增湿。在保证原状黄土结构不变的情况下,采用蒸汽增湿法可得到不同含水量的非饱和黄土土样,为研究或确定含水量变化导致的土性指标变化提供试验土样。虽然此方法得到的土样含水量值事先不能严格控制,但可以

得到不同含水量的系列土样,可以满足试验研究对不同含水量土样的需要,增湿后土样含水量值需实测确定。本节采用增湿土样,对含水量变化导致的黄土冻融强度变化问题进行研究。为了含水量测试工作的便利高效,首先对含水量测试方法进行探讨。

在非饱和黄土增湿试验和其他土工试验中,经常需要测试土体含水量。含水量测试方法较多,目前烘干法被认为是标准的测试方法,但实际工程中为了测试的简便快捷,酒精燃烧法和微波炉法已有较多的应用。但酒精燃烧法和微波炉法的精度问题尚难见文献,为使用者造成困扰。为了得知微波炉法和酒精燃烧法测定含水量的准确性,对烘干法、酒精燃烧法和微波炉法等三种方法进行了对比测试。烘干法和酒精燃烧法按照规范方法进行,微波炉法是普通家用微波炉的烘烤档位对试验土样烘烤 20min。土样选用高、低两种含水量非饱和黄土土样,测试结果如表 8.6 和表 8.7 所示。

**表 8.6 含水量对比试验表(较高含水量情况)**

| 方法 | 含水量/% | | | | |
| --- | --- | --- | --- | --- | --- |
| | 第 1 组 | 第 2 组 | 第 3 组 | 第 4 组 | 第 5 组 |
| 烘干法 | 20.1 | 19.8 | 20.1 | 19.8 | 19.8 |
| 酒精燃烧法 | 19.2 | 19.0 | 19.1 | 19.1 | 19.1 |
| 微波炉法 | 19.6 | 19.5 | 19.6 | 19.5 | 19.5 |

**表 8.7 含水量对比试验表(较低含水量情况)**

| 方法 | 含水量/% | | | | |
| --- | --- | --- | --- | --- | --- |
| | 第 1 组 | 第 2 组 | 第 3 组 | 第 4 组 | 第 5 组 |
| 烘干法 | 9.5 | 9.6 | 9.6 | 9.6 | 9.3 |
| 酒精燃烧法 | 9.1 | 9.1 | 9.0 | 9.1 | 9.1 |
| 微波炉法 | 9.6 | 9.4 | 9.3 | 9.4 | 9.4 |

从测试结果可以看出,酒精燃烧法测试结果最小,微波炉法与烘干法测试结果差值较小。若以烘干法测试结果为标准,以规范误差 0.5% 作为控制标准,则酒精燃烧法在较高含水量时不满足精度要求,微波炉法在几种含水量下的测试结果均满足精度要求。由于微波炉法使用普通家用微波炉,设备分布广泛,也易于携带,操作方便,测试时间相对于烘干法大幅缩短,实际工程应用特别是现场实测中,可采用微波炉法测试含水量,测试结果是可靠的。

取蒸汽增湿法得到的不同含水量的非饱和原状黄土土样,冻融后进行直剪试验,测定其抗剪强度指标,基于测试结果分析含水量对原状黄土冻融强度的影响。试验用原状黄土干密度为 1.35 g/cm³,试验中采用微波炉法测定含水量。

　　就定性分析而言,非饱和黄土经历冻融循环会对其强度产生影响,但高含水量黄土和低含水量黄土在此方面的反映应有所不同。首先探讨冻融对低含水量黄土强度的影响。非饱和原状黄土土样含水量为9%。先将非饱和黄土土样放入冻结室冻结,然后取出融化后进行直剪试验,测定土的抗剪强度指标。试验时,考虑了冻结温度和冻融次数的影响。试验结果如表8.8所示。

**表8.8　含水量9%黄土冻融强度指标**

| 冻结温度/℃ | 冻融次数 | 黏聚力/kPa | 内摩擦角/(°) |
|---|---|---|---|
| −9 | 1 | 78.9 | 27.2 |
| −9 | 3 | 81.7 | 27.8 |
| −13 | 1 | 82.6 | 30.4 |
| −13 | 3 | 79.8 | 31.0 |
| −21 | 1 | 80.8 | 32.4 |
| −21 | 3 | 80.7 | 32.6 |

　　注:冻融前黏聚力为81.7kPa,内摩擦角为26.6°。

　　从表8.8可以看出,含水量为9%时,冻融作用对黄土的黏聚力值基本没有影响。经历冻融循环后黄土内摩擦角值较冻融前有小幅增加,冻结温度越低,增加值越大,但冻融次数对此几乎无影响。

　　再探讨冻融对高含水量黄土强度的影响。试验用原状黄土通过蒸汽增湿得到含水量分别为21%、24%和28%的土样。然后分别取各个含水量的非饱和黄土土样测定土的抗剪强度指标,冻结温度均为−9℃。试验结果如图8.8和图8.9所示。

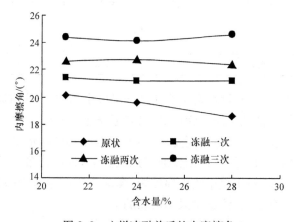

图8.8　土样冻融前后的内摩擦角

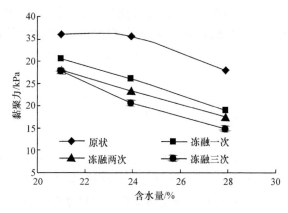

图 8.9　土样冻融前后的黏聚力

图 8.8 和图 8.9 显示出,当非饱和黄土含水量较高时,经历冻融循环后黄土黏聚力较冻融前降低,内摩擦角较冻融前增加,随着冻融次数的增加,黏聚力降低值和内摩擦角增加值越大。同样,随着含水量的增加,非饱和黄土黏聚力明显降低,但内摩擦角几乎不变。

非饱和原状黄土冻融前后出现黏聚力降低而内摩擦角增加的现象,这一现象在文献对超固结重塑土的研究中也曾出现。文献经电镜扫描揭示出,土样在冻融循环之后大孔隙所占的比例下降,土颗粒间的接触点增多,从而引起土样内摩擦角的增大;而黏聚力的降低则是由冰晶的生长破坏了土颗粒间联结所引起结构弱化所致。此种解释是否适用非饱和原状黄土有待进一步探讨,从感性认识而言是可以的。

本节提出了用于非饱和原状黄土增湿的蒸汽增湿方法,给出了蒸汽增湿试验步骤,从增湿后水分分布是否均匀、土体密度是否改变等方面论证了蒸汽增湿方法的有效性。对含水量的测试结果表明,微波炉法测试结果能满足精度要求,酒精燃烧法在测试较高含水量时误差较大。进一步应用蒸汽增湿法得到的不同含水量原状土样测定了非饱和黄土冻融后的强度指标,揭示出当非饱和原状黄土含水量过低时,冻融作用对黄土的黏聚力基本没有影响,当含水量较高时,经历冻融循环后黄土黏聚力较冻融前降低,冻结温度越低以及冻融次数越多,降低值越大。经历冻融循环后黄土内摩擦角较冻融前增加,冻结温度越低,增加值越大。在含水量较低时冻融次数几乎不引起内摩擦角发生变化,在含水量较高时冻融次数越多,引起内摩擦角增加越大。

## 8.4　考虑含水量和制样因素的黄土真三轴强度试验研究

黄土作为一种填土可用于地基、路基、土坝等很多工程建设中。进行填土时,为了保证压实质量,要求土体含水量接近最优含水量,然后对土体进行压实,以提高土的强度,减小其压缩性和渗透性,从而保证地基和土工建筑物的安全。但受施工条件及施工措施的影响,在压实过程中往往面对含水量与最优含水量有很大差异的土体,此时,经常采用增大压实能量、增加压实遍数等方法将不同初始含水量土体压实到相同的干密度。对于不同初始含水量土体压实到相同的干密度的土样,水分迁移可使其达到相同的含水量,但土样的结构不同,这种制样差异得到的土样强度也存在差异。

为了对此问题进行探讨,选取兰州及西安黄土,配置不同的制样初始含水量黄土压实得到相同干密度的黄土土样,然后增湿(减湿)到相同的含水量,进行真三轴试验。基于试验研究,研究地域差异及制样差异对强度特征的影响。

真三轴试验所用仪器采用轴向刚性板加载、侧向双轴液压柔性囊加载的三向加载方式,属于复合加荷方式类型。最大特点是侧向双轴相邻液压囊之间采用径向弹性伸缩、平面弹性转动的薄壁钢板有效隔离,可有效保证三向独立加载,互不干扰。设备组主要包括压力室、加荷系统、量测系统、自动控制系统和相关附属设备。压力室部分由一室四腔的侧壁和顶盖与底座组成;加荷系统包括伺服步进电机轴向刚性加载和双侧向柔性加载;量测系统可实现三个主应力方向应力、位移、孔隙水压力和孔隙气压力的量测;自动控制系统完成自动加荷和数据自动采集;相关附属设备包括重塑样压样器、原状样削样器以及试样饱和器。真三轴试验能独立施加三个方向的主应力,分析不同主应力对土体强度的影响,因而能更准确地模拟土体实际受力状态,有利于研究一般应力状态下土的特性。

真三轴试验围压设置为 50kPa、100kPa、200kPa,试样尺寸为 70mm×70mm×70mm 的正方体,加载剪切过程中控制等中轴应力比参数 $b=0,0.25,0.5$。试样破坏标准,对于软化破坏型试样,当出现峰值后即认为土样已破坏,对于硬化型试样,采用轴向变形达到 8.4mm,即 $\varepsilon_a$ 发展到 12% 时认为试样已经剪坏。

试验前先制备土样。对于兰州土样及西安土样,均配置含水量分别为 14%、16%、18% 的黄土压实制作一定干密度土样,干密度控制为 1.7g/cm³,然后将所有土样增湿到相同的含水量 18% 进行试验。试验均采用 3 个平行试样。

用不同制样含水量所制成的土样最终都要增湿到相同的含水量,要想达到所要求的含水量,需要有适当的操作方法对已经制备好的土样进行增湿。预加水量和预减水量的计算公式为

$$m_w = \frac{m_0}{1+0.01 \times w^0} \times 0.01(w_1 - w^0) \tag{8-41}$$

式中,$m_w$ 是预加水量或预减水量,若 $m_w$ 为正值,则为所需要增加的水量,反之为需要减少的水量;$m_0$ 是试样初始质量;$w^0$ 是试样制样含水量;$w_1$ 是试验要求的目标含水量。

对于增湿试样,将已经制备好的土样,用针管滴水法滴入所需水量。滴水工具采用医用的针管,精确到 0.01ml。滴入时要均匀滴入,滴水速度不能太快,以免试样表面遭到破坏,滴水时要从试样正反两面滴入,为保证水分在试样中均匀渗入,应从四周向中间逐渐渗透。加水量较大时,要分次逐渐增加水量。增湿后的试样用保鲜膜包好放入保湿缸中养护 24h 以上,使试样的含水量均匀分布。

土样是否精确达到试验所要求的目标含水量,直接影响所得试验数据的准确性,因而目标含水量的控制对于本次试验相当重要。土样在养护缸中养护后,对土样含水量均匀性及含水量值进行了验证。

### 8.4.1 兰州土样应力-应变曲线

取兰州土样,控制中主应力比 $b$ 分别为 0、0.25、0.5 进行真三轴试验,得到的应力-应变关系曲线如图 8.10~图 8.12 所示。图中 $\varepsilon_a$ 为轴向应变;$\delta_1$ 为大主应力;$\delta_3$ 为小主应力;$\delta_1-\delta_3$ 为主应力差;$b$ 为中主应力比,$b=(\sigma_2-\sigma_3)/(\sigma_1-\sigma_3)$;$w^0$ 为制样含水量。

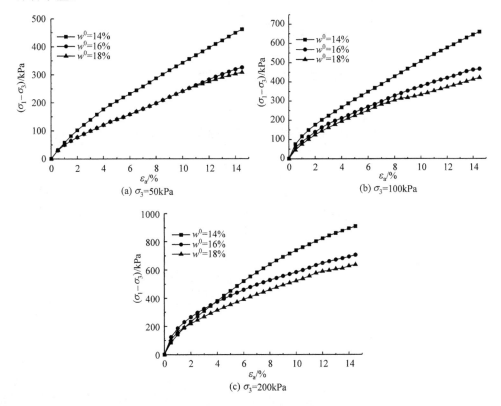

(a) $\sigma_3=50\text{kPa}$

(b) $\sigma_3=100\text{kPa}$

(c) $\sigma_3=200\text{kPa}$

图 8.10 兰州土样应力-应变关系曲线($b=0$)

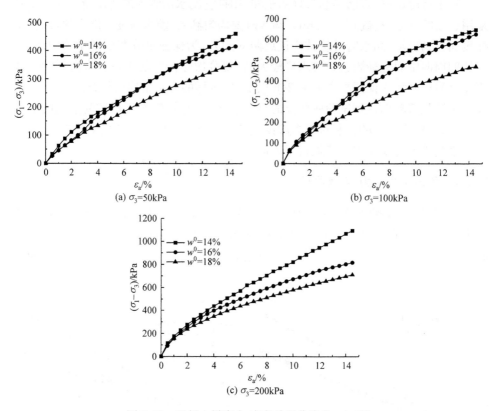

(a) $\sigma_3=50\text{kPa}$　　　　　　(b) $\sigma_3=100\text{kPa}$

(c) $\sigma_3=200\text{kPa}$

图 8.11　兰州土样应力-应变关系曲线($b=0.25$)

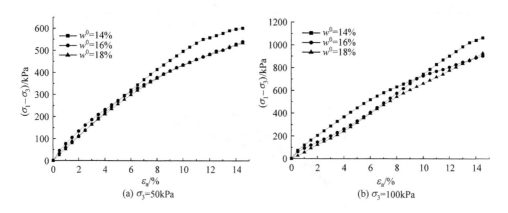

(a) $\sigma_3=50\text{kPa}$　　　　　　(b) $\sigma_3=100\text{kPa}$

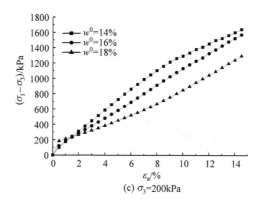

(c) $\sigma_3=200$kPa

图 8.12　兰州土样应力-应变关系曲线($b=0.5$)

由图 8.10～图 8.12 可以看出,同一围压、相同中主应力比条件下,随制样含水量的增大,兰州土样应力-应变曲线的硬化形态趋弱,土样均产生侧胀破坏。随着制样含水量的增加,土样的强度逐渐降低。在 $b$ 值一定的情况下,土样的制样含水量越高,土体达到相同变形时所需要的偏应力越小。制样含水量越低,土体达到相同变形时所需要的偏应力越大。制样含水量为 14% 时,达到相同应变时需要的偏应力最大,含水量 16% 和 18% 时需要的偏应力较小,说明制样含水量的不同是影响土体强度和变形的因素。随着围压的增大,相同制样含水量土样的偏应力逐渐增大,在低围压时,制样含水量越小,土样偏应力增大的速度越快,制样含水量越大,土样偏应力增大越慢。

围压分别为 50kPa、100kPa、200kPa 时不同中主应力比 $b=0,0.25,0.5$ 条件下的应力-应变关系如图 8.13～图 8.15 所示。

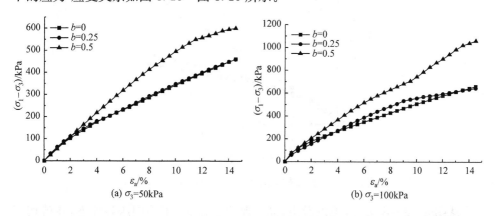

(a) $\sigma_3=50$kPa　　　　　　　　　　　(b) $\sigma_3=100$kPa

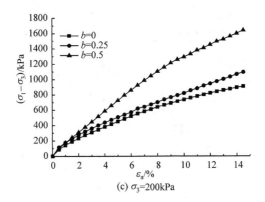

图 8.13　兰州土样应力-应变关系曲线($w^0 = 14\%$)

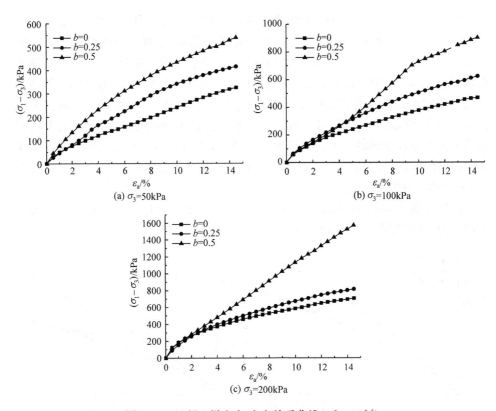

图 8.14　兰州土样应力-应变关系曲线($w^0 = 16\%$)

从图 8.13~图 8.15 可以看出,同一制样含水量、不同围压条件下,在剪切开始阶段,中主应力比对应力-应变关系的影响比较小,随着应变的发展,中主应力比对应力-应变曲线的影响逐渐显现。主应力差与主应变关系曲线在不同应力路径

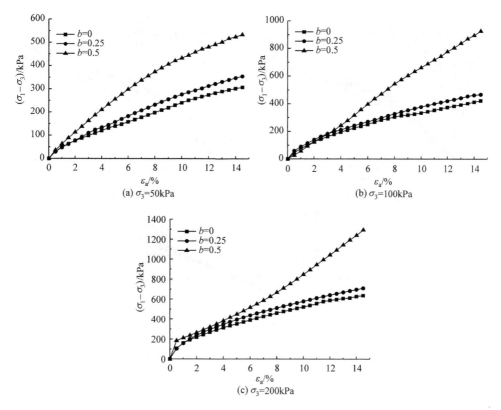

图 8.15　兰州土样应力-应变关系曲线($w^0$＝18％)

下表现为明显的硬化型,当 $b$＝0.5 时,在主应变量达到一定程度(10％左右)之后,受端部效应影响,应力-应变关系曲线出现"翘尾"的特点。中主应力比越大达到相同应变所施加的主应力差越大,土样所表现出的抗力也就越大,试样的压硬性明显增强,尤其是当 $b$＝0.5 时应力-应变曲线的变化较大,随应变的增大,主应力差明显增大,说明中主应力比对土的应力-应变关系有较大的影响。当 $b$＝0 时,随着围压的增大,制样差异所引起土样应力-应变曲线的变化较大,随着中主应力比的增大,制样差异所引起土样应力-应变曲线的变化逐渐减小。

### 8.4.2　西安土样应力-应变曲线

　　取西安土样,控制中主应力比 $b$ 分别为 0.25、0.5 进行真三轴试验,得到的应力-应变关系如图 8.16 所示。

　　从图中可以清楚地看出,在不同应力路径下,不同制样含水量的西安黄土应力-应变关系曲线表现为明显的硬化型,土样在剪切过程中均产生侧胀破坏。在 $\varepsilon_a$＜4％范围内,曲线呈现直线递增,随主应变的增大,应力-应变关系曲线出现明

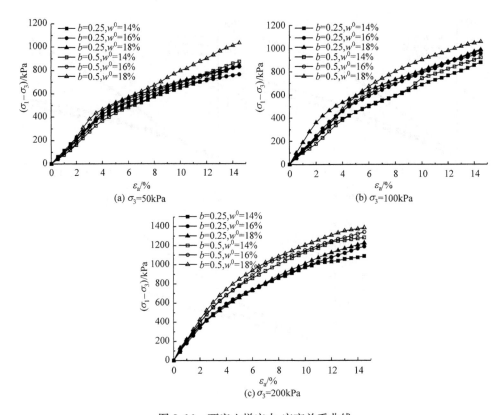

图 8.16　西安土样应力-应变关系曲线

显的曲线形态。在相同围压、相同中主应力比的条件下,制样含水量为 18% 时,达
到相同应变时需要的主应力差最大。在相同围压、不同中主应力比的情况下,相同
制样含水量的土样,其主应力差均随中主应力比的增大而增大。表现为相同应变
条件下,曲线的位置顺序(自上而下)与中主应力比的大小顺序一致,表明随中主应
力比的增大,土样抵抗变形的能力增强。随着围压的增大,制样差异及中主应力比
所引起的土样应力-应变曲线的变化逐渐增大。制样含水量越大,在相同中主应力
比下,土样偏应力差值越大;制样制样含水量越小,在相同中主应力比下,土样偏应
力差值越小。

### 8.4.3　兰州黄土抗剪强度参数

以主应变 $\varepsilon_a$ 为 12% 时作为破坏应变标准,对真三轴试验数据进行整理分析,
得出不同制样含水量 $w^0$ 及不同 $b$ 值下的黏聚力和内摩擦角,分析制样含水量 $w^0$
及中主应力比 $b$ 的变化对抗剪强度参数的影响。由于试验土样的含水量均为
18%,得到的强度参数值均是含水量 18% 土样的参数。

　　兰州黄土制样含水量与内摩擦角、黏聚力关系曲线如图 8.17 所示,内摩擦角、黏聚力随 $b$ 值的变化规律如图 8.18 所示。

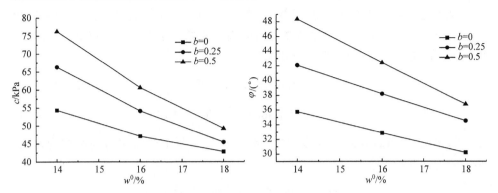

图 8.17　兰州土样制样含水量与抗剪强度参数关系曲线

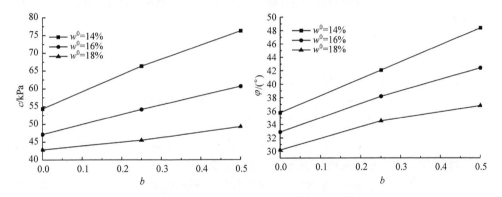

图 8.18　兰州土样中主应力比 $b$ 与抗剪强度参数关系曲线

　　从图 8.17 可以看出,随着土样制样含水量的增加,黄土黏聚力及内摩擦角都呈下降趋势。不同 $b$ 值的 $w^0$-$c$ 曲线变化趋势基本一致,随着制样含水量的增加,土样的黏聚力均减小。

　　从图 8.18 可以看出,随着中主应力比的增大,土样的黏聚力及内摩擦角均随之增大。不同制样含水量土样的黏聚力随中主应力比的变化规律基本一致。

　　对图 8.17 分析可以看出,制样含水量与黏聚力近似呈线性关系。线性拟合公式为

$$c = \alpha w^0 + \beta \tag{8-42}$$

当 $b=0$ 时,黏聚力与制样含水量公式为

$$c = -2.88 w^0 + 94.197, \quad R^2 = 0.979 \tag{8-43}$$

当 $b=0.25$ 时,黏聚力与制样含水量公式为

$$c = -5.215 w^0 + 138.77, \quad R^2 = 0.991 \tag{8-44}$$

当 $b=0.5$ 时,黏聚力与制样含水量公式为

$$c=-6.738w^0+169.84, \quad R^2=0.992 \tag{8-45}$$

从上述拟合公式可以看出,参数 $\alpha$、$\beta$ 随中主应力比 $b$ 的变化而变化。因此,可以进一步考虑中主应力比 $b$ 对黏聚力的影响。把参数 $\alpha$、$\beta$ 作为已知值,对其中主应力比 $b$ 的变化进行拟合,拟合公式如下:

$$\alpha=-7.715b-3.015, \quad R^2=0.985 \tag{8-46}$$

$$\beta=151.9b+96.448, \quad R^2=0.989 \tag{8-47}$$

将式(8-46)和式(8-47)代入式(8-42),得到兰州土样黏聚力与制样含水量、中主应力比 $b$ 的拟合公式:

$$c=(151.9b+96.4)-(7.7b+3)w^0 \tag{8-48}$$

同样,对图 8.17 分析可以看出,制样含水量与内摩擦角之间也呈线性关系,拟合公式为

$$\varphi=aw^0+b \tag{8-49}$$

当 $b=0$ 时,内摩擦角与制样含水量公式为

$$\varphi=-1.39w^0+55.187, \quad R^2=0.999 \tag{8-50}$$

当 $b=0.25$ 时,内摩擦角与制样含水量公式为

$$\varphi=-1.888w^0+68.467, \quad R^2=0.998 \tag{8-51}$$

当 $b=0.5$ 时,内摩擦角与制样含水量公式为

$$\varphi=-2.895w^0+88.837, \quad R^2=0.997 \tag{8-52}$$

从上述拟合公式可以看出,参数 $a$、$b$ 随中主应力比 $b$ 的变化而变化。因此,可以进一步考虑中主应力比 $b$ 对内摩擦角的影响。把参数 $a$、$b$ 作为已知值,对其中主应力比 $b$ 的变化进行拟合,拟合公式如下:

$$a=-3.01b-1.305, \quad R^2=0.963 \tag{8-53}$$

$$b=67.3b+54.1, \quad R^2=0.985 \tag{8-54}$$

将式(8-53)和式(8-54)代入式(8-49),得到兰州内摩擦角与制样含水量、中主应力比 $b$ 的拟合公式:

$$\varphi=(67.3b+54.1)-(3b+1.3)w^0 \tag{8-55}$$

### 8.4.4 西安黄土抗剪强度参数

基于真三轴试验结果,得到西安黄土的制样含水量与内摩擦角、黏聚力关系曲线如图 8.19 所示。

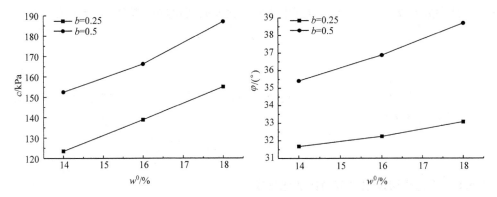

图 8.19　西安土样制样含水量与抗剪强度参数关系曲线

从图 8.19 可以看出，不同中主应力比的 $w^0$-$c$、$w^0$-$\varphi$ 曲线变化趋势基本一致，土样的黏聚力及内摩擦角随着土样制样含水量的增加而增大。这一变化规律与兰州黄土明显不同。

对图 8.19 分析可以看出，制样含水量与黏聚力近似呈线性关系，线性拟合公式为

$$c = \alpha \cdot w^0 + \beta \tag{8-56}$$

当 $b=0.25$ 时，黏聚力与制样含水量公式为

$$c = 7.989w^0 + 12.743, \quad R^2 = 0.998 \tag{8-57}$$

当 $b=0.5$ 时，黏聚力与制样含水量公式为

$$c = 8.658w^0 + 30.073, \quad R^2 = 0.986 \tag{8-58}$$

把参数 $\alpha$、$\beta$ 作为已知值，对其中主应力比 $b$ 的变化进行拟合，参考兰州黄土结果，按线性拟合，拟合公式如下：

$$\alpha = 3.04b + 7.138 \tag{8-59}$$

$$\beta = 69.32b - 4.587 \tag{8-60}$$

将式(8-59)和式(8-60)代入式(8-56)，得到西安土样黏聚力与制样含水量、中主应力比 $b$ 的拟合公式：

$$c = (3b + 7.1)w^0 + (69.3b - 4.6) \tag{8-61}$$

对图 8.19 分析可以看出，制样含水量与内摩擦角之间也呈线性关系，拟合公式为

$$\varphi = aw^0 + b \tag{8-62}$$

当 $b=0.25$ 时，内摩擦角与制样含水量公式为

$$\varphi = 0.3475w^0 + 26.77, \quad R^2 = 0.998 \tag{8-63}$$

当 $b=0.5$ 时，内摩擦角与制样含水量公式为

$$\varphi = 0.823w^0 + 23.833, \quad R^2 = 0.996 \tag{8-64}$$

把参数 $a$、$b$ 作为已知值,对其中主应力比 $b$ 的变化进行拟合,拟合公式如下:

$$a = 1.902b - 0.128 \tag{8-65}$$

$$b = -11.748b + 29.707 \tag{8-66}$$

将式(8-65)和式(8-66)代入式(8-62),得到西安土样内摩擦角与制样含水量、中主应力比 $b$ 的拟合公式:

$$\varphi = (1.9b - 0.12)w^0 + (29.7 - 11.7b) \tag{8-67}$$

### 8.4.5　黄土剪切过程中应力比变化规律

不同的应力路径、应变路径对应着不同的应力比。在剪切过程中应力比的变化规律可用应力比 $q/p$ 与主应变 $\varepsilon_a$ 的关系曲线来描述。其中 $p$ 为平均球应力,$q$ 为广义剪应力。在真三轴试样中:

$$p = \frac{1}{3}(\sigma_1 + \sigma_2 + \sigma_3) \tag{8-68}$$

$$q = \frac{1}{\sqrt{2}}[(\sigma_1 - \sigma_2)^2 + (\sigma_2 - \sigma_3)^2 + (\sigma_3 - \sigma_2)^2]^{1/2} \tag{8-69}$$

基于兰州黄土试验结果,得到不同制样含水量土样在不同中主应力比条件下的广义剪应力与平均球应力比 $q/p$ 及主应变 $\varepsilon_a$ 的关系曲线,如图 8.20 所示。

图 8.20 给出了剪切过程中兰州土样在不同围压(50kPa、100kPa、200kPa)、不同制样含水量(14%、16%、18%)和不同中主应力比(0、0.25、0.5)条件下应力比的变化过程。兰州黄土 $q/p$ 与主应变 $\varepsilon_a$ 的各组曲线显示出,在 $\varepsilon_a$ 小于 3% 时,$q/p$ 与 $\varepsilon_a$ 关系曲线呈线性增加,$\varepsilon_a$ 大于 3% 后按曲线关系缓慢增加。当制样含水量较低时,曲线斜率较小,制样含水量较高时,曲线斜率较大。$b$ 值越小,制样差异所引起的土样应力比的差值越大,且随着围压的增大,土样应力比的差值也越大。在相同制样含水量、相同围压条件下,三轴压缩状态时($b=0$)土的强度最高,随着中主应力比的增加,达到相同 $\varepsilon_a$ 值时 $q/p$ 较小。

基于西安黄土试验结果,得到不同制样含水量土样在不同中主应力比条件下的广义剪应力与平均球应力比 $q/p$ 及主应变 $\varepsilon_a$ 的关系曲线,如图 8.21 所示。

从图 8.21 中可以看出,西安重塑黄土 $q/p$ 与主应变 $\varepsilon_a$ 的各组曲线,在主应变达到 4% 时,曲线出现明显的弯曲,随 $\varepsilon_a$ 的增大,$q/p$ 与 $\varepsilon_a$ 按曲线关系增加。中主应力比越小,制样差异所引起的土样应力比的差值越大,且随着围压的增大,土样应力比的差值也越大。在相同围压、相同制样含水量条件下,随中主应力比的增大,达到相同 $\varepsilon_a$ 值时 $q/p$ 较小。

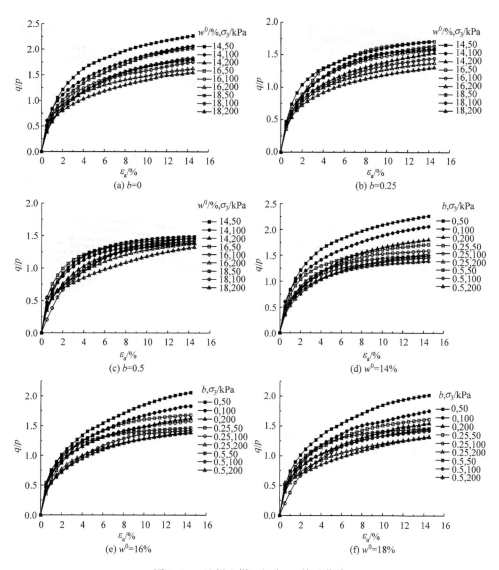

图 8.20　兰州土样 $q/p$ 与 $\varepsilon_a$ 关系曲线

### 8.4.6　不同物质结构黄土强度特性对比

本次试验所采用的兰州土样与西安土样制样方法相同,两种黄土均以制样含水量为 14%、16%、18% 制样,干密度为 $1.7\text{g/cm}^3$,然后统一增湿到的含水量 18%。对两种重塑黄土的强度特性指标进行对比分析如图 8.22 所示。

从图 8.22 中可以很明显地看出,在相同中主应力比下,兰州土样的抗剪强度指标与西安土样抗剪指标随制样含水量的变化规律不同。兰州土样在制样含水量

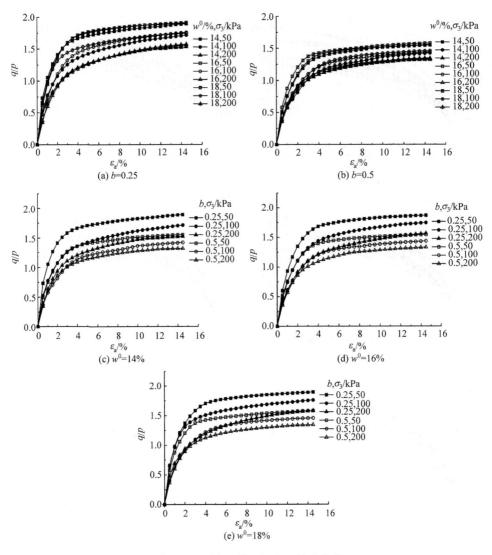

图 8.21　西安土样 $q/p$ 与 $\varepsilon_a$ 关系曲线

为 14% 时 $c$、$\varphi$ 值最大,随制样含水量的增大,$c$、$\varphi$ 值逐渐减小;西安土样的 $c$、$\varphi$ 值随制样含水量的增大而增大,当制样含水量为 18% 时达到最大值。西安黄土的最优含水量接近 18%,兰州黄土的含水量接近 14%,试验范围两种土样的抗剪强度最大值均在最优含水量附近。综合分析兰州黄土和西安黄土的试验结果可以发现,当制样含水量小于最优含水量时,随着制样含水量的增大,土样黏聚力及内摩擦角增大;当制样含水量大于最优含水量时,随着制样含水量的增大,土样黏聚力及内摩擦角反而减小。

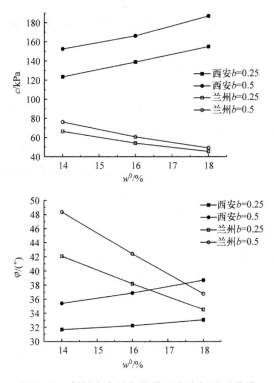

图 8.22　制样含水量与抗剪强度指标关系曲线

随着制样含水量的增大,兰州土样 $w^0$-$\varphi$ 曲线斜率明显较西安土样 $w^0$-$\varphi$ 曲线斜率大,说明兰州土样制样含水量对内摩擦角的影响大于西安。由于土颗粒组成的差异,土颗粒表面的吸力是不平衡的。不同制样含水量的黄土基质吸力不同,将其压实到相同干密度过程,由于吸力及颗粒组成差异,得到的土样虽然干密度相同,但结构可能存在差异。对不同吸力土样增湿达到相同含水量的土样,由于滞后效应,增湿后土样虽然含水量相同,但吸力可能存在较大差别。土样试验结果的地域差异性是十分复杂的,需要进一步研究。两种土样的 $c$ 值大小差别很大,西安土样的 $c$ 值均大于相同条件的兰州土样的 $c$ 值,试验得到的西安土样的最大 $c$ 值是兰州土样最大 $c$ 值的 2 倍,但兰州土样的 $\varphi$ 值整体较西安土样的 $\varphi$ 值大。兰州黄土颗粒较西安黄土粗,颗粒间摩擦力较大,而黏粒含量少,分子引力较弱,黏聚力较小。随着西安黄土黏粒含量增加,分子吸力增强,黏结性提高,因而西安黄土的黏聚力较高,内摩擦角比兰州黄土的内摩擦角小。

# 8.5　膨胀土增湿变形特性的试验研究

　　膨胀土是指黏粒成分主要由强亲水矿物蒙脱石、伊利石组成,具有显著的吸水膨胀、失水收缩变形特性的黏性土,在世界范围内有很广泛的分布。膨胀土具有显著的反复胀缩性和多裂隙性,对于建筑物尤其是轻型建筑、路基、边坡等有严重的危害。对膨胀土的工程特性加以研究,以分析其变形的规律性,对于工程建设具有重要意义。在膨胀土的诸多特性中,其变形特性是研究的主要方面,也是指导相关工程设计、施工的关键性因素,对此进行了较多研究。目前,考虑含水量水平和干密度的影响,对膨胀土增湿变形问题的研究尚缺乏文献。本节通过对大量不同初始含水量和干密度的原状膨胀土和重塑膨胀土样进行有荷载和无荷载膨胀率试验,对膨胀土的增湿变形特性进行研究。

　　试验中所用土样取自西汉高速公路洋县段,为棕黄色膨胀土。膨胀土变形特性与其矿物成分关系密切,为此,本节首先对试验膨胀土进行成分测试,测试得到其主要矿物成分为石英 61%,蒙脱石 28%,伊利石 6%,并含有少量方解石等其他矿物成分。土样基本物理性能见表 8.9。

表 8.9　膨胀土基本物理性能

| 土粒密度 $G_S/(g/cm^3)$ | 液限 $w_L$ /% | 塑限 $w_P$ /% | 塑性指数 $I_P$ | 液性指数 $I_L$ | 初始含水量 $w$/% | 干密度 $\rho_d/(g/cm^3)$ | 颗粒组成 | | |
| --- | --- | --- | --- | --- | --- | --- | --- | --- | --- |
| | | | | | | | 砂粒 /% | 粉粒 /% | 黏粒 /% |
| 2.71 | 39.0 | 18.0 | 21.0 | <0 | 16.4~22.6 | 1.64~1.82 | 15.1 | 45.7 | 39.2 |

　　试验采用 WG-1 型固结仪。试验用土样包括原状样和重塑样两部分,重塑样采用击实方法制备,所用仪器为 SJ-Q 标准手提击实仪。

　　对初始含水量一定、干密度不同的原状土样和干密度一定、初始含水量不同的原状土样分别在无荷载作用的情况下浸水增湿至饱和,待其膨胀变形稳定后,测定其膨胀变形量。

　　对初始含水量一定、干密度不同的原状土样和干密度一定、初始含水量不同的原状土样先分级施加荷载至所要求的荷载,待压缩稳定后浸水增湿至饱和,测定土样膨胀变形量。

　　配置膨胀土料至试验所需含水量,用击实方法使之成形后用环刀取样,在击实过程中通过控制击实次数控制击实功,从而得到相同含水量下具有不同干密度的试样。对已制成试样分别进行有荷载膨胀试样和无荷载膨胀试验。

　　土体在某一压力作用下变形稳定后,由于含水量增加而发生的附加变形称为增湿变形,对于膨胀土这一附加变形通常表现为膨胀变形,当增湿膨胀变形量大于在该压力下土样的压缩变形量时,土样在该级荷载下的膨胀率为正值,即表现出其膨胀性。本节增湿变形大小用增湿膨胀率表示,增湿膨胀率即试样增湿后发生的变形量与其原始高度之比,用百分数表示。

　　本节对大量原状膨胀土样和重塑膨胀土样的试验结果揭示出,膨胀土的增湿变形量主要受三个因素的影响:土样的干密度、初始(天然)含水量和荷载大小,三者之中任一个发生变化都会引起增湿变形量的变化。

### 8.5.1　原状膨胀土试验

　　对于原状膨胀土试样分别考虑干密度、初始含水量和荷载大小影响进行试验研究。

#### 1. 初始含水量对增湿变形的影响

　　将干密度相同但初始含水量不同的原状土样作为一组,根据干密度大小将原状土样分为若干组进行有荷载和无荷载膨胀试验,有荷载膨胀试验中选用荷载分别为 50kPa、100kPa、150kPa、200kPa。各组土样的干密度分别为 1.80g/cm³、1.77g/cm³、1.73g/cm³、1.67g/cm³,每组不同初始含水量的原状试样分别在无荷载和有荷载条件下浸水增湿至饱和,待试样变形稳定后测定其增湿膨胀变形量。图 8.23 为无荷载试验结果,图 8.24 和图 8.25 分别为施加 50kPa、100kPa 荷载时的试验结果。

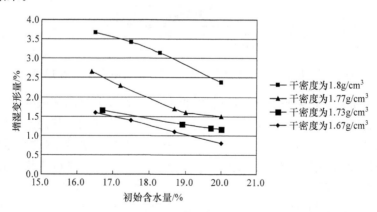

图 8.23　原状土无荷载条件下增湿变形量与初始含水量的关系

　　由图 8.23～图 8.25 可以看出,对于干密度相同的原状膨胀土试样,初始含水量越大,增湿至饱和时的水量增加越少,膨胀变形量越小。随着荷载增加,增湿膨胀变形量明显减小。当对试样施加荷载为 150kPa、200kPa 时,试验发现绝大多数土样已不再发生增湿膨胀,个别土样在浸水增湿后出现体积减小的压缩变形。

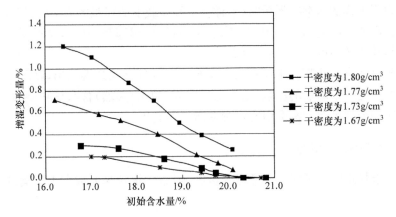

图 8.24　原状土 50kPa 荷载下增湿变形量与初始含水量的关系

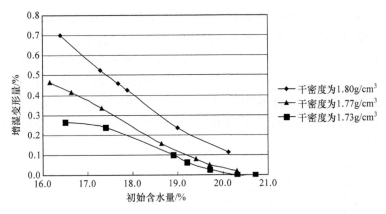

图 8.25　原状土 100kPa 荷载下增湿变形量与初始含水量的关系

　　进一步研究原状膨胀土含水量增加,但并未达到饱和时的膨胀变形规律。取干密度相同但含水量不同的两个原状土样作为一组,分别测定其浸水至饱和时的增湿变形量,两个土样饱和增湿变形量之差是两个土样含水量差(含水量增量)的反映,定义为该干密度土样增湿变形增量。试验得到不同干密度土样当含水量从17%增加到20%时的增湿变形增量如图 8.26 所示。由图 8.26 可知,土样干密度越大,含水量变化导致的增湿变形越大,反之亦然,即土样干密度越大,增湿变形对含水量的变化越敏感,水敏性越强。在实际工程中,对密实膨胀土应采用更为严格的防水措施。

### 2. 干密度对增湿变形的影响

　　将初始含水量相同但干密度不同的原状土样作为一组,根据含水量大小将原状土样分为若干组进行有荷载和无荷载膨胀试验,有荷载膨胀试验荷载分别为

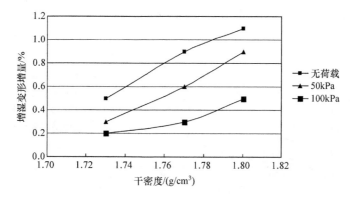

图 8.26　含水量从 17% 增至 20% 时原状土增湿变形增量

50kPa 和 100kPa。每组不同干密度的原状试样分别在无荷载和有荷载条件下浸水增湿至饱和,待试样变形稳定后测定其增湿膨胀变形量。图 8.27 为无荷载试验结果,图 8.28 和图 8.29 分别为施加 50kPa、100kPa 荷载时的试验结果。

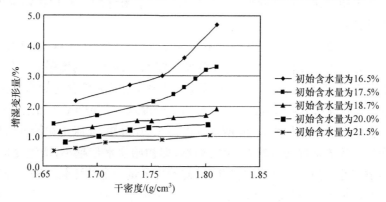

图 8.27　原状土无荷载条件下增湿变形量与干密度的关系

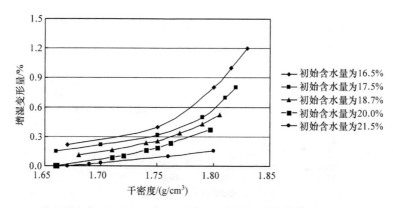

图 8.28　原状土 50kPa 荷载下增湿变形量与干密度的关系

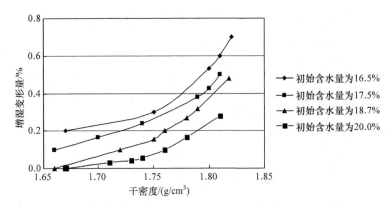

图 8.29　原状土 100kPa 荷载下增湿变形量与干密度的关系

从图中可以看出,对于初始含水量一定的膨胀土土样,干密度越大,增湿变形量越大,即增湿变形随干密度的增大而增大,这一规律对低含水量膨胀土尤为显著。当膨胀土初始含水量较小时,增湿变形量随干密度增大有加速增大的趋势。荷载增加,增湿变形量明显减小。

进一步研究原状土密度变化时的膨胀变形规律。取初始含水量相同但干密度不同的两个原状土土样作为一组,分别测定其浸水至饱和时的增湿变形量,两个土样饱和增湿变形量之差是两个土样密度差的反映,定义为该含初始水量土样增湿变形增量。试验得到不同初始含水量土样当干密度从 1.73g/cm³ 增加至 1.80g/cm³ 时的增湿膨胀变形增量如图 8.30 所示。由图 8.30 可知,膨胀土初始含水量越小,干密度变化导致的增湿变形越大,反之亦然,即初始含水量越小,增湿变形对干密度变化的敏感性越强。由此可以推断,对初始含水量一定的膨胀土进行夯实,将导致其增湿变形量增大,对实际工程是不利的。在实际工程中,不宜盲目采用夯实膨胀土的措施。对于路基、岸坡等荷载较小的工程,在强度满足要求的情况下,不宜也没必要对膨胀土进行夯实。

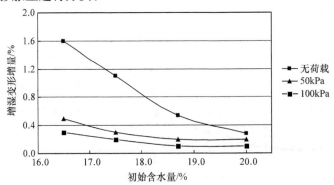

图 8.30　干密度从 1.73g/cm³ 增至 1.80g/cm³ 时增湿变形增量

### 3. 荷载对增湿变形的影响

为研究荷载对原状膨胀土增湿变形的影响,首先对干密度为 1.77g/cm³ 的不同初始含水量原状膨胀土进行无荷载膨胀试验和有荷载膨胀试验,测定试样在不同荷载作用下的增湿变形量,得到其增湿变形量与荷载的关系如图 8.31 所示。然后对初始含水量为 16.5% 的不同密度原状膨胀土进行无荷载膨胀试验和有荷载膨胀试验,测定试样在不同荷载作用下的增湿变形量,得到其增湿变形量与荷载的关系如图 8.32 所示。由图 8.31 和图 8.32 可知,在原状膨胀土的初始含水量和干密度一定的情况下,原状膨胀土增湿变形随荷载增大而减小。当荷载比较小时,荷载对增湿膨胀变形的约束作用(膨胀变性减小)最为显著。当荷载从小到大逐渐增加时,在荷载施加初期,荷载对增湿膨胀变形的约束作用最大,以后随着荷载增加,荷载对增湿膨胀变形的约束作用逐渐减弱。

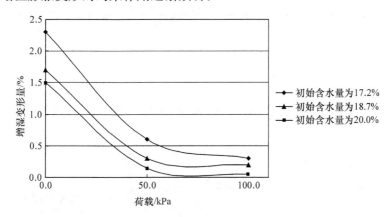

图 8.31　不同初始含水量原状膨胀土增湿变形量与荷载的关系

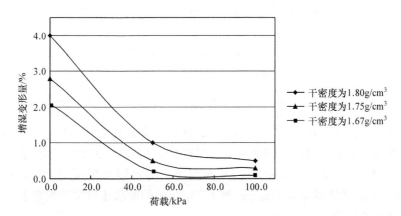

图 8.32　不同干密度原状膨胀土增湿变形量与荷载的关系

## 8.5.2　重塑膨胀土试验

　　将膨胀土料加水拌匀至预定含水量,静置使其含水量均匀后,用击实方法使之成形并用环刀取样。用环刀取样后重新实测确定试样初始含水量。

　　对制成的重塑土样进行无荷载膨胀试验,在无荷载条件下对试样浸水增湿至饱和,待试样变形稳定后测定其增湿变形量,得到其增湿变形量与初始含水量的关系(图 8.33)和增湿变形量与干密度的关系(图 8.34)。

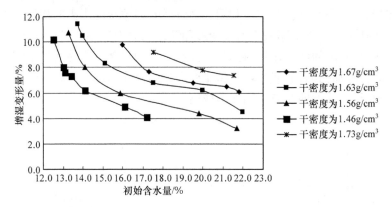

图 8.33　重塑土无荷载条件下增湿变形量与初始含水量的关系

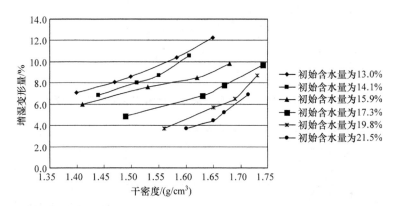

图 8.34　重塑土无荷载条件下增湿变形量与干密度的关系

　　将重塑土试样的试验结果和原状土的试验结果进行对比分析可以发现,重塑膨胀土和原状膨胀土具有相同的增湿变形规律,但当试样的初始含水量和干密度相同时,重塑土的增湿变形量明显大于原状土的增湿变形量,如图 8.35 所示。图 8.35是干密度分别为 1.67g/cm³ 和 1.73g/cm³ 的原状土试样和重塑土试样的无荷载膨胀试验结果。

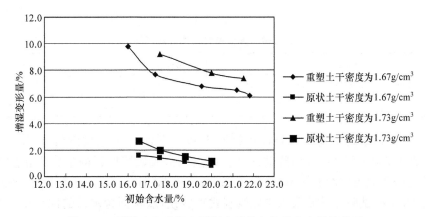

图 8.35　原状土和重塑土增湿变形量与初始含水量的关系

　　基于大量原状膨胀土样和重塑膨胀土样的试验结果,揭示出膨胀土的增湿变形量主要受三个因素的影响:土样的干密度、初始含水量和荷载大小。对于干密度一定的原状膨胀土,初始含水量越大,增湿至饱和时膨胀变形量越小。土样干密度越大,初始含水量变化导致的增湿变形量越大,增湿变形的水敏性越强。对于初始含水量一定的膨胀土土样,增湿变形量随干密度的增大而增大,这一规律对低初始含水量膨胀土尤为显著。膨胀土初始含水量越小,增湿变形对干密度变化的敏感性越强。当荷载比较小时,荷载对增湿变形量的约束作用(膨胀变性减小)最为显著,随着荷载增加,荷载对增湿变形量的约束作用逐渐减弱。重塑膨胀土和原状膨胀土具有相同的增湿变形规律,但重塑土的增湿变形量明显大于原状土。在实际工程中,对密实膨胀土应采用更为严格的防水措施。对初始含水量一定的膨胀土进行夯实,将导致其增湿变形量增大,对实际工程是不利的,不宜盲目采用夯实膨胀土的措施。对于路基、岸坡等荷载较小的工程,在强度满足要求的情况下,不宜也没必要对膨胀土进行夯实。

## 8.6　考虑含水量和密度影响的压实黄土直剪试验研究

　　压实黄土广泛用于填方工程中。受降雨入渗等边界因素影响,压实黄土的含水量经常会发生变化,其抗剪强度也会随之发生变化。从含水量和干密度两个方面对压实黄土性质的研究尚有不足。基于此,本节对压实黄土按不同的含水量和干密度制样,系统分析在增、减湿过程中其强度特性随物理指标的变化规律,为黄土地区路基工程设计的参数选取提供依据。

　　试验用土取自西安曲江池附近的某工地,取土深度为 5m,土料为黄土,呈黄褐色,土质均匀,结构较致密,以粉质黏粒为主,具硬塑性。土的主要物理性能指标见

表 8.10。

**表 8.10  黄土主要物理性能指标**

| 粒度组成/% | | | 最佳含水量/% | 塑限/% | 液限/% | 土粒密度/(g/cm³) |
|---|---|---|---|---|---|---|
| >0.074mm | 0.074～0.002mm | <0.002mm | | | | |
| 2.35 | 51.52 | 36.13 | 20.1 | 18.9 | 32.72 | 2.72 |

土样的初始含水量为 15%，在相同干密度下使含水量增湿到 16%、19%、22%、25%，减湿到 11%、13% 共六组。以土的击实试验所得的最大干密度为参照，并结合所取土样的具体情况，取 1.5g/cm³、1.6g/cm³、1.7g/cm³ 三个干密度若干组试样进行试验。试验采用应变控制式直剪仪，取相同含水量的四个试样在不同的垂直压力下做直剪试验，垂直压力分别为 50kPa、100kPa、150kPa、200kPa，手轮速率控制在 10～12r/min，使土样在 3～5min 内剪损，试样在各级压力下的抗剪强度取峰值强度，对无明显峰值者，取应力-应变硬化曲线上应变量为 4mm 所对应的强度。

对配制好的不同含水量、不同干密度的试样进行快剪试验，整理试验结果，得到不同含水量、不同干密度时试样的抗剪强度。应用莫尔-库仑强度准则分别得到黏聚力、内摩擦角随含水量和干密度的变化规律。

### 8.6.1  压实黄土的黏聚力与物理指标的关系

1. 压实黄土的黏聚力与含水量的变化关系

由图 8.36 可知：无论干密度多大，黏聚力随着含水量的增大而减小。黏土颗粒间存在着复杂的相互作用力，有引力，也有斥力，当总的引力大于斥力时，就表现为静引力，当总的斥力大于引力时，就表现为斥力。溶有离子的水与纯净水之间由于存在渗透压力差从而产生渗透斥力；当两个黏土颗粒之间的水离子浓度较高时，也会出现渗透斥力，从而使两个土粒互相排斥。因此，当含水量比较高时，黏土颗粒间出现了渗透斥力，使土颗粒互相排斥，斥力的存在使土粒间的黏聚力减小。除此之外，土中的水除了一部分以结晶水的形式吸附于固体颗粒的晶格内部外，还存在结合水和自由水。结合水是受颗粒表面作用力吸引而包围在颗粒四周，不能任意流动的水，不传递静水压力，根据距颗粒表面远近和电场作用力的大小，有强结合水和弱结合水之分；强结合水紧靠于颗粒表面，所受电场的作用力很大，几乎完全固定排列，丧失液体的特性而接近于固体；而弱结合水仅靠强结合水的外围形成结合水膜，所受的电场作用力随着与颗粒距离增大而减弱，这层水是一种黏滞水膜，对颗粒间的相对运动起润滑作用。含水量越高，土中水以弱结合水膜形式存在的水分子越多，自由水增加，甚至其中有些表现为重力水。这些水压力使土颗粒有分开的趋势；而且随着含水量的增大，颗粒间的咬合机会变少，所以因咬合作用产生的强度变小，二者的综合作用使得黏聚力随含水量的增大而减小。

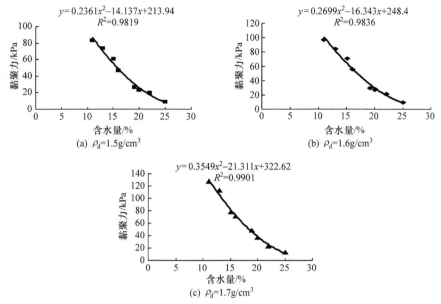

图 8.36　压实黄土的黏聚力与含水量的变化关系图

## 2. 压实黄土的黏聚力与干密度的变化关系

由图 8.37 可以得出：压实黄土的黏聚力随着干密度的增大而增大。当含水量较低时，黏聚力随着干密度增长的幅度较大。原因可以解释为：干密度越大，土粒之间的接触越紧密，相互之间的咬合作用越大，土粒之间的万有引力也变大，所以产生的强度就有变大的趋势；干密度越大，土粒之间的接触越紧密，孔隙比越小，有利于土中水表面张力作用的发挥。因此，土的干密度越大，黏聚力也越大。

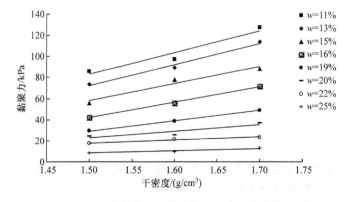

图 8.37　压实黄土的黏聚力与干密度的变化关系图

### 8.6.2 压实黄土的内摩擦角与物理指标的关系

#### 1. 内摩擦角与含水量的变化规律

由图 8.38 可知,不论干密度的大小如何,压实黄土的内摩擦角随着含水量的增大而减小。其原因是随着含水量的增大,土粒周围的结合水膜越来越厚,结合水膜之间的润滑作用使内摩擦角减小。

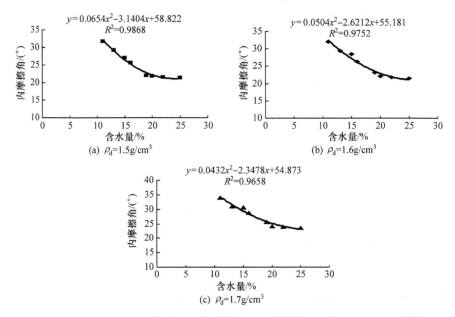

图 8.38　压实黄土的内摩擦角与含水量的变化关系图

#### 2. 内摩擦角与干密度的变化关系

由图 8.39 的关系曲线可以得出:压实黄土的内摩擦角随着干密度的增大而增大。主要原因是土粒与水膜的相互作用,土粒之间的接触程度随着干密度的增大而增大,有使内摩擦角增大的趋势;干密度越大,土粒之间的接触越紧密,孔隙比越小,土中的水主要以土粒周围强结合水膜的形式存在,而强结合水膜的水不能移动,所以随着干密度的增大强度增大,内摩擦角增大;在高含水量下,干密度较小时,颗粒之间的距离较大,土粒周围的结合水膜相对较厚,结合水膜之间的润滑作用使得内摩擦角较小。总之,随着干密度的增大,孔隙比减小,在同一含水量下,结合水膜变薄,部分结合水转化为自由水,润滑作用减小,内摩擦角增大。在含水量较低时,土中水主要以结合水膜的形式存在,且结合水膜较薄,干密度对结合水膜厚度的影响较小,表现出干密度对内摩擦角的影响较小。

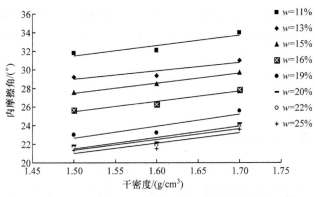

图 8.39　压实黄土的内摩擦角与干密度的变化关系图

### 8.6.3　考虑含水量和干密度影响的抗剪强度的确定方法

#### 1. 抗剪强度与含水量的变化关系

从图 8.40 可以得出:不论干密度多大,抗剪强度随着含水量的增加呈现减小的趋势,且在最佳含水量之前抗剪强度减小的幅度较大,在最佳含水量之后,抗剪强度随着含水量的增加,减小的幅度度比最佳含水量之前减小的幅度小。

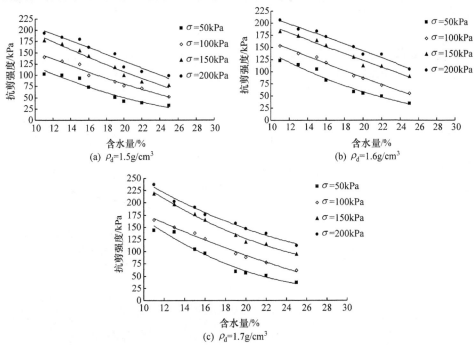

图 8.40　压实黄土的抗剪强度与含水量的变化关系图

　　在相同的竖向压力下,干密度越大,抗剪强度随含水量的增大变化范围越大,说明高密度下的黄土对水的敏感性很强。相同干密度下,竖向压力越大,抗剪强度随含水量的增大变化范围越大,表明竖向压力对压实黄土抗剪强度的影响较大,所以工程上常采用振动夯实的方法压实地基土提高抗剪强度,达到提高地基承载力的目的。

　　2. 抗剪强度与干密度的变化关系

　　对不同含水量、不同干密度的试样进行快剪试验,并对得出的试验结果进行分析,得到了抗剪强度与干密度的变化关系图。图 8.41(a)～(h)分别表示试样的含水量在 11%、13%、15%、16%、19%、20%、22%、25% 时,不同应力水平下抗剪强度随着干密度的变化关系图。从图中可以看出,压实黄土的抗剪强度与干密度的变化近似呈线性关系,所以用线性关系拟合黏聚力与干密度的关系和内摩擦角与干密度的关系是合理的。

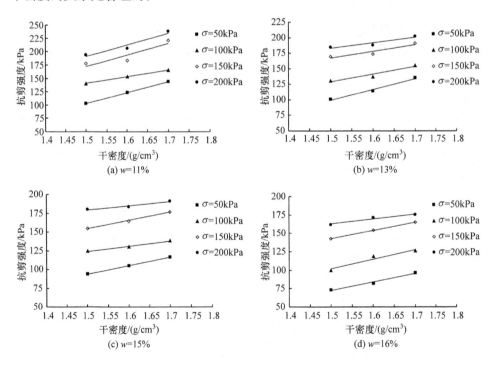

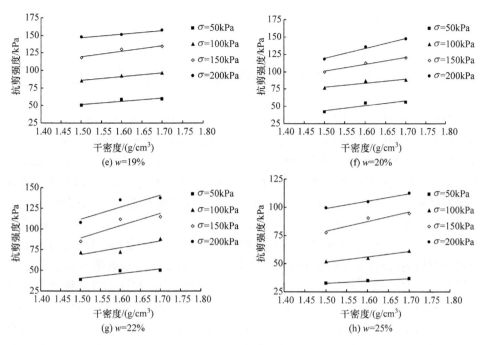

图 8.41　压实黄土的抗剪强度与干密度的变化关系图

由库仑公式 $\tau_f = c + \sigma\tan\varphi$ 可得,抗剪强度的大小与黏聚力、内摩擦角、正应力有关,将试验结果代入库仑公式中就得到了一个考虑含水量和干密度影响的公式,即

$$\tau_f = c + \sigma\tan\varphi \tag{8-70}$$

$$c = \alpha w^2 + \beta w + \gamma \tag{8-71}$$

$$\varphi = x w^2 + y w + z \tag{8-72}$$

式中, $\alpha = 0.594\rho_d - 0.663$; $\beta = -35.87\rho_d + 40.13$; $\gamma = 543.4\rho_d - 607.8$; $x = -0.111\rho_d + 0.231$; $y = 3.963\rho_d - 9.04$; $z = -19.745\rho_d + 87.9$。

本节采用以上公式对不同正应力作用下、不同干密度的压实黄土在不同含水量下的抗剪强度进行了计算,用相对误差公式计算出二者的相对误差,计算抗剪强度值与实测抗剪强度值的相对误差均在 12% 以下。应当说明的是,由于试验工作量有限,且土样取自西安附近的黄土,该公式仍只是对试验土样强度关系的表达。

# 第9章 黄土节理渗透及强度问题研究

节理在黄土中是普遍存在的。黄土地层在沉积历史上经历构造作用、风化作用、卸荷作用等地质活动,土体中发育着成因、规模、地质时期和性质千差万别的节理。黄土地区地下水位埋深普遍较大,存在厚层非饱和黄土层,该层是黄土节理发育的主要土层,也是工程活动的主要土层。黄土节理相互穿插、切割构形成立体的节理网络系统。因此,在很多情况下,黄土工程土体不能看成均质的连续体。黄土节理是分割黄土的软弱结构面,使得黄土体各向异性,土质恶化;是侵蚀土壤、形成洞穴的优势面,使得黄土高原选择性侵蚀加剧,水土流失严重;是孕育地质灾害的控制和分离面,使得黄土高原地裂缝、滑坡、崩塌、地面塌陷等频繁发生。黄土层中发育的节理形成土体弱面,往往具有较高的过流能力,在计算黄土体水分场时不能忽略其影响,忽视土中节理裂隙的存在会对土的渗流能力产生错误的判断。但黄土节理对入渗引起的土体水分场变化的影响尚不明确,使得黄土工程渗流研究和设计工作中难以考虑节理的影响,直接影响工程应用的合理性。本章介绍黄土节理渗流方面的研究成果。

## 9.1 黄土节理二维稳态流流量方程

对节理渗流问题的已有研究基本上局限于岩体节理。在岩体节理渗流问题研究中,假定流体只沿着节理方向一维流动,节理与两侧岩石之间没有水交换。基于这一假定推导得到了描述岩体节理渗流的立方定理,并进一步考虑节理开度、粗糙度等因素的影响开展了大量研究工作,这些研究工作适合岩体特点,均不考虑节理与两侧岩石之间的水交换,应属于对沿节理方向一维渗流问题的研究。黄土属于大孔隙土,与岩石相比具有高渗透性,流体在通过黄土节理方向渗流的同时不可避免地要与黄土本身发生水交换。黄土节理渗流问题属于沿节理渗流和垂直于节理向黄土体入渗的二维渗流问题。因此,描述岩体节理渗流的立方定理是不适合于黄土节理的。目前尚缺乏针对黄土节理渗流问题的研究文献,以及描述黄土节理渗流过程的方法,本书开展此方面研究工作。

研究节理问题的主要模型有平行板模型、充填模型和沟槽流模型三大类。黄土节理的特点是表面平直、光滑,节理面呈张开状态且无填充物,节理开度较大,但一般不大于 2mm,且节理平面尺寸较大,远大于节理开度。由于无填充和不接触的特点,"充填模型"和"沟槽流模型"均不适合用于黄土节理的渗流分析;而平行板模型成立的前提是裂隙上、下表面均较小或没有接触,因此它适用于开度较大的裂隙。Romm 认为,隙宽大于 $0.2\mu m$ 是平行板模型的适用范围。相比较而言,平行板模型更适用于对黄土节理的研究。

应用平行板模型研究岩体节理渗流问题时,假定水流运动服从达西定律,流体只沿着节理方向一维流动,节理与两侧岩石之间没有水交换。考虑岩石的低渗透性和水岩间的黏滞性,节理岩石界面渗流速度为零,可认为渗流速度沿节理宽度方向呈抛物线分布。基于上列假定和认识推导得到岩体节理流量 $q$ 可按式(9-1)计算:

$$q=\frac{\gamma a^3}{12\mu}J \tag{9-1}$$

式中,$a$ 为节理的张开度;$\mu$ 为水的动力黏滞系数;$\gamma$ 为流体的重度;$J$ 为水力坡降。因为在式(9-1)中节理的流量 $q$ 与节理的开度 $a$ 呈立方关系,习惯将式(9-1)称为立方定理。

在推导岩体节理立方定理时,有一个很重要的假定是流体只沿着节理方向做一维流动,节理岩石界面渗流速度为零。此假设较符合岩石节理的实际情况。但在黄土节理的渗流特性研究中,这个假设是不成立的。流体在通过黄土节理方向渗流的同时不可避免地要与黄土本身发生水交换。从而将简单的沿节理方面一维渗流问题变为要同时考虑沿节理渗流和垂直于节理方向的黄土体入渗的二维渗流问题。

在研究黄土节理的二维渗流问题时,假定有节理发育的黄土体土质均匀,且渗流为稳态渗流,流体不可压缩。采用平行板模型,考虑黄土节理渗流特点,取节理水分向土中的入渗速度为 $u_\sigma$,节理边界处沿节理渗流速度为 $u_\tau$。基于流速连续条件可知,$u_\sigma$ 和 $u_\tau$ 就是节理边界土体中沿 $x$ 方向和 $y$ 方向的流速,根据现有黄土渗流理论即可确定,有较多文献可供参考。黄土节理渗流模型如图 9.1 所示,图中 $y$ 方向为节理渗流方向,$x$ 方向为垂直节理方向。黄土单节理二维渗流问题的边界条件应为:当 $x=0$ 或 $a$ 时,$u_y=u_\tau$ 且 $u_x=u_\sigma$。

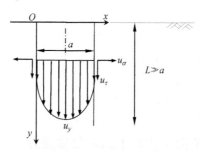

图 9.1　黄土节理二维渗流模型及其边界条件

流体速度场 $u$ 应是空间坐标和时间 $t$ 的函数,即

$$u_x = u_x(x,y,t)$$
$$u_y = u_y(x,y,t)$$

当速度分量即随时间、又随空间坐标变化时,用欧拉变数表示的加速度 $a$ 为

$$a_x = \frac{\partial u_x}{\partial t} + u_x \frac{\partial u_x}{\partial x} + u_y \frac{\partial u_x}{\partial y} \tag{9-2}$$

$$a_y = \frac{\partial u_y}{\partial t} + u_x \frac{\partial u_y}{\partial x} + u_y \frac{\partial u_y}{\partial y} \tag{9-3}$$

式(9-2)和式(9-3)中,第一项 $\partial u/\partial t$ 称为当地加速度,是由流场的非恒定性引起的,对于稳态渗流 $\partial u/\partial t = 0$。第二项和第三项称为迁移加速度或换位加速度,是由流场的非均匀性引起的。

在节理内部取任意流体元 $M$,坐标为 $x$、$y$;边长为 $\Delta x$、$\Delta y$。那么 $M$ 点运动流体的应力状态可由一个二阶对称应力张量来描述,即

$$\sigma = \begin{bmatrix} \sigma_{xx} & \tau_{yx} \\ \tau_{xy} & \sigma_{yy} \end{bmatrix}$$

将流体元按泰勒级数展开,并略去二阶以上的高阶分量,可求得流体元各面中心点处的应力,如图 9.2 所示。

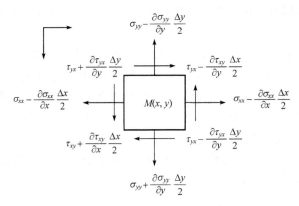

图 9.2　流体元应力状态

在 $x$ 方向上,表面力和体积力的分量分别为

$$\left( \frac{\partial \sigma_{xx}}{\partial x} \Delta x \right) \Delta y + \left( \frac{\partial \tau_{yx}}{\partial y} \Delta y \right) \Delta x$$

$$\rho X \Delta x \Delta y$$

其中,$\rho$ 为流体的密度;$X$ 为 $x$ 方向上的单位质量力。而流体元的质量 $m$ 等于 $\rho \Delta x \Delta y$。对于稳态渗流,根据式(9-2),由流场非均匀性引起的 $x$ 方向上的迁移加速度为

$$a_x = u_x \frac{\partial u_x}{\partial x} + u_y \frac{\partial u_x}{\partial y}$$

则由牛顿第二定律,$x$ 方向有表达式 $F_x = ma_x$,整理后得出 $x$ 方向上的应力形式运动微分方程为

$$\frac{1}{\rho} \left( \frac{\partial \sigma_{xx}}{\partial x} + \frac{\partial \tau_{yx}}{\partial y} \right) + X = u_x \frac{\partial u_x}{\partial x} + u_y \frac{\partial u_x}{\partial y} \tag{9-4}$$

同理可得 $y$ 方向上的应力形式的运动微分方程为

$$\frac{1}{\rho} \left( \frac{\partial \sigma_{yy}}{\partial y} + \frac{\partial \tau_{xy}}{\partial x} \right) + Y = u_x \frac{\partial u_y}{\partial x} + u_y \frac{\partial u_y}{\partial y} \tag{9-5}$$

式中,$Y$ 为 $y$ 方向上的单位质量力。

当流体不可压缩时,其应力-应变关系应为

$$\sigma_{xx} = -p + 2\mu \frac{\partial u_x}{\partial x}$$

$$\sigma_{yy} = -p + 2\mu \frac{\partial u_y}{\partial y}$$

$$\tau_{xy} = \tau_{yx} = \mu \left( \frac{\partial u_y}{\partial x} + \frac{\partial u_x}{\partial y} \right)$$

式中,$p$ 为运动流体平均动压强,其大小应为 $p = -(\sigma_{xx} + \sigma_{yy})/2$。那么将上面公式再代入式(9-4)和式(9-5)后,经过化简转化为

$$u_x \frac{\partial u_x}{\partial x} + u_y \frac{\partial u_x}{\partial y} = X - \frac{1}{\rho} \frac{\partial p}{\partial x} + \nu \left( \frac{\partial^2 u_x}{\partial x^2} + \frac{\partial^2 u_x}{\partial y^2} \right) \tag{9-6}$$

$$u_x \frac{\partial u_y}{\partial x} + u_y \frac{\partial u_y}{\partial y} = Y - \frac{1}{\rho} \frac{\partial p}{\partial y} + \nu \left( \frac{\partial^2 u_y}{\partial x^2} + \frac{\partial^2 u_y}{\partial y^2} \right) \tag{9-7}$$

式中,$\nu$ 为流体的运动黏滞系数。式(9-6)和式(9-7)为以流速为函数的渗流微分方程。

对于不可压缩流体,其流动连续性方程为

$$\frac{\partial u_x}{\partial x} + \frac{\partial u_y}{\partial y} = 0 \tag{9-8}$$

式(9-6)和式(9-7)的求解需结合式(9-8)和边界条件。但式(9-6)和式(9-7)为一组非线性二阶偏微分方程组,难以求解。为了求解,有必要对 $x$ 方向流速分布进行合理的简化。如图 9.2 所示,$x$ 方向节理边界处的流速与节理两侧土体 $x$ 方向流速相等,为 $u_\sigma$,其值应根据土体渗流条件确定。由于节理开度 $a$ 通常很小,$x$ 方向的流速可假定为线性分布,由对称性可知在节理中心线上流速等于 0,而在 $x$ 方向节理边界处的流速为 $u_\sigma$。为方便求解,取半开度节理为研究对象,$x$ 方向上的流速 $u_x$ 取平均值 $u_\sigma/2$,即

$$u_x = \frac{u_\sigma}{2}, x \in \left[0, \frac{a}{2}\right] \tag{9-9}$$

那么,有

$$\frac{\partial u_x}{\partial x} = \frac{\partial u_x}{\partial y} = 0$$

$$\frac{\partial^2 u_x}{\partial x^2} = \frac{\partial^2 u_x}{\partial y^2} = 0 \tag{9-10}$$

将式(9-9)和式(9-10)代入式(9-6),则式(9-6)简化为

$$X - \frac{1}{\rho}\frac{\partial p}{\partial x} = 0 \tag{9-11}$$

单位质量力 $X$、$Y$ 需结合实际情况确定。由于黄土节理基本以竖向节理发育,实际黄土工程中类节理裂缝也基本为竖向裂缝,此时,$x$ 方向为水平方向,在重力场中有 $X=0$。$y$ 方向为竖向,受重力影响,$Y$ 应考虑重力确定。将 $X=0$ 代入式(9-11)进一步简化为

$$\frac{\partial p}{\partial x} = 0 \tag{9-12}$$

式(9-12)表明,不考虑流体动压强沿 $x$ 方向的变化,动压强 $p$ 仅沿 $y$ 方向变化,则 $\partial p / \partial y$ 就是 $y$ 方向的水力梯度,其在对 $x$ 进行积分时可以当成常数对待。

又由式(9-8)和式(9-10)可得

$$\frac{\partial u_y}{\partial y} = -\frac{\partial u_x}{\partial x} = 0, \quad \frac{\partial^2 u_y}{\partial y^2} = 0 \tag{9-13}$$

将式(9-9)和式(9-13)代入式(9-7),式(9-7)可简化为

$$\frac{\partial^2 u_y}{\partial x^2} - \frac{u_\sigma}{2\nu}\frac{\partial u_y}{\partial x} = \frac{1}{\rho\nu}\frac{\partial p}{\partial y} - Y \tag{9-14}$$

结合全微分的定义和式(9-13)有

$$\frac{\partial u_y}{\partial x} = \frac{\mathrm{d}u_y}{\mathrm{d}x}, \quad \frac{\partial^2 u_y}{\partial x^2} = \frac{\mathrm{d}^2 u_y}{\mathrm{d}x^2}$$

那么式(9-14)为

$$\frac{\mathrm{d}^2 u_y}{\mathrm{d}x^2} - \frac{u_\sigma}{2\nu}\frac{\mathrm{d}u_y}{\mathrm{d}x} = \frac{1}{\rho\nu}\frac{\partial p}{\partial y} - Y \tag{9-15}$$

微分方程的右端均与 $x$ 无关,是常数。那么式(9-15)为一个二阶常系数非齐次线性微分方程,它的通解是

$$u_y = C_1' \mathrm{e}^{\frac{u_\sigma x}{2\nu}} + C_2' + \left(Y - \frac{1}{\rho\nu}\frac{\partial p}{\partial y}\right)\frac{2\nu}{u_\sigma}x \tag{9-16}$$

式中,$C_1'$ 和 $C_2'$ 为待定常数。

用泰勒级数展开式(9-16)中的 $\exp(u_\sigma x/(2\nu))$ 项,并略去三阶及三阶以上的

导数,有

$$\exp\left(\frac{u_{\sigma}x}{2\nu}\right)=1+\frac{u_{\sigma}x}{2\nu}+\frac{1}{2}\left(\frac{u_{\sigma}x}{2\nu}\right)^2 \tag{9-17}$$

将式(9-17)代入式(9-16)中,并经过整理得

$$u_y=\frac{u_{\sigma}}{2\nu}C_1'\left(x+\frac{1}{2}\frac{u_{\sigma}}{2\nu}x^2\right)+(C_1'+C_2')$$
$$+\left(Y-\frac{1}{\rho\nu}\frac{\partial p}{\partial y}\right)\frac{2\nu}{u_{\sigma}}x \tag{9-18}$$

在式(9-18)中令

$$C_1=\frac{u_{\sigma}}{2\nu}C_1'$$
$$C_2=C_1'+C_2'$$

则式(9-18)简记为

$$u_y=C_1\left(x+\frac{1}{2}\frac{u_{\sigma}}{2\nu}x^2\right)+C_2+\left(Y-\frac{1}{\rho\nu}\frac{\partial p}{\partial y}\right)\frac{2\nu}{u_{\sigma}}x \tag{9-19}$$

代入边界条件,当 $x=0$ 时, $u_y=u_{\tau}$。由图 9.2 流速 $u_x$ 的对称性可知,当 $x=a/2$ 时,$\partial u_y/\partial x=0$。解得 $C_2$、$C_1$ 分别为

$$\begin{cases} C_2=u_{\tau} \\ C_1=\left[1-\left(Y-\frac{1}{\rho\nu}\frac{\partial p}{\partial y}\right)\frac{2\nu}{u_{\sigma}}\right]\Big/\left(1+\frac{a}{2}\frac{u_{\sigma}}{2\nu}\right) \end{cases}$$

将 $C_1$、$C_2$ 代入式(9-19),经过整理,得

$$u_y=\frac{1}{2+\dfrac{au_{\sigma}}{4\nu}}(ax-x^2)\left(Y-\frac{1}{\rho\nu}\frac{\partial p}{\partial y}\right)+u_{\tau} \tag{9-20}$$

进一步将式(9-20)在节理半开度 $a/2$ 范围内进行积分,可得到半节理开度内沿节理走向的流量方程为

$$q_y=\int_0^{a/2}u_y\mathrm{d}x=\frac{1}{2+\dfrac{au_{\sigma}}{4\nu}}\frac{a^3}{12}\left(Y-\frac{1}{\rho}\frac{\partial p}{\partial y}\right)+\frac{u_{\tau}a}{2} \tag{9-21}$$

那么由对称性可知,整个节理流量应为

$$q=2q_y=\frac{1}{1+\dfrac{au_{\sigma}}{2\nu}}\frac{a^3}{12}\left(Y-\frac{1}{\rho\nu}\frac{\partial p}{\partial y}\right)+u_{\tau}a \tag{9-22}$$

压力 $p$ 沿着节理方向的变化可表示为

$$\frac{\partial p}{\partial y}=-\gamma J \tag{9-23}$$

式中，$\gamma$ 为流体的重度；$J$ 为压力梯度的水力坡降；负号表示压力梯度沿着节理正方向减小。又流体的运动黏滞系数 $\nu$ 和动力黏滞系数 $\mu$ 存在关系 $\rho\nu=\mu$，将此关系式及式(9-23)代入式(9-22)，得到节理二维稳态渗流的流量方程为

$$q=\frac{1}{1+\dfrac{a\rho u_\sigma}{2\mu}}\frac{a^3}{12}\left(Y+\frac{\gamma}{\mu}J\right)+u_\tau a \tag{9-24}$$

与立方定理所描述的式(9-1)相比，沿节理走向的二维稳态流流量要受节理边界处法向流速($u_\sigma$)及切向流速($u_\tau$)的综合影响。若忽略节理与两侧介质之间的水交换，且不考虑流体质量力的影响，则 $u_\sigma$、$u_\tau$ 和 $Y$ 可均为 0，此时式(9-24)可简化为式(9-1)。由于岩石的低渗透性，研究岩体节理时将 $u_\sigma$、$u_\tau$ 取为 0 也是适宜的。可见，岩体节理立方定律可归结为式(9-22)在特定条件下的简化形式。

若应用达西定律，求得节理平均流速为

$$\overline{u_y}=\frac{q}{a}=\frac{1}{1+\dfrac{a\rho u_\sigma}{2\mu}}\frac{a^2}{12}\left(Y+\frac{\gamma}{\mu}J\right)+u_\tau=k_jJ \tag{9-25}$$

式中，定义 $k_j$ 为黄土节理二维渗流的渗透系数。节理边界处土体沿 $x$ 方向的渗流速度为 $u_\tau$，由连续性条件可知其水力坡降也为 $J$，则节理两侧土体渗透系数 $k_\tau$ 为

$$k_\tau=\frac{u_\tau}{J} \tag{9-26}$$

整理式(9-25)并将式(9-26)代入，得节理渗透系数为

$$k_j=\frac{1}{1+\dfrac{a\rho u_\sigma}{2\mu}}\frac{a^2}{12}\left(\frac{Y}{J}+\frac{\gamma}{\mu}\right)+k_\tau \tag{9-27}$$

由于考虑了节理与土体的渗流交互影响，那么相比式(9-1)立方定理所确定的节理渗透系数，式(9-27)更符合土节理的实际渗流特点。

进一步基于试坑浸水试验结果对上列公式适宜性作初步验证。试验场地选在甘肃省定西市东面黄土梁上。为防止喷淋面干裂和保持喷淋水下渗的均匀性，该面铺一层 5mm 厚的洁净中砂，并在周边加以保护材料以防止水分流失。

本组试验采用流量边界条件。分别对有节理和无节理场地同时进行灌水试验。试验开始时将灌水坑内灌满水，并用塑料膜覆盖以防蒸发。经过若干时间后水分全部入渗到土体当中，试验结束。结束后开挖土体，分别观察有、无节理试坑的湿润峰形态和迁移位置，并在本组试验的试坑剖面上取土样做室内土工试验，采用平行检测的方法测定含水量，进一步精确确定湿润峰迁移的位置。将试验结果绘制在图 9.3 中。

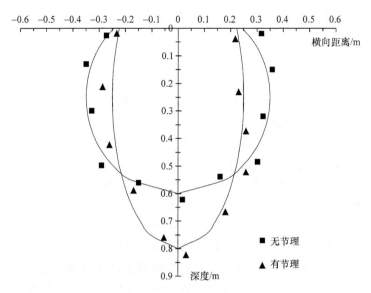

图 9.3　湿润峰迁移情况

在没有节理的黄土试验场地,由实际测量得到的湿润峰迁移位置可知,湿润峰呈现扁圆状椭圆形,水分迁移的最深处约有 0.6m 深。在有节理灌水坑中,节理部位的高渗透性发挥了作用,水分沿着节理方向快速入渗并且减缓了水分水平方向迁移的速度,形成节理处渗水的长条形湿润锋。水分迁移的最深处明显深于无节理的情况,约为 0.8m。表现为黄土垂直节理对水分的入渗有促进作用。

针对上述试验的实际情况,对该试验结果应用本节所得方程进行数值分析。用三角形单元离散黄土场地,在中间加入节理单元。当采用向后差分的方法来近似水头的时间导数时,三角形单元的有限元方程为

$$\left([D]+\frac{[E]}{\Delta t}\right)\{h\}_{t+\Delta t}=\frac{[E]}{\Delta t}\{h\}_t+[F] \tag{9-28}$$

式中,$[D]$ 为刚度矩阵;$[E]$ 为容量矩阵;$[F]$ 为流量边界;$\{h\}$ 为节点的水头列阵;$\Delta t$ 为时间步长。

土单元的渗透系数是吸力水头的函数,且与土样的干密度有关,可按照文献中总结出的计算公式计算。节理单元水平向的渗透系数 $k_{jx}$ 与相邻的土单元相同,而节理单元竖向的渗透系数 $k_{jy}$ 则按照式(9-27)计算。

上述现场试验所描述的工况是非稳态渗流问题,节理入渗土体的流速 $u_\sigma$ 以及土体边界处沿节理方向的流速 $u_\tau$ 会随着土的含水量 $\theta$ 变化。在用有限元法分析某一时段的渗流时,可以假定节理在该时段的时间步长 $\Delta t$ 内的渗流是稳态流,在该时间步长内进行多次迭代,直到水头列阵稳定为止,可取两次迭代每一节点的水头差不超过 5% 作为稳定的标准。那么 $\Delta t$ 越小,数值试验的结果就越精确。当某一

时间步长 $\Delta t$ 的迭代稳定后,用得到的新水头列阵$\{h\}_{t+\Delta}$来计算节理边界处土单元的流速矩阵

$$\begin{Bmatrix} u_{\sigma} \\ u_{\tau} \end{Bmatrix}_i = [k]_i [B]_i \{h\}_{i(t+\Delta)} \tag{9-29}$$

式中,$[k]_i$ 为 $i$ 单元渗透系数矩阵;$[B]_i$ 为 $i$ 单元面积坐标的导数矩阵;$\{h\}_{i(t+\Delta)}$ 为 $i$ 单元 3 个节点的水头列阵。进一步将式(9-29)代入式(9-27),得到节理单元竖向渗透系数,放入刚度矩阵$[D]$中用于下一时间步长的计算。依此类推。现用 Fortran 语言编写程序实现上述计算过程。

算例中取土体初始含水量为 $10\%$,干密度为 $1.30\text{g/cm}^3$。采用流量边界条件代入计算,流量的大小取与试验试坑中的灌水量相同。湿润峰迁移计算结果如图 9.4 所示。由图可知,用式(9-27)作为节理渗透系数所计算出的结果与现场试验结果相似,均为有节理存在时水分沿节理方向的迁移速度加快,而向两侧土体中的迁移速度减缓。说明用本节所得公式对节理黄土体水分场问题进行分析时,可以有效地反映节理的高渗透性以及对土体水分场变化的影响。数值分析所得到的趋势和规律与试验结果是相符合的。

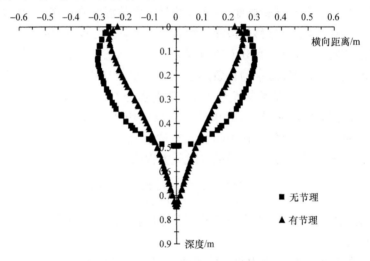

图 9.4  渗流 6 小时后湿润峰迁移数值分析

本节考虑节理内流体向土体的入渗及土体自身渗流速度的影响,建立了黄土节理二维渗流模型,采用欧拉变数法推导了流体元运动微分方程,得到了以流速为函数的渗流微分方程。进而基于黄土节理渗流特征及边界条件,推导得到黄土节理二维稳态渗流的流量方程,表明岩体节理立方定律可归结为此方程在特定条件下的简化形式。进一步推导得到黄土节理渗透系数的表达式。通过现场试验和数值分析所反映出的趋势说明本节得到的公式具有应用价值。

## 9.2　黄土节理渗水问题的试验研究

黄土节理垂向渗透系数一般比水平方向的渗透系数大几倍,尤其是在雨季,黄土节理作为土体中的优势渗流面,可以加快雨水入渗,对黄土边坡、洞室等土工结构的稳定性有着不可忽视的影响。然而,由于黄土节理的复杂性,关于节理对黄土场地渗流影响的研究较少。本节试图通过现场试验和室内试验,探讨黄土节理对黄土场地渗流的影响,对实际工程有一定的参考价值。

首先进行黄土节理发育场地的试坑浸水试验。试验场地选在甘肃省定西市东面黄土梁上,为自重湿陷性黄土场地。春夏季场地十分干燥,而秋冬季因降雨较多且蒸发缓慢场地较为湿润,初始含水量较高,在 8% 左右,略高于春夏季 8% 的含水量水平。为保证平面渗流问题,试坑尺寸选为 1m×10m×0.2m(宽×长×深)。对于喷淋平面,首先去掉表土,再用水准仪校平。为防止喷淋面干裂和保持喷淋水下渗的均匀性,该面铺一层 5mm 厚的洁净中砂,并在周边加以保护材料。试坑如图 9.5 所示。

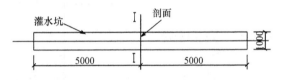

图 9.5　试坑尺寸图(单位:mm)

一般来说,入渗边界条件可简化为三种模型,即灌溉模型、降水模型和积水模型。以上三种模型中,工程上经常遇到且危害最大的是积水模型。本次试验即采用积水模型。在保证灌水坑内水头高 0.2m 不变的条件下,连续灌水 6h。每次灌水后立即用塑料膜覆盖以防蒸发。灌水结束后,开挖土体,观察垂直节理和湿润峰形态,并在有节理和无节理处取土样测含水量。在进行入渗试验的同时,在试坑附近人工剥平了一片土壤表面,经日晒之后形成小裂隙。统计表明,这些裂隙在水平方向的展布确无主导方向、呈“X”形网络状。

无节理入渗试验:在没有节理的黄土试验场地,由实际观测湿润峰形态和湿润体内的土体含水量可知,入渗是轴对称的。此时的湿润锋面如图 9.6 所示。节理在试坑中间的入渗试验:当节理在灌水坑中间时,由实际观测的湿润峰形态和实测的土体含水量可以清晰地看到,节理部位的高渗透性发挥了作用,形成节理处渗水的下凸状湿润锋。表现为黄土垂直节理对水的入渗有一定的贡献。湿润峰沿节理面对称。

节理在灌水坑一侧的入渗试验:当节理在灌水坑一侧时,由湿润锋面形态可以看出,在灌水量较少时,如果湿润峰没有到达节理面,入渗情况类似于无节理条件;

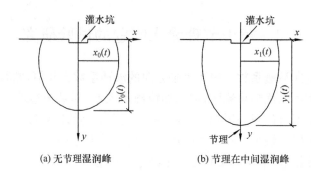

(a) 无节理湿润峰　　　　　　　(b) 节理在中间湿润峰

图 9.6　湿润锋面对比

增加灌水量时,节理面起到了阻水作用;灌水量继续增加,当节理充水时,阻水作用消失,反而起到过水作用,两侧湿润峰形状已不对称。此时的湿润锋面如图 9.7所示。

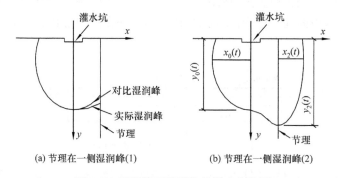

(a) 节理在一侧湿润峰(1)　　　　　(b) 节理在一侧湿润峰(2)

图 9.7　湿润锋面随灌水量增大变化图

　　然后进行室内模型试验研究。通过自制试验装置将黄土夯实后切割节理,控制夯击功来得到不同干密度的试样,研究在相同节理开度的情况下干密度对土体渗透性的影响;在相同干密度的情况下控制节理开度,研究节理开度对黄土体渗透性的影响。试验土样取自西安北郊,原状土干密度 1.35g/cm³,孔隙比 0.959,液限 31.1%,塑限 18.2%,塑性指数 12.9。

　　试验采用降水模型,人工模拟降雨,控制降雨量和降雨历时,降雨历时都为2h,降雨结束后为防止水分蒸发,用塑料薄膜将试样覆盖。通过试验得到了闭合节理在降雨结束后 2h、4h、8h、20h 的水分场和张开节理在降雨结束后 10h、20h 的水分场。图 9.8 为试验降雨前、降雨中和降雨结束后的试样。

　　闭合节理对黄土体渗透性的影响:试验通过干密度为 1.32g/cm³、初始含水量为 11.2%~11.8% 和干密度为 1.41g/cm³、初始含水量为 11% 两组试样,模型连续降雨 2h 后,在不同时刻土体水分场结果表明闭合节理对水分入渗无影响。在研究渗流问题时,可不考虑闭合黄土节理的影响。

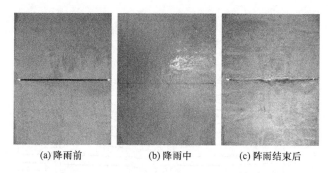

(a) 降雨前　　　　　(b) 降雨中　　　　(c) 阵雨结束后

图 9.8　试验过程中试样土体节理变化

节理开度对土体渗透性的影响:在相同干密度为 1.65g/cm³ 的情况下,对比节理开度为 2mm、3mm 的试验结果。其中,$y$ 坐标为土体深度方向,$x$ 坐标为与节理垂直水平方向,$x$ 方向上 0 坐标处为节理位置。

图 9.9 和图 9.10 分别为节理开度为 2mm、3mm 的土体水分场等值线,从图中可以看出,不同节理开度对节理两侧土体的渗透影响宽度不同。开度为 2mm 时,影响宽度为节理两侧约 5cm,随着深度增加影响宽度逐渐减小;开度为 3mm 时,影响宽度为节理两侧约 8cm,也随着深度的增加影响宽度逐渐减小。随着节理开度的增大,节理对土体的渗透性影响趋势逐渐明显。

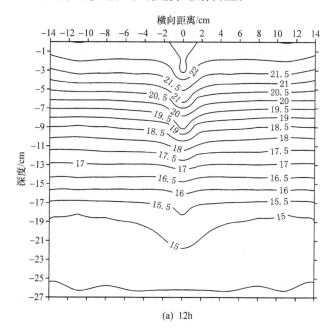

(a) 12h

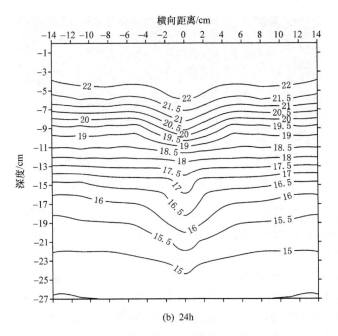

(b) 24h

图 9.9　节理开度 2mm 水分场等值线

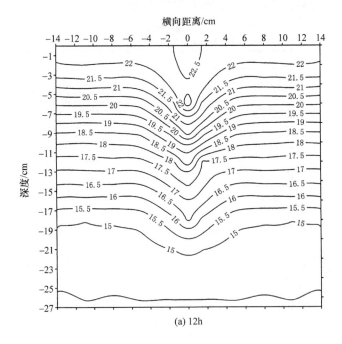

(a) 12h

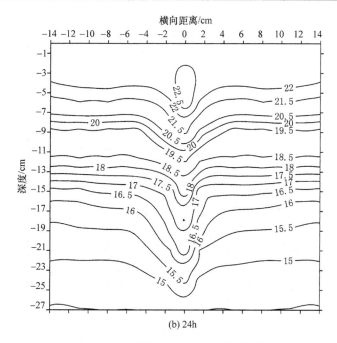

(b) 24h

图 9.10　节理开度 3mm 水分场等值线

图 9.11 为节理处土体含水量随着深度的变化曲线,可见,随着时间的增加,土体中水分逐渐向下入渗,曲线上的峰值含水量沿深度方向转移。节理开度 3mm 试样节理处沿深度方向的含水量高于节理开度为 2mm 的试样,说明节理开度越大,对土体渗透性的影响越大。

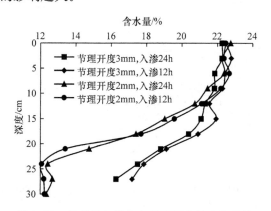

图 9.11　节理处土体含水量随深度的变化曲线

土体干密度对节理渗透性的影响:对节理开度为 3mm、干密度分别为 1.65g/cm³ 和 1.36g/cm³ 的试验结果进行对比分析。干密度 1.65g/cm³ 的试验水分场等值线如图 9.12 所示。

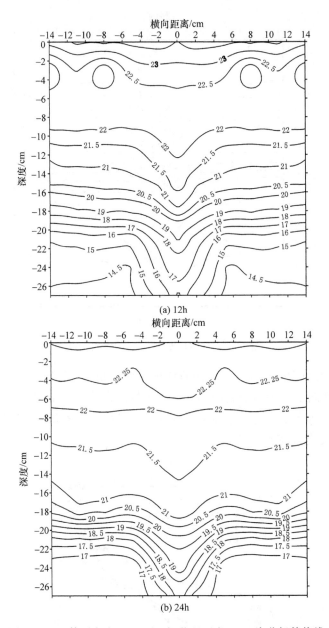

图 9.12 土体干密度 1.65g/cm³、节理开度 3mm 水分场等值线

相同土质条件下,土体干密度越小,土体的密实度越差,土体的孔隙比和渗透系数越大。对比图 9.10 和图 9.12 的试验结果可见,随着土体干密度的增大,节理对土体渗透性的影响减小。干密度较小时,土体的渗透系数较大,土体中水分的渗透速率较大,从图中可见,相同深度时,干密度较小的试样土体含水量大于干密度

大的试样;土体干密度小的试样节理的影响宽度也较干密度大的试样大。

　　本节通过现场试验定性分析了不同位置的节理对黄土场地水分入渗的影响,没有节理存在时,当前对黄土水分入渗的研究可以直接应用;节理在灌水坑中间时,节理面是优势渗流面;节理在灌水坑一侧时,当灌水量较少时,节理起到了阻水作用,对节理面另一侧结构物的安全有一定贡献。随着灌水量的增加,节理面充水后,节理又起到过水的作用。通过室内试验定性分析了重塑黄土人工切割节理在降雨条件下对土体渗透性的影响,闭合节理对土体的渗透性影响很小,实际中可以不予考虑;随着节理开度的增大,节理对土体的渗透性影响逐渐趋于明显,节理成为优势渗流面,增大了土体中水分的渗透,且节理对两侧土体的影响宽度也随着节理开度的增大而增大,随着土体深度的增大节理影响宽度逐渐减小;土体干密度越小,土体的渗透性越大,节理作为优势渗流面的作用也越明显,且节理对两侧土体的影响宽度也有所增大。

## 9.3　含节理黄土体渗流数值模型

　　本节建立当考虑黄土中有节理存在时,水分场数值计算的有限元方法。采用质量守恒的观点推导质点元中饱和度的变化与流速的关系。进而利用达西定律得到以水头为变量的渗流基本方程。针对黄土垂直节理的渗流特点,确定节理渗流基本方程中的参数。采用四边形等参元,利用 Galerkin 加权余量法建立考虑节理影响的黄土非饱和渗流的有限元形式。对局部水头边界条件下的黄土节理二维水分入渗问题进行数值分析。结果表明,节理对黄土场地湿润峰的迁移有很大影响。

　　节理作为优势渗流通道,对水分的入渗有巨大的促进作用。对于岩石节理来说,由于岩石的低透水性,节理岩体的水分运动基本上是通过节理通道完成的。节理对岩石的渗流起到重要作用。岩石节理的渗流问题历来得到了充分的重视。

　　由于所处的地理环境干旱,黄土中也存在大量由于干燥收缩所形成的节理。黄土地区隧道、窑洞等洞室的稳定性,以及山体、公路边坡的稳定性均与节理有关。黄土中的节理尤其以走向近似垂直于水平面的情况居多。它的节理面平整、光滑。在土体干燥的时候开度较大。随着土体含水量的增大逐渐趋于闭合。

　　目前对于这种黄土垂直节理渗流性质的认识还不够深入。在评价黄土渗透特性时均未考虑这种垂直节理的影响。黄土垂直节理在渗流初期有较高的渗透性。但随着节理内充水后,节理的水力隙宽会随着周围土体吸湿后的体积膨胀而逐渐减小。最终节理完全闭合,节理的渗透作用不再发挥。本节在论述水分在黄土垂直节理内的运动驱动势能的基础上,考虑黄土垂直节理渗流的特点,提出节理内水分运动的控制方程,并定义参数。将节理内的流动与黄土渗流方程相结合,对含垂直节理黄土的水分场进行数值分析。分析结果可以反映节理对黄土水分场的影响。

### 1. 非饱和介质渗流基本方程

非饱和介质的渗流是一个非稳态的流动问题。按二维的平面问题分析,取孔隙率为 $n$ 的非饱和介质中的任意质点元 $M$ 为研究对象。$M$ 单元尺寸为 $dx$、$dy$,则质点元的体积为

$$V = dxdy \tag{9-30}$$

并设 $x$ 方向和 $y$ 方向上的流速分别为 $v_x$ 和 $v_y$,如图 9.13 所示。

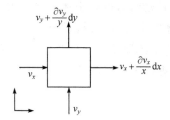

图 9.13　二维非稳态流动质点元

由质量守恒定律可知,对于不可压缩的流体,在单位时间内流入质点元和流出质点元的流量增量应等于质点内流体体积的变化,当土内渗流的流体是水时可表示为

$$\Delta Q_x + \Delta Q_y = \frac{\partial V_w}{\partial t} \tag{9-31}$$

式中,$\partial V_w / \partial t$ 表示质点内水的体积随时间的变化率;$\Delta Q_x$ 和 $\Delta Q_y$ 分别表示 $x$ 方向和 $y$ 方向上的流量增量,且有

$$\Delta Q_x = \left[ \left( v_x + \frac{\partial v_x}{\partial x} dx \right) - v_x \right] dy = \frac{\partial v_x}{\partial x} dxdy \tag{9-32}$$

$$\Delta Q_y = \left[ \left( v_y + \frac{\partial v_y}{\partial y} dy \right) - v_y \right] dx = \frac{\partial v_y}{\partial y} dxdy \tag{9-33}$$

将式(9-30)、式(9-32)和式(9-33)代入式(9-31)中,经整理有

$$\frac{\partial v_x}{\partial x} + \frac{\partial v_y}{\partial y} = \frac{\partial (V_w / V)}{\partial t} \tag{9-34}$$

式中,$V_w / V$ 表示水的单位体积增量。

当非饱和介质质点元的孔隙率为 $n$ 时,总体积 $V$ 与孔隙体积 $V_V$ 之间的关系为

$$V = nV_V \tag{9-35}$$

而根据饱和度 $S$ 的定义有

$$S = V_w / V_V \tag{9-36}$$

那么

$$V_w/V = nS \tag{9-37}$$

另外,水在非饱和介质中的运动满足达西定律,则有

$$v_x = k_x \frac{\partial h}{\partial x}, \quad v_y = k_y \frac{\partial h}{\partial y} \tag{9-38}$$

式中,$k_x$、$k_y$分别为 $x$、$y$ 方向上的渗透系数;$h$ 为总水头大小,等于位置水头加上压力水头,$h = y + h_p$。

将式(9-37)和式(9-38)代入式(9-34)中有

$$\frac{\partial}{\partial x}\left(k_x \frac{\partial h}{\partial x}\right) + \frac{\partial}{\partial y}\left(k_y \frac{\partial h}{\partial y}\right) = \frac{\partial(nS)}{\partial t} \tag{9-39}$$

式(9-39)中等式右端可用偏导数的连续性条件,利用吸力水头进行转化,有

$$\frac{\partial(nS)}{\partial t} = \frac{\partial(nS)}{\partial h_p} \frac{\partial h_p}{\partial t} \tag{9-40}$$

而位置水头只与纵坐标 $y$ 有关,其对时间的导数为 0。所以式(9-40)中吸力水头对时间的偏导数与总水头对时间的偏导数在数值上相等,即

$$\frac{\partial h}{\partial t} = \frac{\partial(y + h_p)}{\partial t} = \frac{\partial h_p}{\partial t} \tag{9-41}$$

假定非饱和介质在渗流的过程中,孔隙率 $n$ 为定值,与水头无关,那么式(9-40)中的 $n$ 可以提到偏导数之外。将式(9-41)~(9-40)代入式(9-39)后有

$$\frac{\partial}{\partial x}\left(k_x \frac{\partial h}{\partial x}\right) + \frac{\partial}{\partial y}\left(k_y \frac{\partial h}{\partial y}\right) = n \frac{\partial S}{\partial h_p} \frac{\partial h}{\partial t} \tag{9-42}$$

式(9-42)是由质量守恒原理经推导得到的,无论是非饱和的黄土介质还是黄土中的节理介质的渗流均应遵循上述基本方程。

### 2. 非饱和黄土介质渗流方程的简化

在渗流的过程中土的体积含水量会发生变化,而饱和度以及吸力水头的变化均与体积含水量密切相关。实质上,土的体积含水量与饱和度之间有如下关系:

$$S = \theta/n \tag{9-43}$$

但体积含水量与吸力水头的关系则要复杂得多,目前并没有从机理上认识清楚二者之间的关系。在众多经验公式中,应用最广泛的是 van Genuchten 所提出的三参数模型。在该模型中,二者之间的关系为

$$\theta = \theta_r + \frac{\theta_s - \theta_r}{[1 + |\alpha h_p|^n]^m} \tag{9-44}$$

式中,$\theta$ 为体积含水量,%;$h_p$ 为吸力水头,m;$\theta_s$ 为饱和含水量,%;$\theta_r$ 为残余含水量,%;$\alpha$、$n$ 和 $m$ 为试验参数,$\alpha$ 的单位是 $m^{-1}$,且有 $m = 1 - 1/n$。

当用式(9-43)来替代土的饱和度 $S$ 时,式(9-42)右端的偏微分可写为

$$n \frac{\partial S}{\partial h_p} = \frac{\partial \theta}{\partial h_p} \tag{9-45}$$

而体积含水量对吸力水头的变化率可以通过式(9-44)求偏导得到。事实上,当讨论非饱和土的渗流问题时,并不需要真正求出该偏导。土壤水动力学中将这种由单位基质势的变化引起的含水量变化称为比水容量,简称比水容,并记为$C(\theta)$。通常比水容表示成体积含水量的函数:

$$C(\theta) = \frac{\partial \theta}{\partial h_p} \tag{9-46}$$

比水容的量纲应为$[L^{-1}]$。同时定义了非饱和土壤水的扩散率$D(\theta)$为

$$D(\theta) = \frac{k(\theta)}{C(\theta)} \tag{9-47}$$

式中,$D(\theta)$为非饱和土扩散率,同样是体积含水量的函数,可通过试验测定,量纲为$[L^2 \cdot T^{-1}]$;而$k(\theta)$为非饱和土的渗透系数,量纲为$[L \cdot T^{-1}]$。

通过上述分析,将式(9-45)~式(9-47)代入式(9-42)中,可以简化非饱和土渗流的基本方程。对于各向同性的非饱和黄土有

$$\frac{\partial}{\partial x}\left(D(\theta)\frac{\partial h}{\partial x}\right) + \frac{\partial}{\partial y}\left(D(\theta)\frac{\partial h}{\partial y}\right) = \frac{\partial h}{\partial t} \tag{9-48}$$

式中,$D(\theta)$为非饱和黄土的扩散率,文献给出了考虑干密度变化的计算方法。

### 3. 节理介质渗流模型分析

裂隙介质与孔隙介质的差异较大。黄土节理作为一种裂隙介质,虽然其开度通常情况下很小,但相比孔隙介质的孔隙尺寸来说依然很大。流动路径的迂回度更是迥异。而水总是会优先沿着水头损失小的路径流动。所以节理就称为渗流的优势通道。裂隙介质和孔隙介质在几何尺寸以及形态上的差异,使驱动水相流动的势能也不尽相同。多孔介质中的孔隙尺寸较小,吸力水头很大。相比之下,重力水头对水运动的影响并不十分重要。但裂隙介质的开度要大很多,裂隙中的非饱和流主要是在重力的驱动下发生流动,而吸力水头的作用很小。

在理想状态下,对于节理介质,孔隙率$n_j = 1$。节理内的饱和度在0~1变化。V-G模型同样可以用来描述裂隙介质中饱和度与吸力水头之间的关系,即

$$S_e = \frac{S - S_r}{S_s - S_r} = \frac{1}{(1 + |\alpha h_p|^n)^m} \tag{9-49}$$

式中,$S_e$为节理内的有效饱和度;$S$为节理的实际饱和度;$S_r$为残余饱和度;$S_s$为最大饱和度。对于理想状态下的节理,由于孔隙率$n = 1$,所以残余饱和度$S_r = 0$,而最大饱和度$S_s = 1$。那么式(9-49)求偏导数有

$$\frac{\partial S}{\partial h_p} = -\frac{1}{(1 + |\alpha h_p|^n)^m} = \frac{mn|\alpha h_p|^n}{(1 + |\alpha h_p|^n)^{m+1}} \tag{9-50}$$

以往对节理渗透系数的研究均不考虑垂直于节理走向的渗流。黄土是一种大孔隙土,在黄土中发育的节理,水不但会沿着节理走向运动,更会在垂直于节理走向的方向上向土中入渗。所以黄土节理的渗透系数应由一个二阶的张量表示,即

$$[k] = \begin{bmatrix} k_n & \\ & k_s \end{bmatrix} \tag{9-51}$$

式中,$k_n$ 为节理面法线方向上的渗透系数;$k_s$ 为沿节理走向的渗透系数,如图 9.14 所示。

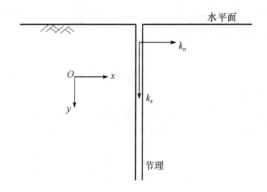

图 9.14　渗透系数的二阶张量

在黄土节理的边界面上,研究边界面法线方向上的流动情况,示意图如图 9.15 所示。

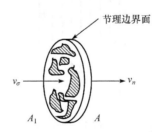

图 9.15　黄土节理边界面上的法向渗流

当水以 $v_u$ 的速度流过土的边界进入节理内后,流速变为 $v_n$。而单位时间内,在节理边界面上对于相同的断面积 $A$,流入和流出的流量应相等,即

$$v_\sigma A_1 = v_n A \tag{9-52}$$

式中,$v_\sigma$ 为边界面上非饱和土一侧的流速;$v_n$ 为边界面上节理一侧的流速;$A_1$ 为非饱和土的实际渗流面积;$A$ 为渗流断面的面积。若土的孔隙率为 $n$,那么二者之间的关系为

$$A = nA_1 \tag{9-53}$$

而无论是在土中还是在节理中,水流均应满足达西定律:

$$v_\sigma = k_\sigma i_\sigma, \quad v_n = k_n i_n \tag{9-54}$$

式中,$k_\sigma$ 为边界面上非饱和土一侧的渗透系数,是体积含水量的函数;$k_n$ 为边界面上节理一侧的法向渗透系数;$i_\sigma$ 和 $i_n$ 分别为驱动边界面两侧水流动的水力梯度。水力梯度的变化应该是连续,所以对于同一边界面左、右两侧的水力梯度应相等,那么有

$$i_\sigma = i_n \tag{9-55}$$

那么将式(9-53)～式(9-55)代入式(9-52)中,可以得到节理边界面上的渗透系数与非饱和土边界面上渗透系数的关系为

$$k_n = k_\sigma / n \tag{9-56}$$

而节理的几何隙宽通常很小,可以认为节理内任意位置处,沿节理面法向上的渗透系数与边界上的渗透系数相同。

黄土节理面光滑、平直,在干旱的时候开度较大,但远小于节理的开展深度,所以相对于节理开度来说,可以认为节理是无限延伸的。节理间无接触和填充物,在分析沿节理走向的流动时,可用平行板模型来模拟黄土节理。与岩石中的节理裂隙不同,黄土节理内水的流动要受到边界上渗流条件的影响,如图 9.16 所示。

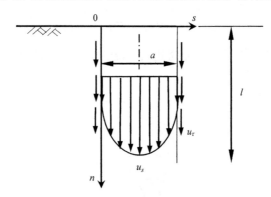

图 9.16　黄土节理渗流模型

图中,$a \ll l$,在节理边界上沿节理方向的流速为 $u_\tau$。节理内的流体运动应满足 N-S 方程。对于任意瞬时,参考相关文献,并代入边界条件后,解得节理内沿节理走向的断面平均流速为

$$u_s = u_\tau + \frac{\gamma_w a^2}{\mu\, 12} J \tag{9-57}$$

式中,$u_s$ 为沿节理走向上断面的平均流速;$u_\tau$ 为节理边界上边界面切线方向上的流速;$a$ 为节理的水力隙宽;$\mu$ 为水的动力黏滞性系数;$\gamma_w$ 为水的重度;$J$ 为水力坡降。由达西定律可得节理沿其走向上的渗透系数为

$$k_s = \frac{u_s}{J} = k_\tau + \frac{\gamma_w}{\mu} \cdot \frac{a^2}{12} \tag{9-58}$$

式中，$k_s$ 为沿节理走向上的渗透系数；$k_\tau$ 为节理边界上边界面切线方向上的渗透系数，是非饱和黄土体积含水量的函数。

　　在理想状况下，$a$ 与节理的几何宽度相同。但节理表面粗糙程度的不同，以及在渗流过程中形态的变化诸多，都会使节理的水力学宽度小于实际的几何开度值。对于黄土来说，主要应考虑黄土体积会随着含水量的不同而膨胀或者收缩。而黄土体积的变化对节理的水力学宽度造成很大的影响。实际上，黄土节理的水力隙宽，也会随着黄土的含水量而变化。在干旱季节，土体含水量因干旱而逐渐减小。当含水量小于塑限含水量 $w_p$ 后，随着含水量的减小，土体体积开始收缩。此时黄土节理从闭合状态逐渐张开，水力隙宽逐渐增大。而当含水量小于缩限含水量 $w_s$ 后，黄土体积则不再继续收缩。此时，节理的水力学开度最大，节理的过水能力最强。当节理闭合时，可以不考虑节理对渗流的影响，认为此时的水力学开度为零。若初步按线性关系来表示当黄土含水量介于塑限和缩限之间时，节理宽度的变化规律，可写出如下表达式：

$$a = \frac{w_p - w}{w_p - w_0} a_0 \tag{9-59}$$

式中，$w$ 代表黄土的质量含水量，当 $w < w_s$ 时，取 $w_s$，此时节理的水力隙宽最大；当 $w > w_p$ 时，取 $w_p$，此时节理的水力隙宽为 0，节理闭合，渗流中可不考虑节理的影响；$w_s$ 代表黄土的缩限含水量；$w_p$ 代表黄土的塑限含水量；$a_0$ 表示节理的几何宽度；$w_0$ 代表与 $a_0$ 对应的黄土初始含水量。

　　通过本节的讨论，参照式(9-50)和式(9-51)，可得对于节理介质来说，式(9-42)渗流基本方程的具体表述为

$$\nabla[(k\nabla)h] = \frac{mn|\alpha h_p|^n}{[1+|\alpha h_p|^n]^{m+1}} \frac{\partial h}{\partial t} \tag{9-60}$$

式中，$\alpha$、$n$ 和 $m$ 是土的 V-G 模型中的参数；$h_p$ 为压力水头，对非饱和土是负值；$h$ 为考虑位置水头的总水头，$h = y + h_p$；$k$ 为节理的渗透系数张量，与土性参数有关。对于孔隙率为 $n$ 的各向同性土，二维渗流问题可用二阶张量表示。参考式(9-56)、式(9-58)和式(9-59)有

$$[k] = \begin{bmatrix} \dfrac{k_\sigma}{n} & \\ & k_\tau + \dfrac{\gamma_w}{12\mu}\left(\dfrac{w_p - w}{w_p - w_0}a_0\right)^2 \end{bmatrix} \tag{9-61}$$

式中，$k_\sigma$、$k_\tau$ 分别为节理边界面上法线和切线方向上的渗透系数，是非饱和黄土体积含水量的函数。

### 4. 黄土及节理介质渗流的有限元分析

运用 Galerkin 加权余量的方法可以建立黄土节理渗流的有限元方程为

$$[D]\{h\} + [E]\frac{\partial\{h\}}{\partial t} = [F] \tag{9-62}$$

式中,$[D]$ 称为刚度矩阵,与单元渗透系数相关;$[E]$ 为容量矩阵,与非饱和土的水体积系数有关;$[F]$ 为流量边界条件,是反映入渗或者蒸发量的单位列向量;$\{h\}$ 为单元水头列向量;$t$ 为时间。

刚度矩阵 $[D]$ 的表达式为

$$[D] = \int_{\Omega} [B]^{\mathrm{T}}[k][B]\mathrm{d}\Omega \tag{9-63}$$

式中,$[B]$ 为单元形函数对坐标的导数矩阵,即

$$[B] = [B_1 \quad B_2 \quad \cdots \quad B_n] \tag{9-64}$$

$n$ 为单元节点个数;

$$[B_i] = \begin{bmatrix} \dfrac{\partial N_i}{\partial x} \\[2mm] \dfrac{\partial N_i}{\partial y} \end{bmatrix} \tag{9-65}$$

$[k]$ 为单元内的渗透系数张量。对于非饱和黄土介质,有

$$[k] = \begin{bmatrix} D(\theta) & \\ & D(\theta) \end{bmatrix} \tag{9-66}$$

$D(\theta)$ 称为扩散率,是土体含水量的函数,可通过试验经测试得到,当考虑黄土干密度的影响时可按式(9-67)计算:

$$D(\theta) = \exp(a\theta^2 + b\theta + c) \tag{9-67}$$

式中,系数 $a$、$b$、$c$ 是与干密度有关的试验常数,且

$$\begin{cases} a = 84.5\rho_d - 57.1 \\ b = -56.0\rho_d + 61.8 \\ c = 5.7\rho_d - 12.0 \end{cases} \tag{9-68}$$

而对于节理介质来说,$[k]$ 可按式(9-61)计算。

容量矩阵 $[E]$ 的表达式为

$$[E] = \lambda \int_{\Omega} [N]^{\mathrm{T}}[N]\mathrm{d}\Omega \tag{9-69}$$

由前述讨论,对于非饱和土介质由式(9-48)得到 $\lambda = 1$;而对于节理介质由式(9-60)得到 $\lambda$ 应按式(9-50)计算。

$[F]$ 是反映流量边界条件的矩阵。若边界上法线方向上规定了流速 $v$,那么有

$$[F] = \int_{\Gamma_2} [N]^{\mathrm{T}}\bar{v}\mathrm{d}\Gamma \tag{9-70}$$

正号代表入渗,节点可看成"源";负号代表蒸发失水,节点可看成"汇"。

当采用向后差分的方法来离散时间域时,有限元方程为

$$\left(\left[D\right]+\frac{\left[E\right]}{\Delta t}\right)\{h\}_{t+\Delta t}=\frac{\left[E\right]}{\Delta t}\{h\}_t+\left[F\right] \qquad (9\text{-}71)$$

式中,$\{h\}_t$ 为 $t$ 时刻的节点水头列阵;$\{h\}_{t+\Delta}$ 为 $t+\Delta t$ 时刻的节点水头列阵;$\Delta t$ 为时间步长。

### 5. 局部饱和入渗条件下的黄土节理水分场数值分析

天然条件下黄土处于非饱和状态,土中的孔隙水压力均是负值,当土体表面饱和后孔隙水压力为零。采用四边形一次等参元对包含一条垂直节理的黄土进行离散化,如图 9.17 所示。

节理

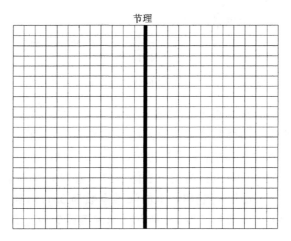

图 9.17　黄土节理有限元网格

图 9.17 中,节理单元尺寸为 1cm×5cm,节理介质设 20 个单元,这样节理的总长度为 1m,远大于节理开度的尺寸。与节理两侧接触的土单元的尺寸为 4.5cm×5cm,其余土单元的尺寸为 5cm×5cm。这样整个离散化后的节理土体,每行有 25 个单元,每列有 20 个单元。共 500 个单元,546 个节点。土体宽 1.2m,纵深 1m。以土体表面为 $x$ 轴,节理中心点为 $y$ 轴建立直角坐标系。当采用四边形一次等参元时,单元中各节点的形函数以及单元内任意点的位移模式分别为

$$\left.\begin{array}{l} N_i=\dfrac{1}{4}(1+\zeta_i\zeta)(1+\eta_i\eta) \\[2mm] x=\displaystyle\sum_{i=1}^{4}N_i x_i,\quad y=\sum_{i=1}^{4}N_i y_i \end{array}\right\},\quad i=1,2,3,4 \qquad (9\text{-}72)$$

式中,$(x_i,y_i)$、$(\zeta_i,\eta_i)$ 分别为 $i$ 点的整体坐标值和局部坐标值。

在土体表面,只在节理周围进行饱和入渗,将节理两侧各 10cm 范围设为饱和区。饱和区内共 6 个节点,它们的孔隙水压力水头为 0,只有位置水头。

非饱和黄土的渗透系数随体积含水量的变化可参考文献进行计算。在本次计算中,取土的干密度为 1.40g/cm³。计算得到 V-G 模型中饱和体积含水量 $\theta_s$ = 46.8%;残余体积含水量 $\theta_r$ = 12.4%。取不同的体积含水量,将非饱和黄土渗透系数的计算结果绘制在图 9.18 中。

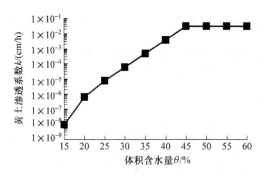

图 9.18　黄土渗透系数随体积含水量的变化曲线

从图 9.18 中可知,黄土渗透系数随着体积含水量的增大而增大。由于 V-G 模型无法计算出小于残余体积含水量时的吸力水头值,所以此时的渗透系数也无法通过计算得到。本次计算中,土体的初始体积含水量取为 16%,则各个黄土单元的渗透系数均可通过计算直接得到。当体积含水量为 16% 时,非饱和黄土的渗透系数为 $9.38 \times 10^{-9}$ cm/h;而饱和黄土的渗透系数为 $3.17 \times 10^{-2}$ cm/h。考虑非饱和黄土渗透系数的各向异性问题,水平方向的渗透系数取竖直方向渗透系数的 1/4。

节理单元的渗透系数按式(9-61)进行计算。式中,$k_\sigma$、$k_\tau$ 分别取与节理单元相邻的两个土单元水平向和竖向渗透系数的平均值。节理相关参数的选取,其中几何隙宽 $a_0$ = 0.05mm,水的水力学参数取 20℃时的值,此时 $\gamma_w$ = 9.789kN/m³,$\mu$ = $1.002 \times 10^{-3}$ Pa·s。而在用式(9-61)进行计算时,土的孔隙率取 $n$ = 0.483。按照定义,质量含水量与体积含水量之间的换算关系式为

$$\theta = \frac{\rho_d}{\rho_w} w \tag{9-73}$$

计算的时间步长 $\Delta t$ = 1h。迭代过程中稳定的标准为同一节点前后两次计算出的水头差小于或等于 1%。

将有、无节理条件下湿润峰经 6h 入渗后的位置变化进行对比,并绘制在图 9.19 中。

从图 9.19 中可见,在水平方向上,当黄土中有节理时,湿润峰迁移的广度与无

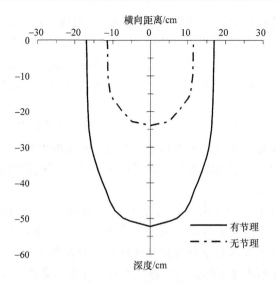

图 9.19　有、无节理黄土场地湿润峰对比

节理时相近。当有节理时略大,但并不明显。说明垂直节理对水平方向上的水分迁移并无太大影响。而在竖直方向上,有节理场地湿润峰迁移深度明显大于无节理时的情况。说明节理在其走向上的高渗透性。另外黄土节理场地的湿润峰呈现出沿节理位置明显的下凹趋势;而无节理时,湿润峰在对称轴的位置处变化趋势平缓。

图 9.20 给出了在渗流的不同阶段,黄土节理场地的湿润峰变化图。

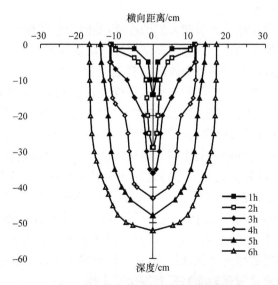

图 9.20　黄土节理场地湿润峰的迁移

从图 9.20 中可见有节理时黄土中湿润峰迁移特点。在入渗 1h 后,沿节理位

置湿润峰下凹的趋势最明显。随着入渗的推移,沿节理位置入渗速度减缓,而水平向的入渗幅度增加,湿润峰逐渐趋于平缓。说明在入渗的初期,节理的高渗透性发挥了重要作用,而随着水分入渗后节理逐渐闭合的影响,节理位置的渗透性逐渐减小。

本节通过数值分析的方法研究了当有节理存在时,黄土场地水分场的计算问题。主要结论有:

(1) 建立了当考虑黄土中节理的存在时,水分场数值计算的模型。首先采用质量守恒的观点推导了质点元中饱和度的变化与流速的关系。进而利用达西定律得到以水头为变量的渗流基本方程。针对黄土垂直节理的渗流特点,确定了黄土节理介质的渗透系数。

(2) 给出了黄土节理水分场计算的有限元方法。采用四边形等参元,利用 Galerkin 加权余量法建立了考虑节理影响的黄土非饱和渗流方程的有限元格式。该方法可以将水分在非饱和土介质和节理介质中的入渗情况进行统一分析。

(3) 对水头边界条件下的黄土节理二维水分入渗问题进行了数值计算。主要研究了节理对黄土中湿润峰变化规律的影响。说明当黄土中有节理存在时,沿节理位置湿润峰呈明显的下凹形态。通过每一时段湿润峰的迁移位置计算结果,说明节理的高渗透性在渗流的初期起重要作用。而随着渗流的发展,节理逐渐闭合后,节理过水能力逐渐减弱。

## 9.4　原状黄土人工节理抗剪强度特性的试验研究

黄土中节理的存在很早就引起人们的注意,是因为它在黄土中极为发育,常常引起黄土的大规模崩塌和冲沟的急速向源侵蚀。随着西部黄土地区工程活动的大规模开展,黄土质边坡、洞室的稳定性问题日益受到工程技术人员的重视,而对影响其稳定性极为重要的黄土节理的研究也备受关注。然而,现有对黄土节理的研究尚少,尤其是黄土节理的强度特征及渗流特征的研究方面。王景明等通过在陕、甘、晋、豫、冀黄土区的考察研究,得出了黄土节理的分布规律及黄土节理对黄土喀斯特地貌、应力侵蚀、沟谷侵蚀的影响等地质特征。基于对黄土节理的地质特征的研究可见,黄土节理在评价黄土工程稳定性方面有不可忽视的作用。在实际工程应用中,由于对黄土节理的强度特征研究甚少,所以至今在工程设计中还没有将黄土节理考虑进去,一直将黄土土体当成均质的连续体,采用连续体黄土力学方面研究成果进行设计计算,这显然和实际情况是有较大差异的。考虑到黄土节理的复杂性及目前对其强度的研究文献尚缺乏,本节以原状黄土人工节理对对象,通过室内试验就其强度参数及节理表面特征开展研究工作。

采用含节理的原状土样进行室内试验研究。土样中的节理系人工切割而成,采用不同的方法制成表面平整和表面粗糙的试样。试验土样分别取自西安市南郊长延堡地铁站和西安市北郊啤酒路附近,土样物理力学性质如表 9.1 所示。

**表 9.1　原状黄土土样物理指标**

| 土样 | 干密度/(g/cm³) | 孔隙比 | 液限/% | 塑限/% | 塑性指数 |
|---|---|---|---|---|---|
| 南郊长延堡 | 1.47 | 0.744 | 28.7 | 17.3 | 11.5 |
| 北郊啤酒路 | 1.35 | 0.959 | 31.1 | 18.2 | 12.9 |

　　试验研究了密度、含水量和节理表面形态对黄土节理抗剪强度的影响。两种原状土样的密度不同,可以得出密度对试验结果的影响;制成不同含水量的试样,以得出含水量对试验结果的影响;在相同含水量下试样都分为节理表面平整和节理表面粗糙两组,可以得出节理表面形态对试验结果的影响。试验时将原状黄土样按要求削制成标准的试样若干个,分别用风干法和水膜转移法(配水法)对试样进行含水量控制,然后将不同含水量的试样放入密闭养护缸进行养护,待内部水分分布均匀后备用。

　　由于黄土节理没有相关的节理表面形态类型的判定标准,所以这里只将节理的表面形态分为平整和粗糙两类。

　　常用剪切模式可分为常法向应力剪切模式和常位移剪切模式。本试验采用常法向应力剪切模式,试验设备采用直剪仪。考虑到节理发育黄土含水量较低,试验土样的含水量也较低,试验时对直剪试验装置进行了改动,主要是去掉了透水石。这样做的目的主要是增大土样厚度,避免薄土样可能带来的试验误差。直剪试验示意图如图 9.21 所示。

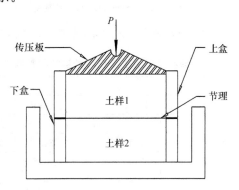

图 9.21　直剪试验示意图

　　莫尔-库仑判据是最常用也是最重要的岩石节理剪切破坏准则,即 $\tau = \sigma_n \tan\varphi + c$,其中 $\varphi$ 为内摩擦角,$c$ 为黏聚力。本节取莫尔-库仑准则为黄土节理剪切破坏准则。对试验结果进行整理,绘制了两组不同密度、不同表面形态节理在相同含水量下的峰值剪切应力 $\tau$ 与法向应力 $\sigma$ 关系曲线,如图 9.22(a)和(b)所示,各组试样在不同含水量下的直剪试验抗剪强度参数见表 9.2。

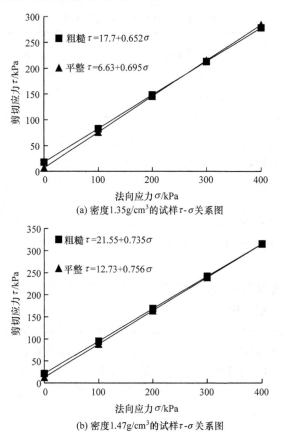

(a) 密度1.35g/cm³的试样$\tau$-$\sigma$关系图

(b) 密度1.47g/cm³的试样$\tau$-$\sigma$关系图

图 9.22　含水量为 10% 的黄土节理 $\tau$-$\sigma$ 关系图

**表 9.2　原状土样黄土节理内摩擦角和黏聚力**

| $\rho_d = 1.35\mathrm{g/cm^3}$ | | | | $\rho_d = 1.47\mathrm{g/cm^3}$ | | | |
|---|---|---|---|---|---|---|---|
| $w/\%$ | $c_r/\mathrm{kPa}$ | $\varphi_r/(°)$ | $c_s/\mathrm{kPa}$ | $\varphi_s/(°)$ | | | |
| 3.0 | 30.64 | 27.1 | 3.76 | 29.4 | 4.6 | 38.55 | 29.1 | 5.62 | 31.6 |
| 4.1 | 26.73 | 29.2 | 4.68 | 30.8 | 6.0 | 34.30 | 31.3 | 8.15 | 33.4 |
| 6.4 | 22.67 | 31.2 | 5.57 | 32.4 | 6.9 | 30.62 | 33.9 | 8.94 | 35.1 |
| 8.2 | 19.46 | 32.3 | 6.27 | 33.8 | 8.7 | 26.45 | 35.7 | 10.81 | 36.3 |
| 10.0 | 17.70 | 33.1 | 6.63 | 34.8 | 10.0 | 21.55 | 36.3 | 12.73 | 37.1 |
| 11.8 | 13.21 | 33.9 | 6.74 | 35.3 | 12.0 | 17.54 | 37.5 | 13.31 | 38.0 |
| 13.6 | 11.45 | 33.5 | 6.67 | 35.0 | 14.2 | 15.65 | 36.8 | 12.87 | 37.4 |
| 15.4 | 10.83 | 32.8 | 6.12 | 34.3 | 15.9 | 14.36 | 35.5 | 11.32 | 36.3 |
| 18.3 | 10.05 | 30.5 | 4.67 | 32.7 | 17.2 | 14.04 | 34.4 | 9.95 | 35.6 |

　　表 9.2 中给出了试验测试结果,可以看出黄土节理黏聚力和内摩擦角都受含水量的影响,表中 $c_r$ 和 $\varphi_r$ 分别表示粗糙表面节理的黏聚力和内摩擦角,$c_s$ 和 $\varphi_s$ 分别表示平整表面节理的黏聚力和内摩擦角。

　　图 9.22 是不同密度试样在相同含水量下剪切试验的 $\tau\sigma$ 关系曲线。在剪切过程中,由于粗糙节理表面有着较为明显的凸起物,且节理上下盘能够较好吻合,节理上下盘表面凸起物之间存在着嵌固作用,所以在 $\tau\sigma$ 关系曲线上,粗糙表面节理抗剪强度高于平整表面节理抗剪强度,而粗糙表面节理曲线斜率小于平整表面节理曲线,主要是由剪切过程中粗糙节理表面的凸起物逐渐压碎或剪断引起的。

　　图 9.23 和图 9.24 显示两种干密度不同表面形态节理试样的抗剪强度参数随含水量变化而变化的规律,其中节理内摩擦角随含水量变化呈二次曲线形态变化;取曲线峰值时对应的含水量为界限含水量,则小于界限含水量时,内摩擦角随着含水量增大而增大;大于界限含水量时,内摩擦角随着含水量增大而降低;由图 9.23 试验结果曲线得出,干密度对黄土节理内摩擦角的影响小于含水量变化对黄土节理内摩擦角的影响。粗糙表面节理的黏聚力随含水量变化呈指数函数形态变化,黏聚力随含水量的增大而降低,平整表面节理的黏聚力随含水量变化呈二次曲线形态变化;相同干密度的节理试样,表面粗糙节理的黏聚力比表面平整节理的黏聚力大;由表 9.2 试验结果得出黄土节理黏聚力随干密度的增大而增大。

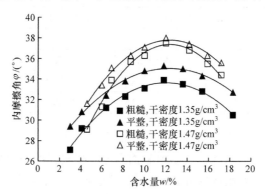

图 9.23　原状黄土节理内摩擦角-含水量关系图

　　表 9.3 和表 9.4 给出了黄土节理抗剪强度参数和含水量的拟合关系式。可以得出含水量对节理内摩擦角和黏聚力都有较大影响,影响规律各不相同;干密度对黏聚力的影响大于其对内摩擦角的影响。

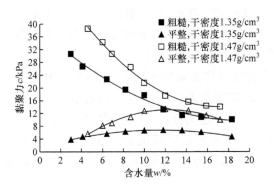

图 9.24　原状黄土节理黏聚力-含水量关系图

**表 9.3　内摩擦角和含水量关系拟合结果**

| 干密度/(g/cm³) | 回归分析方程 | 峰值内摩擦角/(°) | 界限含水量/% |
|---|---|---|---|
| 1.35 | $\varphi_r = -0.078w^2 + 1.8w + 22.4$ | 32.8 | 11.5 |
| | $\varphi_s = -0.066w^2 + 1.6w + 25.1$ | 34.8 | 12.1 |
| 1.47 | $\varphi_r = -0.14w^2 + 3.42w + 16.4$ | 36.8 | 12.2 |
| | $\varphi_s = -0.10w^2 + 2.53w + 22.1$ | 38.1 | 12.6 |

**表 9.4　黏聚力和含水量关系拟合结果**

| 干密度/(g/cm³) | 回归分析方程 | 峰值黏聚力/kPa | 界限含水量/% |
|---|---|---|---|
| 1.35 | $c_r = 36.23e^{-w/9.07} + 4.42$ | | |
| | $c_s = -0.044w^2 + 0.99w + 1.18$ | 6.75 | 11.3 |
| 1.47 | $c_r = 60.98e^{-w/6.71} + 8.58$ | | |
| | $c_s = -0.13w^2 + 3.23w - 6.71$ | 13.35 | 12.4 |

本节利用土体的微观结构及土体中水的作用和节理表面形态对试验结果进行理论分析。非饱和黄土的强度主要由摩擦强度和凝聚强度两部分组成。摩擦强度是土体抗剪强度的重要组成部分,由土颗粒接触面或颗粒与胶结物质接触面上的摩擦产生,反映土的指标为内摩擦角;凝聚强度包括:由水膜的物理化学作用、黏土矿物颗粒的黏结和颗粒间的分子引力形成的原始凝聚力;黄土在生成过程中,聚集在粗颗粒接触点处的胶体颗粒、腐殖质胶体和可溶盐等胶结物质形成的加固凝聚力;非饱和土的基质吸力和毛细压力形成的强度;反映土的指标为黏聚力。

在不同干密度和不同表面形态的黄土节理中,含水量对黄土节理内摩擦角的影响规律相同,都呈二次曲线形态变化。黄土节理含水量低于界限含水量时,随着含水量增大,土颗粒之间毛细张力水在孔隙夹角出现的部位逐渐增多,毛细张力水逐渐显现,基质吸力逐渐增加;此时含水量增加对土颗粒接触面上摩擦作用的削弱小于基质吸力的增加值,所以在界限含水量以下,黄土节理内摩擦角随着含水量的增大而增大。黄土节理含水量高于界限含水量时,孔隙夹角普遍存在毛细张力水,因水量增大导致毛细弯液面曲率半径减小,基质吸力降低;且水分子在土颗粒周围可以形成分子水膜,土颗粒接触面上的摩擦作用显著降低,所以黄土节理内摩擦角随着含水量增大而减小。

含水量和节理表面形态对黄土节理黏聚力的影响较为明显,且影响规律各不相同。粗糙表面节理黏聚力随含水量增加呈指数关系降低;平整表面节理黏聚力随含水量增加呈二次曲线形态变化。粗糙节理表面存在凸起物,上下盘接触面积较小,剪切过程中凸起物之间的咬合作用和凸起物自身土颗粒之间的黏结作用对节理抗剪强度贡献最大。黄土抗剪强度具有明显的水敏感特性,随着含水量增大,节理表面凸起物黏聚力的降低和土颗粒之间黏结作用的削弱,导致粗糙表面节理的黏聚力显著降低。平整表面节理上下盘土体之间接触紧密,节理面上土体颗粒之间摩擦作用和基质吸力对黄土节理抗剪强度贡献较大,试验表现为当含水量小于界限含水量时,随着含水量增大基质吸力增大,节理黏聚力增大;当含水量大于界限含水量时,随着含水量增大节理表面土体基质吸力下降,节理黏聚力降低。黄土节理黏聚力随着土体干密度增大而增大。随着含水量继续增大,试验所测得抗剪强度呈增大趋势,观察剪切结束后试样发现,节理表面部分土体在法向力作用下发生重塑,破坏面已非原来节理面,对高含水量黄土节理抗剪强度规律还需作进一步研究和探讨。

本节试验得出表面形态、干密度和含水量对黄土节理的强度特性的影响。揭示出黄土节理表面形态对抗剪强度参数 $c$、$\varphi$ 值的影响规律。在相同含水量和干密度的情况下,粗糙表面的节理黏聚力较平整表面节理大,而节理的内摩擦角相差较小,说明黄土节理形态特征对节理黏聚力有较大影响,而对内摩擦角影响较小;干密度对黄土节理黏聚力的影响较大,而对内摩擦角的影响较小。当试样含水量在一定范围内时,黄土节理的内摩擦角随含水量的增加呈二次曲线变化;当试样含水量较大时,测得试样抗剪强度稍有增大,是因为节理表面部分土体在法向压力作用下发生重塑,破坏面已不是原有节理面,重塑土体自身的抗剪强度发生作用,引起试验所测抗剪强度增大。

# 参 考 文 献

王铁行. 2005. 多年冻土地区路基冻胀变形分析[J]. 中国公路学报,18(2):1-4.

王铁行. 2008. 非饱和黄土路基水分场的数值分析[J]. 岩土工程学报,30(1):41-45.

王铁行,陈晶晶,李彦龙. 2014. 非饱和黄土地表蒸发的试验研究[J]. 干旱区研究,31(6):985-990.

王铁行,窦明健,胡长顺. 2003. 多年冻土地区路基临界高度研究[J]. 土木工程学报,36(4):94-98.

王铁行,贺再球,赵树德. 2005. 非饱和土体气态水迁移试验研究[J]. 岩石力学与工程学报,24(18):3271-3275.

王铁行,胡长顺. 2001. 冻土路基水分迁移数值模型[J]. 中国公路学报,14(4):5-7.

王铁行,胡长顺. 2003. 多年冻土地区路基温度场和水分迁移场耦合问题研究[J]. 土木工程学报,36(12):93-97.

王铁行,胡长顺,李宁,等. 2003. 青藏高原多年冻土区实际边界浅层土体温度场数值分析[J]. 中国科学,E辑,33(7):655-662.

王铁行,李宁,谢定义. 2004. 非饱和黄土重力势、基质势和温度势探讨[J]. 岩土工程学报,26(5):715-718.

王铁行,李宁,谢定义. 2005. 土体水热力耦合问题研究的意义、现状及建议[J]. 岩土力学,26(3):493-499.

王铁行,李彦龙,苏立君. 2014. 黄土表面吸附结合水的类型和界限划分[J]. 岩土工程学报,36(5):942-948.

王铁行,卢靖. 2007. 黄土导热系数和比热容的实验研究[J]. 岩土力学,28(4):655-658.

王铁行,卢靖. 2008. 考虑温度和密度影响的非饱和黄土土-水特征曲线研究[J]. 岩土力学,29(1):1-5.

王铁行,卢靖,张建锋. 2006. 考虑密度影响的人工压实非饱和黄土渗透系数的试验研究[J]. 岩石力学与工程学报,25(11):2364-2368.

王铁行,罗少锋,王娟娟. 2010. 考虑含水率影响的非饱和原状黄土冻融强度试验研究[J]. 岩土力学,31(8):2378-2382.

王铁行,罗扬,任海波. 2011. 管沟渗水下的黄土地基水分场数值分析[J]. 地下空间与工程学报,7(1):54-58.

王铁行,罗扬,王娟娟. 2013. 黄土节理抗剪强度特性试验研究[J]. 地下空间与工程学报,9(3):497-551.

王铁行,罗扬,张辉. 2013. 黄土节理二维稳态流流量方程[J]. 岩土工程学报,35(6):1115-1120.

王铁行,王娟娟,张龙党. 2012. 冻结作用下非饱和黄土水分迁移试验研究[J]. 西安建筑科技大学学报(自然科学版),44(1):7-13.

王铁行,王晓. 2003. 密度对砂土基质吸力的影响研究[J]. 岩土力学,24(6):979-982.

王铁行,杨涛,鲁洁. 2016. 干密度及冻融循环对黄土渗透性的各向异性影响[J]. 岩土力学,37(s1):72-78.

Wang T H,Hu C S,Li N. 2002. Numerical analysis on ground temperature in Qinghai-Tibet plateau[J]. Science in China (E),45(4):433-443.

Wang T H,Su L J,Zhai J Y. 2014. A case study on diurnal and seasonal variation in pavement temperature[J]. International Journal of Pavement Engineering,15(5):402-408.